JN102369

現代中東の資源開発と環境配慮

SDGs時代の国家戦略の行方

縄田浩志 編著

法律文化社

はしがき

本書は、資源論の本である。

資源を対象として、技術論、産業論、国際関係論、管理論を展開している。2020年現在、地球社会として取り組むべき行動計画「持続可能な開発目標(SDGs)」や「天然資源の持続可能な管理」の考え方と足並みをそろえつつ、日本独自の歴史と現状をしっかりと見つめ直して、理学、工学、人文社会科学また学際的視点から、資源開発をめぐる課題と国家戦略の行方を多角的に描き出していくことが目的である。

同時に本書は、地域研究の本でもある。

1973年の第１次オイルショックからまもなく半世紀になる。この半世紀に及ぶ日本・中東関係構築の主軸は、「産業発展のための原料としてのエネルギー資源の確保」という課題であった。一方、近年、資源確保を軸とした日本・中東関係は新たな局面に移行しており、レアメタルを含む金属鉱床の共同調査、太陽光発電や原子力発電の共同事業といった石油・天然ガスの代替えとなるエネルギー分野に加え、地球環境問題や社会問題などのグローバルイシューにも積極的また多面的に関与するようにもなってきた。

現代社会は、一言でいえば、経済重視の道を歩むのか、それとも環境重視の道を選ぶのか、これまでにも増して、その選択を迫られている。ただし必ずしも二者択一ということではなく、どちらも重視した、というより、どちらにも配慮した現実的な道を模索している、と形容するのが実際かもしれない。どちらにしろ、化石燃料の開発が主要産業であってきた中東諸国は、いま間違いなく大きな産業構造の転換を迫られている。

戦後日本においてどの年代でも、中東の政治、経済、国際関係、エネルギー事情の最新情勢を平易に解説する邦書や政府機関やシンクタンクによる報告書は多数出版されてきた。対して、資源という用語の概念を規定し、中東の自然環境と天然資源に関する基礎的かつ網羅的な知識を身につけた上で、地下資源・鉱物資源の開発を軸として、政治経済から環境問題に及ぶ現代的課題を多角的に論じた類書は皆無に等しいといってよいであろう。その一因は、エネルギー産業と理学、工学、社会科学のように産業界と学術界が密に協力してきた側面がある半面、学術界全体においては、各分野での堅実な進歩とは裏腹に、自然科学と人文社会科学との間には必ずしも緊密な研究交流がなかったからである。特に資源を対象とした、いわゆる文理融合的な学際的研究は他地域の地域研究（例えば東アジア、東南アジア、アフリカの諸地域）に比べてあまり深化してこなかったと言える。

そこで本書では、日本において「資源」という言葉が用いられるようになってからちょうど100年がたった2020年、同時に「オイルショック」への対応としての「資源外交」が開始されてから50年近くがたった2020年現在における、現代中東の資源、経済、環境の関係性とそれらを横断する課題を文理融合による視点から浮き彫りにしていきたい。それは言い換えれば、自然環境と天然資源に焦点をあてて、資源開発とガバナンス、経済成長と環境影響、地域生態系と資源管理などの問題群に取り組むための一つの見取り図を示すことである。また、環境重視の立場に立って、中東地域の視点からグローバルイシューを再定位する試みでもあり、また、これからの日本・中東関係の新たな軸を、学際的研究に根ざして提起する試みでもある。

本書は、「中東の天然資源と自然環境」、「エネルギー資源と日本・中東関係」、「新たな資源探査と技術開発」、「変わってきた産油国の国家戦略」、「これからの資源管理の課題」の５部９章からなる。

第Ⅰ部「中東の天然資源と自然環境」では、まず「資源」そして「中東」という用語を定義することにより、本書の視角と論点を明確にする。また、中東の自然環境、生活様式、産業構造について基礎的かつ網羅的な知見を深める。

第Ⅱ部「エネルギー資源と日本・中東関係」では、日本と中東地域・イスラーム世界との交流の歴史的変遷を丹念に追い、エネルギー資源開発における協力関係を中心として、日本による中東和平構築への努力や多重的な協力関係の試みの足跡を辿っていく。

第Ⅲ部「新たな資源探査と技術開発」では、アラビア半島の石油地質を概観した上で、アラブ首長国連邦を事例に、油ガス田開発そして地球温暖化ガス削減技術開発の最新動向を紹介する。次に、これまであまり探査・開発が行われてこなかった鉱物資源に光をあてて、地質構造発達史にそって様々な鉱物資源の特徴とそのポテンシャルを紐解いていく。

第Ⅳ部「変わってきた産油国の国家戦略」では、湾岸産油国の資源経済の成り立ちと政策課題を理解した上で、石油依存型経済からの脱却を図る国家ビジョンの具体的な内容と最新動向を追っていく。同時に、国連環境計画の報告に基づき、現代中東が取り組んでいる環境問題の優先分野と政策オプションについて具体例を交えて検討していく。

最後の第Ⅴ部「これからの資源管理の課題」では、地球社会として取り組むべきSDGsと「天然資源の持続可能な管理」の考え方を踏まえて、学際的視点から、現代中東の資源、経済、環境をめぐる将来像を多面的に描き出していきたい。

いま私たちは、新型コロナウイルス感染症とたたかい続けている。グローバル経済を牽引してきた駆動力、すなわち人々の国際的な移動やエネルギーの大量消費は突然、途絶えた。すると、ぼうぜんと立ちつくす私たちの眼前に、自然の脅威、産業や生活のもろさ、国家の個性、そして社会が抱えこんできた本質的な課題が浮かび上がってきた。資源は必要を満たすためのものである。しかしややもすると、とどまることをしらない人間の欲望が世界システムを翻弄しつづけてきた。これまでの日常を取り戻すというより、新たな日常をつくりあげるために、資源に対する科学的思索を読者諸氏と共有できれば幸いである。

なお本書の内容が文系・理系の多分野にわたっていることを鑑みて、理解を助けるための用語解説集（キーワード・リスト）を各章の執筆者と編者で作成した。本文において太字で明示したのがキーワードであるが、用語解説は法律文化社のウェブサイト内の「教科書関連情報」（https://www.hou-bun.com/01main/01_04.html）において自由にアクセスが可能なPDFファイルとして掲載したため、ぜひ活用されたい。

2020年12月

縄田　浩志

目　　次

第Ⅳ部　変わってきた産油国の国家戦略

第V部　これからの資源管理の課題

巻頭資料

図1　持続可能な開発目標（SDGs）と天然資源との関係

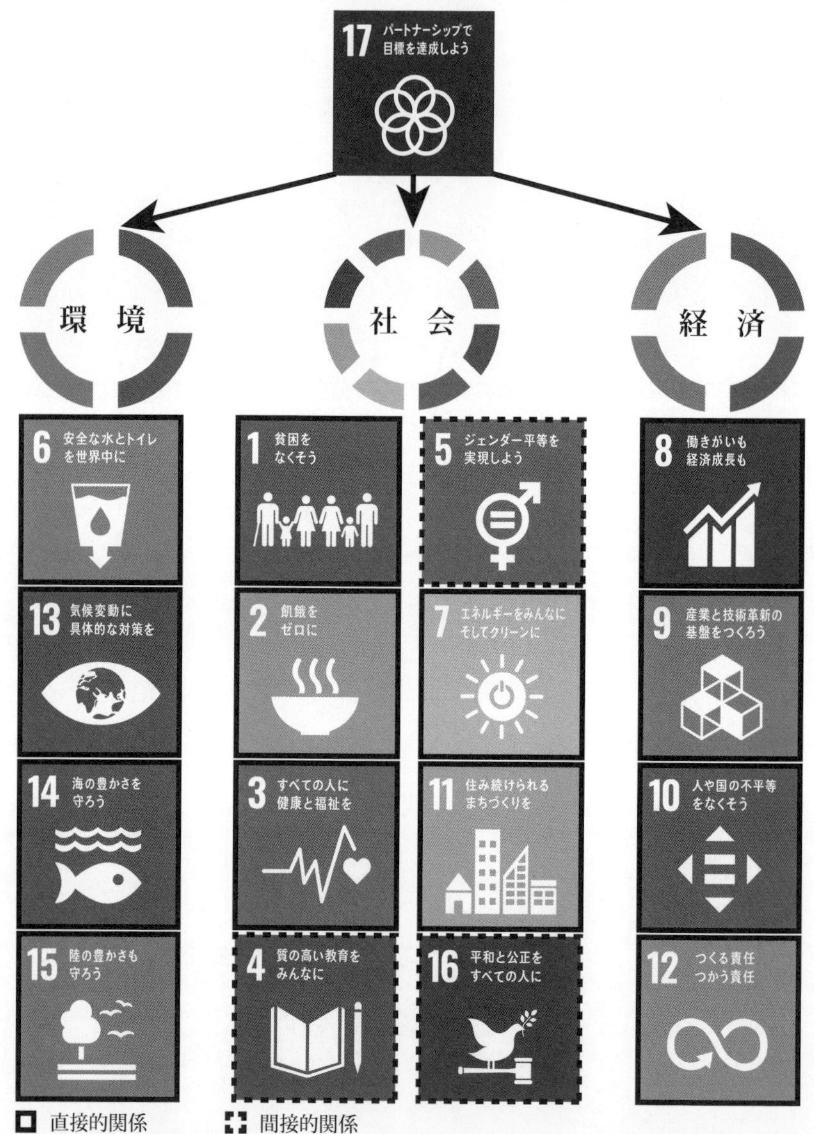

SDGs における持続性の 3 つの側面（環境、社会、経済）への天然資源の直接的もしくは間接的な関係性を示している。

出所：UNEP（2019）をもとに作成〔第 1 章引用・参考文献一覧参照〕

図２　デカップリングの概念

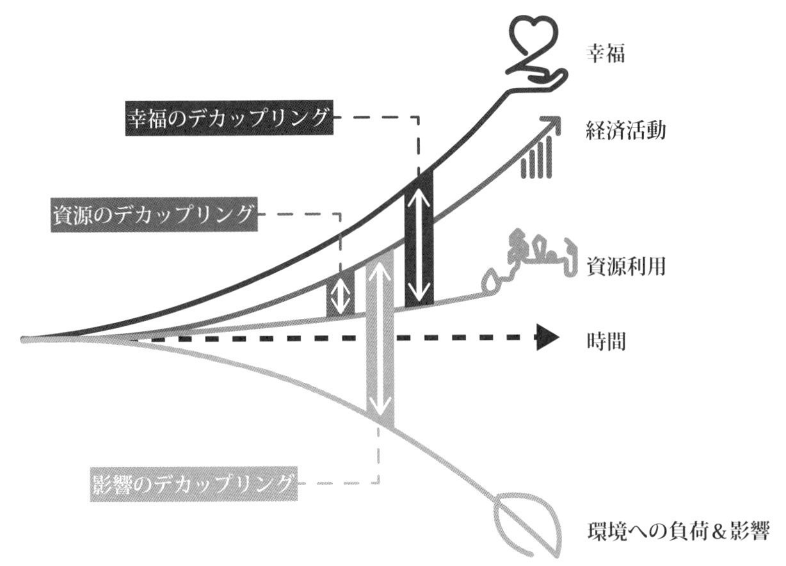

持続可能な開発目標（SDGs）は、持続可能な消費と生産の実施、環境影響と経済成長のデカップリング、資源効率性の改善を通じた、現状改善のための枠組みを提供している。国連環境計画（UNEP）「国際資源パネル（International Resource Panel: IRP）」による報告書『地球資源アウトルック 2019』は、資源効率性、気候緩和、炭素除去、並びに生物多様性保護の政策を組み合わせることで、経済を成長させ、人間の幸福度を増やし、プラネタリーバウンダリー（地球の限界）内に留まることができる可能性を示している。

同書において「デカップリング」は以下のように概念化された。

「デカップリング（Decoupling）」とは、切り離すこと、分断を意味する用語・概念で、その到達点は、資源使用（resource use）と環境への負荷と影響（environmental pressures & impacts）を経済活動（economic activity）から切り離すことである。「資源のデカップリング (resource decoupling)」とは、資源使用を経済活動から切り離すことで、「影響のデカップリング (impact decoupling)」とは、環境負荷を経済活動から切り離すことである。

また「相対デカップリング (relative decoupling)」と言った場合は、資源使用や環境・人の健康への負荷の伸びが、それらを引き起こす経済活動の伸びよりも緩やかなことを意味し、また「絶対デカップリング (absolute decoupling)」の場合は、経済活動が成長し続けるにも関わらず、資源使用や環境・人の健康への負荷が減少することを意味する。ただし、このモデルで達成される「絶対影響デカップリング (absolute impact decoupling)」（環境負荷を経済活動から絶対的に切り離すこと）と「相対資源デカップリング (relative resource decoupling)」（資源使用を経済活動から相対的に切り離すこと）は、経済成長（economic growth）を犠牲にすることは前提としていない。資源使用からの幸福のデカップリング（decoupling of well-being from resource use）は、資源使用単位当たりの提供サービスまたは人のニーズの満足度を高め、資源使用とは無関係に幸福を増やすことである。

出所：国連環境計画（2019）をもとに作成〔第１章文献案内・第９章第２節参照〕

図 3　中東の地理的な範囲

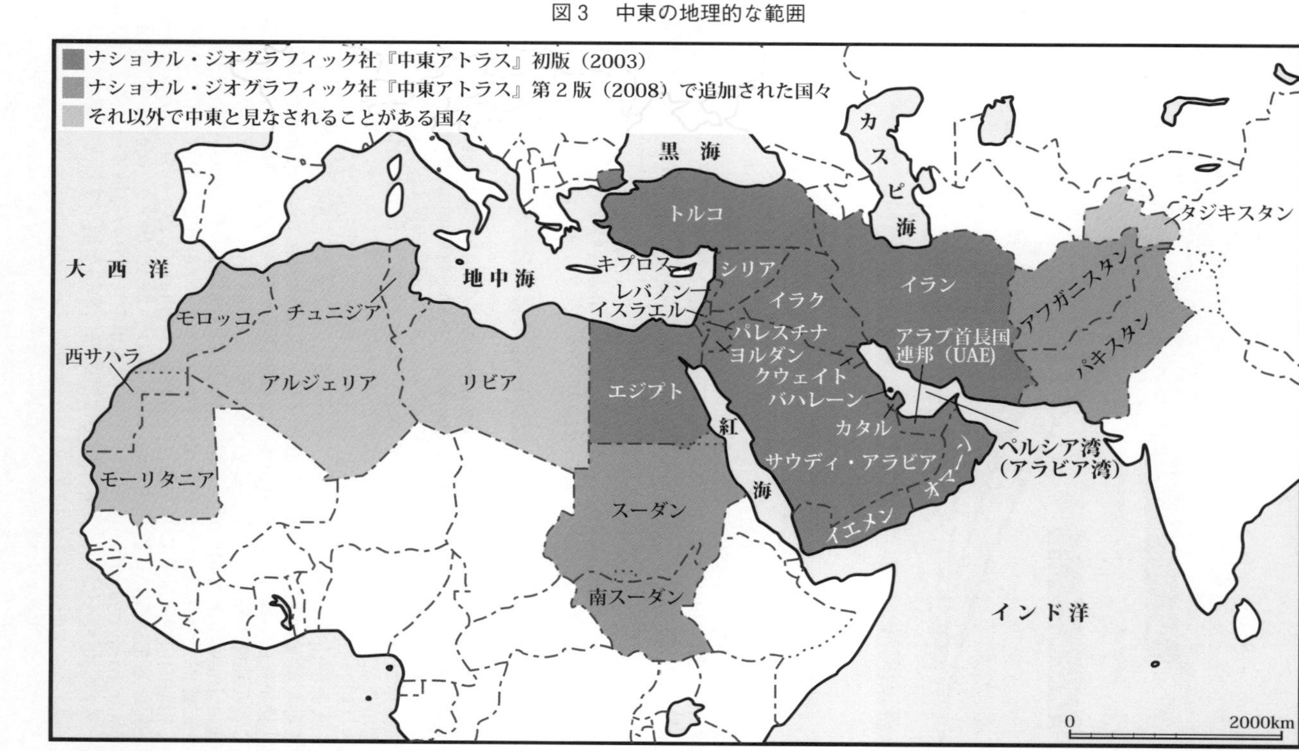

出所：スミス（2017）、Smith（2016）をもとに加筆修正〔第 1 章引用・参考文献一覧参照〕

図4　日本による原油の輸入量と中東依存度の推移

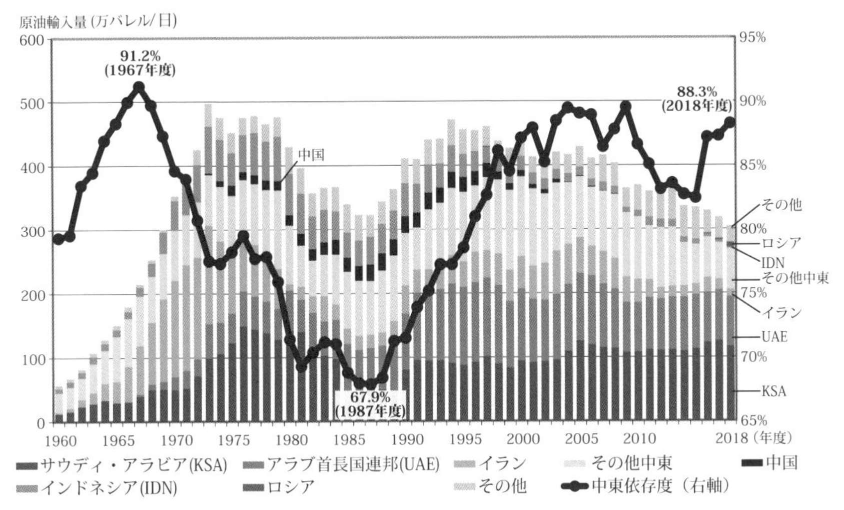

出所：経済産業省エネルギー庁（2020）をもとに作成〔第1章引用・参考文献一覧参照〕

図5　日本国の定義による中東地域

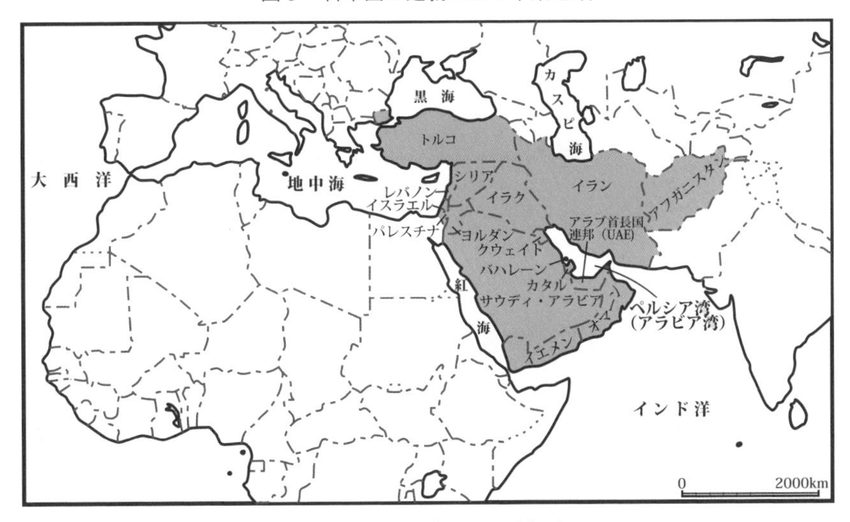

出所：外務省ウェブサイトをもとに作成〔第1章引用・参考文献一覧参照〕

巻頭資料

報告1　「安定的な資源確保のための総合的な政策の推進」

「安定的な資源確保のための総合的な政策の推進」（経済産業省エネルギー庁「令和元年度 エネルギーに関する年次報告」2020（令和2）年6月5日、225頁より）

日本では、一次エネルギー供給の約9割を石油・石炭・天然ガスなどの化石燃料が占めており（2018年時点）、また省エネルギー・再生可能エネルギー機器等に必要不可欠な原材料である鉱物資源についても、その供給のほとんどを海外に頼っています。このような脆弱性を抱える中、近年、資源確保を取り巻く環境は大きく変化しています。

具体的には、中東情勢の緊迫化が挙げられます。2019年初めには米国とイランの関係が急速に緊迫化し、また6月にはホルムズ海峡付近で日本関係船舶含む2隻が攻撃を受け、9月にはサウジアラビアの石油施設が攻撃を受けました。

また、需給構造にも変化が生じています。まず供給面では、シェール革命により米国の石油・ガス供給量が増加しています。需要面については、世界のエネルギー需要は引き続き拡大することが見込まれており、中国・インド等アジアが需要の中心となっていくことが予想されます。その一方で、中長期的には、世界のエネルギー需要における日本の割合は減少していき、国際エネルギー市場に占める日本の地位は相対的に低下する見通しです。

さらに、2016年のパリ協定の発効を受け、主要国は2050年に向けた野心的な構想・ビジョンを公表する等、脱炭素化の動きが加速化しています。

このように大きく変動する国際情勢を踏まえ、今後も将来にわたり石油・天然ガス等、資源の安定供給を確保していくためには、米国やロシア、中東諸国を含む資源供給国との関係をこれまで以上に強化・深化していくとともに、日本と同じく輸入への依存が高まるアジアを中心とする需要国との連携を強め、透明性が高く、安定的な国際市場を構築していくことや、調達先の多角化が重要です。また、経済性やエネルギーセキュリティの観点から今後も世界における化石燃料の利用拡大が見込まれる中、「環境と成長の好循環」の実現のために、CO2を燃料や原料として再利用するカーボンリサイクルといった非連続なイノベーションによる解決が不可欠となっています。

鉱物資源についても、供給のほとんどを輸入に頼っています。鉱物資源は、スマートフォンや蓄電池、電気自動車等、日本の先端産業を支える原料として重要です。他方、一部のレアメタルやレアアースは特定の国に偏在しており、製錬工程についても寡占化が進んでいます。さらに、今後も世界的に需要が増加し、資源獲得競争が激化することが見込まれます。

こうした中で、鉱種ごとの偏在性や需要見通しを踏まえ、特性に応じた対応策の検討と、さらなるリスクマネー供給機能の強化、備蓄の充実が求められます。

このような環境の変化を踏まえ、2019年7月の総合資源エネルギー調査会資源・燃料分科会報告書において、新たな国際資源戦略を策定する必要性が示され、2020年2月には、その戦略の方向性についての提言が取りまとめられました。この提言を受け、経済産業省として、「3E+S」、すなわち、安全性を前提とした上で、エネルギーの安定供給を第一として、低コストのエネルギー供給、環境への適合を図るための指針となる「新国際資源戦略」を2020年3月に策定しました。政府としては、この戦略や2019年2月に策定された海洋エネルギー・鉱物資源開発計画も踏まえ、資源外交の積極的な展開や独立行政法人石油天然ガス・金属鉱物資源機構（JOGMEC）を通じたリスクマネー供給の強化、石油・天然ガス、メタンハイドレート、海底熱水鉱床等の本邦周辺海域での開発促進、さらには合理的かつ安定的なLNG調達に向けた取組等、資源の安定供給確保に向けた総合的な政策を推進していきます。

出所：経済産業省エネルギー庁（2020）〔第1章引用・参照文献一覧参照〕

第 1 章

資源と中東を定義する

——概念規定と問題設定として

縄田　浩志

【要　　約】

第１章では、「資源」そして「中東」という用語を定義することにより、本書の視角と論点を明確にする。現代中東の資源を考えるにあたって、科学的な概念規定と政策的な問題設定を行うことが、人文学、自然科学、社会科学を架橋する議論を生産的にするために不可欠な土台作りと考える。というのは、資源・中東というどちらの用語にしても、定義をしっかりしない限り、何を分析対象とし、何を課題と考えているのか、そして誰に向けた議論なのかが、曖昧になりかねないからである。

資源は「人間の必要を満たすもの」であるが、同時に「時代により変化していく」。日本語における資源とはそもそも「国家社会の繁栄や国防に資するもの」に「国民生活の向上に資するもの」という考え方が加わったのだが、現在まで通底する認識は、日本は「資源が乏しい国」という自己規定にある。中東に端を発するオイルショックを契機に「資源外交」を開始して以来、「安定的な資源確保」に注力してきた。この半世紀に及ぶ日本・中東関係構築の主軸は「産業発展のための原料としてのエネルギー資源の確保」であった。

現代中東の資源を考える意義とは、①「持続可能な開発目標（SDGs）」の持続性の３つの側面（環境、社会、経済）や「天然資源の持続可能な管理」の考え方と足並みをそろえつつ、②日本独自の国家、産業、科学の関係とその歴史と現状を見つめ直して、③学際的視点から、資源開発をめぐる課題と国家戦略の行方を多角的に描き出していくことにある。

第1節　資源を定義する

最新の資源の定義

「資源」を定義するにあたって、まず紐解いてみたいのは「国際資源パネル」が定めた最新の定義である。

国連環境計画（UNEP）は2007年に「**国際資源パネル**（International Resource Panel: IRP）」を設立し、2019年に最初のまとまった報告書『**地球資源アウトルック2019**（Global Resource Outlook 2019）』英語版全162頁を公表した。この報告書の用語集において「資源」は以下のように定義された。

> 「資源（resources）とは、土地、水、大気、物質を含み、製品・サービスを生み出す経済活動に使用が可能な自然界の一部をなすとされる。物質資源とは、バイオマス（食用・エネルギー用・生物由来物質としての作物、エネルギー用・工業用の木材など）、化石燃料（エネルギー用、特に石炭、天然ガス、石油）、金属（建設用・電化製品用の鉄、アルミニウム、銅など）、非金属鉱物（建設用、特に砂礫、石灰岩）である」（UNEP 2019：25）。

つまり、「**資源**」という概念は「製品・サービスを生み出す経済活動に使用が可能な自然界の一部をなす」広い対象を包含しているが、「**物質資源**（material resources）」として対象をより限定すると、①バイオマス、②化石燃料、③金属、④非金属鉱物の4つになる、と理解できる。同用語集では物質（materials）とは「バイオマス、化石燃料、金属、非金属鉱物を含む。一方、天然資源には、上記の物質に加えて、水、土地が含まれる」（UNEP 2019：27）と定義される。日本語では物質は、原材料、材料、マテリアルなどと訳すことも多い。したがって「物質資源」に水、土地を足せば、「天然資源」になると、さしあたり考えればよいことになる。

そこで同書は、「**天然資源**」を以下のように定義している。

> 「天然資源（natural resources）とは、バイオマス（木材、作物、食用･エネルギー用･餌用・植物由来物質を含む）、化石燃料（石炭、天然ガス、石油）、金属（鉄、アルミニウム、銅など）、非金属鉱物（砂礫、石灰岩など）、水、土地を意味し、我々の社会経済システムを形づくる製品・サービス・インフラの基盤を提供する」（UNEP 2019: 31）。

図1－1　「資源」・「天然資源」・「物質資源」の定義（『地球資源アウトルック2019』による）

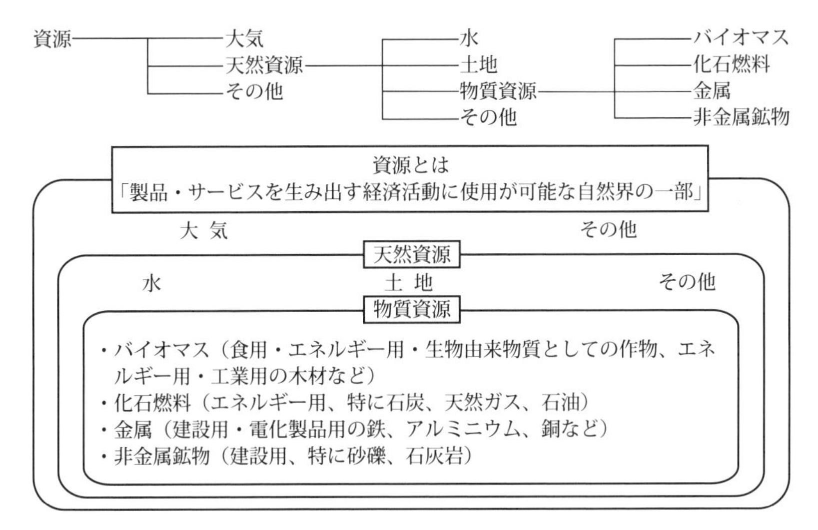

出所：UNEP（2019）をもとに筆者作成

今一度、冒頭の「資源」の定義を見直してみると、「天然資源」には含まれないが、「資源」に含まれている対象がある。それは、大気である。そうすると「天然資源」に大気を足せば、「資源」と考えればよいことになる（図1－1）（ただしこの「資源」の定義はあくまで『地球資源アウトルック』による定義であることに留意いただきたい）。

「natural」は「天然」それとも「自然」？

ここで注意を払いたい点は、英語の「natural」を「天然」と訳すか「自然」と訳すかという日本語としての用法である。やっかいなことに、「natural resources」は「天然資源」と訳される場合と、「**自然資源**」と訳される場合が、混在している。天然資源すなわち自然資源、としている辞典・事典もある（向坂 1994；深海 1980）。慣例的な訳し方の違いは存在するとしても「natural resources」の異なった和訳に必ずしも違った意味あいをもたせているわけではない、と考えてもよいかもしれない。しかしながら不思議なのは、行政用語（官庁用語）である。例えば、環境省は「自然資源の持続可能な利用・管理に関する手法例集」をまとめており、「自然資源」を用いている（環境省自然環境局 2020）。が同じ機関である環境省が他国の省庁の名称を訳す場合には「天然資源環境省」とする場合が見られるし、また先に紹介した「国際資源パネル」設立の経緯を述べる際には「天然資源の持続可能な利用の確保が国際社会において大きな課題となっていることから」と述べている（環境省環境再生・資源循環局 2020）。同じ行政機関が「自然資源」だけでなく「天然資源」という２つの語を同時に用いている。

日本語の「自然資源」と「天然資源」は、単に英語「natural resources」の対訳ではないのであろうか。

注目されるのは「自然資源と天然資源の違い」について、文部科学省科学技術・学術政策局の資源調査分科会がまとめた報告書「自然資源の統合管理に関する調査」が示した見解である（文部科学省科学技術・学術政策局 2007）。そこでは、天然も自然も同義に用いて、「天（神）」が与えたものではあるが、天然資源とは、「もとからあるもの」が、人と人との関わりにおいて価値を持ったものであり、具体的には、石油、石炭などのように、値札がついているものをさす。一方、自然資源とは、「おのずからなるもの」に、人の「見る眼」によって、価値を見出したもので、例えば、木材、水、森林、土壌、生物多様性など、値札のついているものからついていないものまでを含む、と違いを強調している。とすれば日本語として、あえて意味の違いを強調するとすれば、人間が価値を与えたもののうち、価格がつくものに限定する場合は天然資源、価格がつかないものも含む場合は自然資源、と呼びわけることも可能ということになろう。

確かに、「natural environments」を「天然環境」と訳すことはほとんどないといってよく、その一つの理由としては、環境という概念に含みうるすべての要素に価格がつくわけではないから、天然という用語を用いることは不適切という判断がありうる。

天然資源と「持続可能な管理」

本書では「天然資源」に統一したい。

その理由は単純で、既に紹介した『地球資源アウトルック2019』の邦訳において「天然資源」の訳語があてられたからである。日本語版翻訳は公益財団法人地球環境戦略研究機関が担って、全文ではないものの「政策決定者向け要約」が公表された（国連環境計画 2019）。その中で「natural resources」は「天然資源」と訳された。

『地球資源アウトルック2019』は、一研究者が書き上げた一研究書ではなく、国際的な専門委員会によって主に政策決定者と意思決定者に対して示された「**持続可能な天然資源の管理**（sustainable management of natural resources）に向けて、**プラネタリーバウンダリー**（地球の限界）内にありながらも**経済的繁栄**と**人間の幸福**を可能にする科学的根拠に基づく政策提言」（国連環境計画 2019：7）とされる。そこで本書においては、『地球資源アウトルック2019』において「科学的根拠に基づく政策提言」という問題設定から定義された「天然資源」についての理解を基本線とする。

背景にはもう一つ理由がある。国連環境計画が示した『地球資源アウトルック2019』における「天然資源」の用語法また理解は、「**持続可能な開発目標**（Sustainable Development Goals: SDGs）」の枠組みと対応しているからにほかならない。持続可能な開発目標（以下、SDGs）は、2015年国連総会において採決された、2030年までの達成を目指す総合的な政策提言である「**持続可能な開発のための2030アジェンダ**」の中核を成すものである。17のゴールとゴールごとに設定された合計169のターゲットから構成されるが、「ゴール12（持続可能な生産・消費）」では、生産と消費の過程全体を通して、天然資源や有害物質の利用および廃棄物や汚染物質の排出を最小限に抑えることを目指しており、「2030年までに天然資源の持続可能な管理及び効率的な利用（sustainable management and efficient use of natural resources）を達成する」のがゴールである（環境省 2015；国際連合 2015；United Nations 2015）。『地球資源アウトルック2019』において、SDGsにおける持続性の３つの側面（環境、社会、経済）への天然資源の直接的もしくは間接的な関係が示されている。天然資源は、ゴール１～３、７～15、17と直接的な関係、ゴール４、５、16とは間接的な関係がある（巻頭資料図１）。

したがって本書においては、SDGsが定める開発目標における「天然資源の持続可能な管理」の目標を強く意識し、その考え方を共有しつつ、デカップリングの概念（詳細は第９章第２節で扱う）を軸として、関連事象を多角的に議論していきたいと考えるからである（巻頭資料図２）。

天然資源と自然環境

他方、政策提言に必ずしも収れんするとは限らない「自然環境」全般に対する学術的・科学的理解を並行して深めていきたい。その上で、資源、経済、環境、社会の関係を取り扱っていきたいと考える。そのためあえて、「natural environments」を「自然環境」、「natural resources」を「天然資源」と訳し分けることにより、つまり英語では同じ「natural」であっても、環境を対象として純粋科学的な理解に基づくときは「自然」を使い、資源を対象として産業界の現状を踏まえた政策提言にもつながる問題意識のときは「天然」をあてることにより、両者の背景にある現状認識と問題設定は、決して同じではないことを強調してみたい（図1－2）。

以上のような理由により本書では、天然資源と自然環境を以下のように定義したい。

天然資源は、①バイオマス（木材、作物、食用・エネルギー用・餌用・植物由来物質を含む）、②化石燃料（石炭、天然ガス、石油）、③金属（鉄、アルミニウム、銅など）、④非金属鉱物（砂礫、石灰岩など）、⑤水、⑥土地を含み、我々の社会経済システムを形づくる製品･サービス･インフラの基盤を提供するものであり、基本的に価格がつくもの、とする。一方、自然環境は、我々の社会経済システムを形づくる製品・サービス・インフラの基盤を提供する天然資源に、必ずしも限定されない、我々を取り巻く、ただし人工物を除いた、あらゆる対象を含んだ環境であり、価格がつかないものも含む、とする（天然資源と自然環境の違いについては、あらためて、本源（source）と資源（resource）の違いを踏まえて次章で議論していきたい）。

図1－2　「天然資源」と「自然環境」の考え方

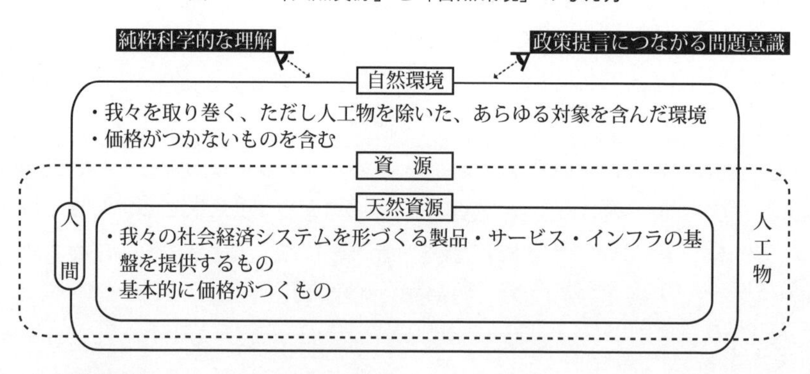

出所：筆者作成

地下資源、鉱物資源、エネルギー資源

天然資源（上記の定義でいう①〜⑥）に包含されている資源について、これまで個別の学術分野で培われてきた定義について、正確に理解しておかねばならない。地理学、地学において、**地下資源、鉱物資源、エネルギー資源**は、どのように定義されているのか、紹介する。

まず『地理学辞典』の地下資源の定義である（ちなみにこの地理学辞典には資源の定義はない）。

「地下資源（underground resources）人類の用に供せられる天然資源のうち、地下に存するものをいう。鉱物資源あるいは鉱産資源のほか、地下水や地下水中の無機成分を含めることがある。一般には鉱物資源を指し、狭義には金属鉱物・非金属鉱物を指すこともある。日本標準産業分類（1967）では、鉱業を分類し、金属（貴金属・非鉄金属・鉄・軽金属・希有金属・その他）、石炭・亜炭・石油・天然ガス、非金属（窯業原料・化学原料・肥料原料・粘土・その他）に分け、非金属鉱業のなかに採石・砂・砂利・玉石採取まで含めている。一般には砂・砂利・土壌などには、資源の名称は使わないようである」【後略】（和田 1996）。

続いて『地学事典』における鉱物資源の定義は以下のようになる（ちなみにこの地学事典にも資源の定義はない）。

「鉱物資源（mineral resources）人類の利用する天然資源のうち鉱物からなるものの総称。広義には地下資源・地球資源とほぼ同じで、金属・非金属・化石燃料・地下水・地熱・石材などの資源を包含。狭義には金属・非金属資源を意味する。細分して、銅資源・重晶石資源・地熱資源など利用対象の名を付して使用される」（関根・井沢 1996）。

したがって、地下資源も鉱物資源も人間が利用する天然資源の一部とされた上で、地下に存する鉱物からなるものに限定している。狭義ではいずれも金属鉱物・非金属鉱物を指すが、広義の場合、地下水を含むのか、砂・砂利を含むのかは場合による。天然資源に土地は含まれることはない。資源の前に利用対象の名を付して使用される場合も多く、鉱業を中心とした産業との兼ねあいにおいて定義が定まる側面もある。

次にエネルギー資源の定義を『地理学辞典』に見てみると以下のようである。

「エネルギー資源（energy resources）人類が熱・動力・光・電気などのエネルギーを用いて、生産活動を行なうに当たって、エネルギーの源泉として利用しうる自然界の物質を、エネルギー資源という。実際に利用できるエネルギー資源の範囲は、それを取り巻く社会経済的諸条件、ならびに技術的条件に制約されているが、同時に、新たなエネルギー資源の発見と開発によって、社会経済上の大変革をもたらすことがある。現在、石炭・石油・天然ガス・水力・原子力エネルギーなどが主要なエネルギー源として利用されている」【後略】（山本 1996）。

エネルギー資源という場合は、生産活動にあてるエネルギーの源泉として利用しうる自然界の物質をすべて含むため、必ずしも石炭･石油･天然ガスといった化石燃料また地下資源に限定されるわけではない[1)]。また技術や社会経済の諸条件により利用できる範囲が異なるとしており、その点については次章第4節であらためて検討したい。

以上、地下資源、鉱物資源、エネルギー資源という用語に共通しているのは、まず自然界の物質を指していることである。そして対象となる物質に生物は原則含まれていない（こなかった）ことにある。石炭・亜炭・石油・天然ガスをはじめとした化石燃料は生物由来であるものの、化石となった有機物なので生物とみなすことはできない。

バイオマス資源

ただし天然資源という場合、これは地下に存するものに限定されず、そして鉱物ではないものも含まれる。『地球資源アウトルック2019』の定義においては、天然資源にバイオマスが含まれていた。それでは**バイオマス**の定義とはどのようなものか。

私たちが本総合戦略で取り上げるバイオマスとは、生物資源（bio）の量（mass）を表す概念で、「再生可能な、生物由来の有機性資源で化石資源を除いたもの」である。バイオマスは、地球に降り注ぐ太陽のエネルギーを使って、無機物である水と二酸化炭素（CO_2）から、生物が光合成によって生成した有機物であり、私たちのライフサイクルの中で、生命と太陽エネルギーがある限り持続的に再生可能な資源である」（バイオマス・ニッポン総合戦略 2006）。

生物由来の有機性資源で化石資源を除いた再生可能な生物資源が、バイオマスと定義されている。ここで明確になったことは、生命と太陽エネルギーがある限り持続的に**再生可能な資源**としての有機物も含まれる、という点である。

同時に、ここでいうバイオマスが、資源であることが前提であり、もしくは資源とみなすことができる限りにおいて、定義されている点に注意しなければならない。資源としてのバイオマスは、地球温暖化の防止や循環型社会の形成が大きな政治的社会的課題になってきた1990年代後半以降、あらためて認識されるようになった比較的新しい対象・概念である。

元来のバイオマスの定義・理解を踏まえて、『生態学事典』では以下のようにまとめられている。

「生物体量（biomass）ある時点での任意の空間に存在する生物体の量を表す。個体群や群集ないし植物群落を対象に用いるが、“葉の生物体量”のように生物体の部分についても用いることがある。個体数で表されることもあるが、これは適当でない。生産生態学では、ふつう単位土地面積当たりの乾物量や炭素量、またエネルギー量で表す。生物体量は生体量、生物量、バイオマスともいう。また現存量（standing crop、standing population）などと、ほぼ同義である。エネルギー資源として使用されている“バイオマス”の場合は、廃棄物、排棄物を含めた生物性の有機物すべてを含めていることがあり、生態学用語としての生物体量とは異なる」【後略】（巌佐ほか2003c）。

つまりバイオマスは、生物体量（もしくは生物量、現存量）という生態学用語で、ある時点での任意の空間に存在する生物体の量のことである。一方、資源としてのバイオマスは、エネルギー源となる生物性の有機物すべてのことを意味する。このようにバイオマスという用語一つをとっても、資源としてのバイオマスと生物体量としてのバイオマス、の違いを考慮しなければならない。

資源には生物や生態系が含まれる

それでは、生態学や生物学では、資源はどのように定義されているのか。これらの学術分野における理解は、「天然資源の持続可能な管理」の考え方とも密接な関係性をもっている。そこで少し複雑で多面的な定義ではあるが、生態学において資源が意味することを見ていこう。

資源　生物の生存、成長、繁殖にとって必要な、もしくはそれらを改善する上に役立つもので、利用することによって手に入りやすさが減少する可能性があるもののこと。

（1）たとえば、動物にとっての餌や棲み場所、植物にとっての栄養塩類や水分、光などのように、環境中にあって生物の生育に必要なもののこと。もしくはより多く供給されることで適応度（増殖率）が改善されるもの。それらはある程度不足している状況において資源なのであって、あり余っている状況では同じものが資源ではなくなる。生物種の生態的地位を、その生物が必要とする資源の供給される状況として定義する考えもある。必要とする資源を奪い合う種は、互いの存在が相手の適応度を低下させる。この関係を資源をめぐる競争とよぶ。資源が、ある単位サイズよりも小さく分割できない場合と、いくらでも分割ができる場合では競争の様相が異なる。また増殖する生物を餌とする場合のように、使用を差し控えていると資源の供給が回復する状況を**更新可能資源**（renewable resources）とよび、使用した分だけ減少して回復することがない資源と区別する。
（2）生物が、限られた物質やエネルギーもしくは活動時間を、適応度を改善するさまざまな活動に振り向けるとき、それら限られたものを資源とよぶ。たとえば植物は、光合成によって得た物質を、葉や根の成長、枝の展開、防御のための化学物質やトゲ、さらには繁殖のための花や果実に振り向ける。もしくは動物が餌探しと子どもの世話、配偶者の探索、捕食者の監視などに限られた時間を割り振る。これらでは光合成産物や時間が資源であり、そのやり方を**資源配分**（resource allocation）という。
（3）人間にとって役立つ野外個体群や生態系のことを資源とよぶ。たとえば、水産資源解析学において資源というのは、漁獲の対象となる魚貝類の個体群のことである。また将来に役立つ可能性のある野生生物を遺伝資源とよぶ例もある」（巌佐ほか2003a）。

生態学分野では大枠３つの異なった背景により定義されているが、まず(3)の定義について見る。資源とは「人間にとって役立つ野外個体群や生態系のこと」とされるが、資源の対象として、①植物群落や動物群集といった野外の個体群、つまり生物全般が対象となっている点、つぎに②**生態系**が全体として対象となっている点、最後に③ただし個体群であろうと生態系であろうと人間にとって役立つものに限定されている、点が特徴である。そこで生態系とは何を意味しているのか、同書の別項目「**生態系機能**と**生物多様性**」をあたってみるとこのような記述がある。

生態系とは、物理的な環境とそこに生息する生物群集の相互作用から構成される複雑なシステムであるが、エネルギーや物質の固定、生物体の再生産、物質の生産・循環・分解を基本として、さまざまな生態系機能（ecosystem functioning）を有する。これら生態系がもつ機能を、人間が資源として生態系から引き出して利用・享受するとき、その価値の総体を生態系サービス（ecosystem goods and services）とよぶ。具体的には、食糧や木材といった生産機能に直結したいわゆる財（goods）とともに、肥沃な土壌の生産、汚染物質の分解、気候の緩和、洪水や土壌流出の制御、害虫の制御、農作物の受粉などのサービスがある」（巌佐ほか 2003b）。

まず生態系とは、物理的な環境とそこに生息する**生物群集**の相互作用から構成される複雑なシステムである。そして、エネルギーや物質の固定、生物体の再生産、物質の生産･循環･分解といった、様々な生態系機能をもっているが、その中から、人間が利用するものが資源と位置づけられている。そして資源の価値の総体を生態系サービスと呼んでいるのである。

先に見た『地球資源アウトルック2019』における定義において「資源は製品･サービスを生み出す経済活動に使用が可能な自然界の一部」という記述があったように、サービス（用役・役務）というと、人間が経済活動の一貫として誰かのために行う形のない財や商品に限定して考えがちであるが、**生態系サービス**といった場合は、人間が価値を見出し享受できる生態系機能の一部を意味している点を意識しておく必要がある。

生物全般にとって利用が制限されるもの

そうすると資源を定義するにあたり、最も鍵となることは、「人間にとって役に立つ」もしくは「人間が利用する」という側面である。言い換えれば、生物のうち、もしくは生態系機能のうち、人間にとって役に立たないもしくは利用しないものは、資源ではないということである。

ところが(1)と(2)の資源の定義においては、主体は必ずしも人間ではなく、生物全般となる。生物の生育に必要なもの、役に立つものが資源である。生物が利用するもののうち、特にその利用が制限されたり減少したり不足したりする可能性があるもののみが、資源になりうる。その対象は、物質やエネルギーだけでなく、活動時間の場合もある。

資源をめぐる競争は、必要とする資源を奪い合うことによって、互いの存在が相手の適応度を低下させる複数の生物種間に発生する。そして種間関係の結果として、種の生態的地位、すなわち、ある種がその個体群を維持することができる環境要因や、食物などの生活資源の範囲が定まってくる。

このように生態学や生物学における資源の定義を見てみると、地理学や地学における資源の定義とは、大きく異なるいくつかの点があった。その最たる点は、物質やエネルギーだけでなく、生物全般、生態系機能、そして活動時間さえも、その対象となっていることである。その一方、最大公約数的な共通点は、対象に一定の限定性があること、そして対象が定まる条件は、主体にとって必要性があり役に立つ点であった。さらに、資源を定める主体が人間のみならず他の生物種の場合がある、もしくは種間関係によって定まるとする点は、生態学や生物学の定義に見られる、ある意味、異色といってよい考え方であろう（どうして異色と言えるかは、後述の『オックスフォード地理学辞典』による定義、また国連による「持続可能な開発」の概念と対比していただきたい）。

資源とは人間の必要を満たすもの

あらためて、資源とは何か？　最も的確で包括的な学術的定義が『オックスフォード地理学辞典』にあると考える。

> 「資源　人間の必要を満たすもの。資源には労働力、技能、金融、資本、技術など人工のものもあれば、鉱物、水、土壌、自然植生、気候など天然のものもある。資源の認知は時代により変化する。新石器時代の人間には、石炭はほとんど重要性がなかった一方で、火打ち石（燧石）はきわめて重要であった。このように資源は関連する技術に依存する。景観や生態系などの資源は、技術によらず永久の価値づけがなされうる」【後略】（Mayhew ed. 1997：359；Mayhew 編 2003：120）。

「人間の必要を満たすもの」と訳されている英語の原文は「some component which fulfils people's need」であるので、「人間の必要を満たす構成要素」もしくは「人間の必要を満たす地球の構成部分」と訳した方が、より正確かもしれない。資源を定義するには、資源とは何かを定める主体としての、人間の存在が欠かせない。あくまで人間であって、神でもなければ、天でもなければ、他生物でもないことが明示されている。

「持続可能な開発」とは「将来世代の欲求を満たしつつ、現在の世代の欲求も満足させるような開発」を意味するが、その概念が提唱されたのは、日本の提唱に基づき国連に設置された**「環境と開発に関する世界委員会」**が1987年に報告した「我ら共有の未来（Our Common Future）」であった（環境省 2015）。「我ら」とは紛れもなく、国際連合憲章の前文にある**人民**（We the peoples）のことである。したがって「持続可能な開発」も、もちろん人民のために考えていることである。

「持続可能な開発のための2030アジェンダ」では、人民の意味するところが具体的に示されている。「今日2030年への道を歩き出すのはこの「われら人民」である。我々の旅路は、政府、国会、国連システム、国際機関、地方政府、先住民、市民社会、ビジネス・民間セクター、科学者・学会、そしてすべての人々を取り込んでいくものである。数百万人の人々がすでにこのアジェンダに関与し、我が物としている。これは、人々の、人々による、人々のためのアジェンダであり、そのことこそが、このアジェンダを成功に導くと信じる」（国際連合2015）。

ところで『地球資源アウトルック2019』には、副題がついている。「我々が求める未来にとっての天然資源（Natural resources for the future we want）」である。「我々が求める未来のための天然資源」という言いまわしも正に、人民（人間）の必要と欲求こそが、天然資源の内容とその価値、そして人間自身の未来を定めることを如実に示している。

人工物も含まれる

「人間の必要を満たすもの」は、決して、天然・自然のものに限定されないで、人工物も含まれる。資源には人工物が含まれるからこそ、天然・自然「natural」をつけることによって、資源の対象を限定する理由が存在していたのである（図1-2）。上述の『地球資源アウトルック2019』の定義において、「天然資源」には含まれないが「資源」に含まれている対象として、具体的には大気だけを明文化することは、『地球資源アウトルック2019』がもっている射程を明確にしている反面、資源の定義としては極めて例外的なものと考えてよい。もちろん、人工物の例が挙げられていないだけで、これらが含まれないとは言っていない。

「人工のもの（man-made）」が意味する範囲は広い。「人工のもの」として、労働力（labour）、技能（skills）、金融（finance）、資本（capital）、技術（technology）が例示されている。

「持続可能な開発のための2030アジェンダ」においては、例えば、「2030年までに、貧困層及び脆弱層をはじめ、すべての男性及び女性が、基礎的サービスへのアクセス、土地及びその他の形態の財産に関する所有権と管理権限、相続財産、天然資源、適切な新技術、マイクロファイナンスを含む金融サービスに加え、経済的資源（economic resources）についても平等な権利を持つことができるように確保する」という内容や、「我々は、国際的な公的資金が、国内、とりわけ限られた国内資源（domestic resources）しかない最貧国や脆弱な国において、公的資源（public resources）を国内的に動員するための取組を補完する上で重要な役割を果たすということを強調する」といった記述があるため、同書における（国連が定める）資源は、決して天然資源に限定していないことが確認される。

資源は時代により変化する

『オックスフォード地理学辞典』において指摘されていた「資源は時代により変化する」という特徴は、極めて重要である。新石器時代の人間には、火打ち石は資源であっても、石炭は資源とはなりえなかった。新石器時代には石炭は、人間の必要を満たすものではなかったからである。同様に、火打ち石は現代においては人間にほとんど必要とされていないので、資源とはみなされないことになる。

レアメタルが資源となったのは基本的にこの数十年ほどの期間に限定され、それ以前は資源ではなかった金属元素が多く含まれている。また、同じ金属資源であったとしても、資源としてどのような必要性を満たすか、どの性質を利用しているのか、という点は時と共に変化してきた。

銅資源を例にとれば、具体的に理解されよう。埋蔵量・産出量が多く精錬が簡単な**ベースメタル**の一つであるが、その用途は時代により大きく異なっていた。優れた導電性と熱伝導性を活かした金属材料として、電気ケーブルやエアコンの熱交換器など、電子・電機部品としての利用が現在は多い。ところが、15～19世紀にかけては強力な火薬で高い破壊力をもった鋳造製の大砲は真鍮（銅と亜鉛の合金）もしくは青銅（銅と錫の合金）であったし、青銅は既に紀元前３千年頃から、適度な展延性と鋳造に適した融点の低さを活かして斧や剣に、もしくは高い熱伝導性を活かし器に加工され利用されてきた。貨幣の材料として銅や銅合金が長く世界中で利用され続けてきたのは、優れた耐食性と微量金属作用（金属の抗菌作用）をもっていたからでもある。

「資源小国」もしくは「**資源が乏しい国々**」（resource-poor countries）の一つと形容されることも多い日本ではあるが、千年以上に及んで銅を産出し精錬してきた国であったし、数世紀にわたって、棹銅として銅を輸出した時代があったことも意識しなければならない。

日本における「資源」認識の始まり

それでは日本において、「資源」というカテゴリーで対象を認識し始めたのは、いったいいつまで遡ることができるのか。

最も古い記述は1899（明治32）年に定められた商法第286条３項にある「資源ノ開発」であるが、ここでは貸借対照表の書き方に関する指示の文脈で登場することから、「財源」と同義で用いられていた可能性が高い（佐藤 2008a）。1918（大正７）年に軍需工業動員法が定められ、その担当部局として軍需局管制の中に、「内外国資源の調査」が所管事務として挙げられたのが、日本で「資源」という言葉・概念が公式に使われた始まりと考えられる。その目的は「燃料、動力、工業用原料鉱物及び植物、其の他各種の資源は一国産業の原動力にして、国家自立の道はこれが確保をまって始めて其の全きを期すべし」という趣旨に基づくものであった（石井 1969；小出 1958）。そして「資源」という言葉が日本で広く用いられるようになったのは昭和初期であり、それ以前の明治・大正期は「富源」とか「利源」、あるいは「原料」が自然の生み出す有用物を指す言葉として用いられていた（佐藤 2007b）。

1919（大正８）年前後に「資源」という言葉が登場し、政策論議の対象になるに至った大きなきっかけは第１次世界大戦にあった。この時期に初めて、総力戦を遂行する上で長期的な原料の調達と、それを可能にする資源確保の必要性が国の指導者らに認識されたからである。国内資源統制の強化傾向は、海外資源確保への関心と連動しており、大正末期には、日本の指導者は満州や朝鮮の資源を合わせて経済を運営することが日本に残された唯一の活路であると考えるようになっていった（佐藤 2007a）。

軍需局は1920（大正９）年に内閣統計局と合併されて国勢院となり、これが1926（大正15）年の国家総動員機関設置準備委員会の母体となった。昭和に入って1927（昭和２）年、この準備委員会が正式に組織化されたのが、内閣直属部局の資源局であった（佐藤 2007b）。

文官部局ではあるが、陸海軍の武官が事務官として出入りできる、文武融合部局とした点に時色がある。物と人という資源の統制の仕事と定められた。広範囲での資源動員ということで、やがて帝国日本の軍国主義化を象徴するかのように、1937（昭和12）年の日中戦争勃発後、「企画院」に拡大していく。資源という言葉は、植民地を含めた「**国家総動員**」という言葉に置き換えられ、敗戦と運命を共にする（御厨 2013）。

資源の概念が最も具体的な形で応用された現場は、今日の東南アジアとポリネシアを指す南洋諸地域であった。国力の基礎となる原料資材の元である資源に議論が集中されたことで、人々の関心は原料資源が所在する南洋地域へと伸張した。大正から昭和にかけての資源問題の書物の多くは南洋を中心とする海外資源に言及しており、資源への関心と植民地への関心は並行していた。とりわけ植民政策学として結実していく植民地に関する知識の中心は、資源の分布、性質、活用法などであった。当時の日本が資源を旗印に、中国や南洋と一体化した発展を試みており、そこに帝国主義的な「領土の総合」を見てとることができるのである（佐藤 2008b）。

「物的資源」と「人的資源」

資源の名を冠した日本で最初の法律は、1929（昭和４）年の「**資源調査法**」であった。これは民間の資源保有状況を国が把握する権利を法的に裏づけたもので、後の国家総動員法の基盤的な役割を果たした。工業原料となるべき「**物的資源**」の不足が明らかであったために、相対的に「**人的資源**」の重要性に重きが置かれた。資源局の新設に力を尽くした内務官僚の松井春生が『日本資源政策』（1938）を著わしてから、日本で資源を冠した出版物が急速に普及していく（佐藤 2007a；2007b）。

『日本資源政策』の第１章「資源の意義」を紐解くと、総説、人的資源、物的資源、その他の資源、という順番で解説されている。総説の冒頭において資源とは「最も広い意味においては、ある組織体において、その存栄に資するあらゆる源泉を包括する概念であるが、特に国社会について用いられたのである。即ち、物的資源にとどまらず、人的資源を含むところの、およそ国社会の存立繁栄に資する一切の源泉を指称し、それが独立の資用関係に立つ限り、有形、無形の別を問わないのである。ここに日本資源政策として、述べんとするところも、かかる広い意味における資源を指すにほかならない。こういう使い方は、必ずしも独断的なものではないのであって、我が資源に相当する英語のresourceなる言葉もこれが天然資源に限られたものにあらざるとは、別にnatural resourcesの語があることによっても明らかである。また最近、北米合衆国において設置せられたNational Resources CommitteeないしBoardのごときも、この所掌の範囲なお多分に物的資源の色彩を逃れないが、決して天然資源に限局せず、さらに広範にわたっているのである」【現代文に筆者が修正】と定義している。そして、続く人的資源の冒頭には「人的資源は物的資源同様、国防の根幹である」としている（松井 1938：17-18）。

この資源の定義で注目しなければならないことは、①資源とは「物的資源」と「人的資源」を包括しており、天然資源に限定されるものではないこと、②資源は国家社会の存立繁栄に資するもので、国防の根幹であること、そして、③英語 resource の用法、また海外、特に米国の政府組織の動向を踏まえつつ、意味づけられていることにあろう。

この考え方では、人間の心意・道徳のような精神的方面の活動まで、「人的資源」のうちに数えられているが、一般には戦闘力および労働力の単位としての身体のみを「人的資源」とみなす考え方（土屋 1941）もあった。資源は、このように国防という軍事目的を背景に、動員という国家の至上命令のもとで生まれた言葉であることを忘れてはならない。だから、1935（昭和10）年頃になって、満州事変が日中戦争に発展するに従って、資源という言葉はいよいよ急速に広まり、上記『日本資源政策』をはじめ、多くの著書や翻訳書が出版されている。それとともに、当時、「持てる国、持たざる国」という言葉や、「人的資源」という言葉がさかんに使われたのである（小出 1958）。

人間自身も資源の対象となりうる

戦後しばらくの間、主要な辞書における資源の定義には、人が含まれなかった。その理由は、太平洋戦争中の「資源の名の下に強制動員されてきた労働力としての人間という考え方」としての負の記憶が影響していた（佐藤 2009）。1953（昭和28）年に**資源調査会**によりまとめられた『明日の日本と資源』では「人的資源」は明確に除外されていたが、1961（昭和36）年に同調査会が出版した『日本の資源問題（上・下）』において再び息を吹き返した。高度経済成長が始まり物質的な条件に満足し始めた日本で、知識や情報、社会関係といった無形物の価値が相対的に上がってきたことが背景にあると考えられている（石井 1969；佐藤 2008a）。

文部科学省組織令では政策課が扱う事務に「資源の総合的利用に関すること（他の府省の所掌に属するものを除く。）」とあり、かつ2013（平成25）年6月14日閣議決定された第2期教育振興基本計画の中に「とりわけ天然資源の乏しい我が国においては人材こそが社会の活力増進のための最大の資源であり」という文言も見られる。したがって現在、日本国が認識する「資源」の中には、「人材」つまり「human resources」も含まれていると判断される。

英語の「human resources」は、「人的資源」もしくは「人材」や「人事」と訳されることもあり、現在、世界中で広く用いられている用語ではあるが、人間は商品（commodity）ではない、という側面を重視して、この用語の利用を避ける場合もある。

国内資源の有効利用と生産力の保全　戦前日本で最初に登場した資源政策は、アジア侵略に向けての国民の思想的な心構えまで「資源」に含ませた、軍事的・対外拡張的な性格の色濃いものであった。しかし戦後の日本は資源について全く異なる認識から出発する（森滝 1983）。

占領軍総司令部（GHQ）に天然資源局（Natural Resources Section: NRS）が作られたことにより、資源に関する見方は180度転換し、資源は政府の独占するものではなく、国民生活の向上に資するものとして再定義された。GHQ の天然資源政策を立案する上で重要な役割を果たしたのは、ハーバード大学から技術顧問として招聘された地理学者のエドワード・アッカーマンであった。アッカーマンは、戦中、日本軍が演出した**「持たざる国」運動**（"have not" campaign）が心理戦を戦う上で果たした役割を強調しつつ、「日本は国際的に見て特に資源に乏しいわけではなく、人口を調節し、科学を発達させれば十分に国民を養うレベルに到達できる」と論じた（アッカーマン 1986；石井 1969；佐藤 2007a）。

1947（昭和22）年にアッカーマンが設置した資源委員会（のちの資源調査会）では、自国の資源の科学的・合理的利用と、それを実現するための長期的な課題に関する調査研究と計画策定を行うことを目的として、工学や社会科学、政策の実務担当者や学者といった多様な人材が集められた。土地、水、エネルギー、地下資源の４つの部会のもと、実態の正確な把握、調査方法の統一と合理化、科学技術の利用による生産力の拡大、生産力の下降しつつある資源（侵食された畑地、埋没した貯水池、老朽化した水田、汚濁した水質など）の適切な管理を通じた生産力の保全、そして資源利用の適時適所適材主義、資源調査研究の総合化・組織化に重点が置かれた。このうち、過度な開発や災害や環境劣化につながるという認識から生まれた「生産力の保全」という考え方は、当時の資源論が開発と生産の問題に固執していたわけではなく、資源の母体となる自然環境それ自体にも関心を寄せていたことを示している（佐藤 2007b）。天然資源およびそれを産出する自然環境を、例えば河川流域というような単位で一体のものとみなす思想に立ち、その個々の部分を恣意的・略奪的に開発（破壊）することをいましめて、総合的に保全（利用）せよ、という考え方に立っていたことが特徴である（森滝 1983）。

エネルギー資源の海外依存とオイルショック

この考え方が基軸になって、昭和20年代から30年代にかけての「**国土総合開発計画**」に育っていく（御厨 2013）。しかし、政府の現実の資源政策は、朝鮮動乱（朝鮮戦争）を契機とする日本独占資本の復活とその後の高度経済成長の過程で、総合的・合理的かつ多少とも民主主義的と呼べる資源開発すなわち保全の理念からはほど遠い路線を歩んでいったと言わざるを得ない。具体的には、石油など主要なエネルギー資源や工業原料資源の海外依存とこれらの濫費、石炭など重要な国内資源の放棄、土地・水のような輸入できない国土資源の乱開発と浪費、などである（森滝 1983）。

1950（昭和25）年に国土総合開発法ができ、それに基づいて19の特定地域が選ばれた。その中には、鉱工業立地条件の整備とか、農林業、鉱業の開発に主眼の置かれたものなどもあった。しかし現実には、総合開発の主要な事業は、多目的ダムの建設にあった。国土総合開発は電源開発を進めるための前提というべきものであり、続いて1951（昭和26）年に電源開発促進法が公布された。この２つの事業が国民の前にはなばなしく展開されるのは、同年６月にはじまる朝鮮動乱の前後からであるが、当時東と西の対立からくる冷戦を背景に、米国が日本を極東の軍事工場にしようとする根本的な政策の転換によって、エネルギー源を確保する必要から、電源開発が強力におし進められた事情もあった（小出 1958）。

日本経済の高度成長は、日本国内の物的資源に依存したものではなく、海外からの原料の輸入に頼ったものであった。つまり、加工貿易のタイプを発達させることによって、日本は自国内の貧弱な物的資源にもかかわらず、世界中で最も高速度な経済成長を遂げた。この前代未聞の高度経済成長が、中東を中心に開発された安価な石油に依存したものであったことは、石油輸出国機構（OPEC）による油価の引き上げが日本経済に与えた石油危機の大きさが証明している（黒澤 1986）。

1973（昭和48）年の第1次石油危機（**オイルショック**）、1979〜80（昭和54〜55）年の第2次石油危機を契機として資源危機が表面化すると、戦前・戦中の「持たざる国」論を連想させる「資源小国」論のイデオロギーが広く流布されていくこととなる。エネルギー資源確保のための「**シーレーン防衛**」論などと結びついて、一種の軍事的地政学のイデオロギーに近くなったと言われる。また資源安定供給を期するためと称して資本輸出により、資源供給国における資源開発の推進を図るなど、対外依存を基本とし、新植民地主義的な要素も多分にあった（森滝 1983、第3章第3節を参照）。

その後、石油危機を乗り切り、経済的に豊かになった日本では、資源の稀少性に対する危機感は低下し、それに連動する形で資源論は求心力を失っていった。これに合わせるようにして影響力を増した各省庁は、それぞれの所轄範囲を拡張し、元来省庁横断的であった資源調査会の活動範囲はだんだんと狭められていったのである（佐藤 2008b）。

資源外交は日本固有の概念？

資源外交とは、資源輸入国による資源輸出国に対する資源の安定供給を目的とした外交を指す。また資源輸出国（資源供給国）もまた、資源の輸出とそれに関連する外交を通して、同様の目的を達成しようとしている側面もある（山田 2013）。にもかかわらず「資源外交」は日本独自の概念と言われることがある。

英語で resource diplomacy が全く使われないわけではないが（ミクダシ 1977；Hill 1975）、日本語で用いられるほどの頻度ではない。もちろんこの概念に関わる様々な政治的・政策的・経済的な活動は資源輸出国にも（Drolet 1978）、資源輸入国にも存在するが（Power *et al.* 2012）、それらを「資源外交」と括って議論がなされることは必ずしも一般的ではない。

欧米先進国で必ずしも用いられない「資源外交」という概念が、日本の戦後の経済発展の過程では用いられざるを得なかったと考えれば、その背景には理由がある。日本でいう「資源外交」は、「エネルギー政策（energy policy）」に重なるところが多い。エネルギー政策の根幹には「エネルギー戦略（energy strategy)」があり、国際的に「エネルギー外交政策（foreign policy of energy)」を推進していくことになる。それによって「エネルギー安全保障（energy security)」を確保しようとする。日本では「資源外交」という言葉に、これらの様々な角度からの政策的意図が重なって読み込まれていく（池内 2013)。

「資源外交」という言葉が日本で一般的に使われるようになったのは1970（昭和45）年前後からであり、それは中東情勢と絡んで産油国が**「資源ナショナリズム」**を強める気配を見せ始めてからと言われている。やがて第4次中東戦争（1973年）においてアラブ諸国が「石油戦略」を発動するに至り、事態は第1次石油危機（1973年）へと発展する。戦後日本に「資源外交」という言葉がなかったのも、当時は「資源」と「外交」を結びつけて考える必要がなかったからと言える。それだけに石油危機に直面した日本国内の危機感は強く、「資源外交」は一挙に重要な課題として立ち上がってきたのである（宮城 2013、第3・4章を参照)。

日本のエネルギー外交

エネルギーをめぐる世界情勢や日本の置かれた状況を踏まえつつ、外務省がどのような**エネルギー外交**を展開しているかを紹介するパンフレット「日本のエネルギー外交」がある。最新の2019（令和元）年版では、「日本のエネルギー事情」において「日本へのエネルギーの安定確保の必要性」は、以下のように述べられている（外務省 2019)。

> 2011年3月の東日本大震災以降、原子力発電所の稼働停止に伴い、日本の発電において化石燃料が占める割合は震災前の約65％から2012年には約90％に達し（2017年は約80％)、特にLNGの割合が増加しました。同時に、石油、天然ガス、石炭等の化石燃料のほぼ全量を海外からの輸入に依存する日本の一次エネルギー自給率（原子力を含む）は、震災前の2010年の約20％から大幅に下落し、2016年時点で約8％となっています。なお、日本の原油輸入の90％近くが中東諸国からであり、天然ガスも20％以上が中東産となっています。このような中、日本は、国産のエネルギー源である再生可能エネルギーの活用などを通じてエネルギー自給率の向上を図ると同時に、エネルギーの安定的かつ安価な供給の確保に向けた取組を進めていく必要があります。

続いて「日本のエネルギー外交」の要点は以下のように位置づけられている。

世界のエネルギー情勢は大きく変化してきており、各国のエネルギー外交や、多国間の枠組を通じたエネルギーのグローバル・ガバナンスのあり方も変革期にあります。こうした中、**資源の乏しい日本**にとって、日本へのエネルギー資源の安定供給を確保することは引き続き非常に重要です。しかしそれだけに留まることなく、エネルギーをめぐる世界の諸課題の解決に積極的に貢献し、資源国との関係においても相互利益を強化するとの観点を持つことにより、世界全体のエネルギー安全保障の強化に向けて貢献し、同時に日本自身のエネルギー安全保障も強化していくことができると考えられます。日本のエネルギー政策の基本的な視点は、「3E＋S」（Energy Security：エネルギー安全保障（安定供給）の確保、Economic Efficiency：経済効率性の向上、Environment：環境への適合、プラスSafety：安全性の確保）ですが、これらの政策目標を達成することは、世界の他の国々にとっても重要です。加えて、世界全体で見ると、すべての人に近代的でクリーンなエネルギーへのアクセスを提供することも大きな課題となっています。こうした課題の解決に向け、外務省では様々な外交的ツールを活用しながら積極的な取組を進めています。

「安定的な資源確保のための総合的な政策」

経済産業省エネルギー庁による『エネルギーに関する年次報告』の最新版（エネルギー白書 2020）に示されている「安定的な資源確保のための総合的な政策の推進」の内容を見ると、現在の日本国の問題意識が明確に包括的に理解される（巻頭資料報告1）。

「安定的な資源確保のための総合的な政策の推進」には、エネルギー資源のみならず鉱物資源も含まれており、あらためて「資源外交」の積極的な展開がうたわれると同時に、「環境と成長の好循環」の実現を強く意識した内容である。

第2節　中東を定義する

原油の中東依存度

上記「エネルギー白書」には、原油の中東依存度に関して以下のように記述されている。

我が国は、二度の石油ショックの経験から原油輸入先の多角化を図り、中国やインドネシアからの原油輸入を増やし、1967年度に91.2%であった中東地域の割合を1987年度には67.9%まで低下させました。しかしながら、その後、中東依存度は再び上昇し、2009年度には89.5%に達しました。2010年代に入ると、サハリンや東シベリア・

太平洋石油パイプライン（ESPO）経由の輸入拡大により、極東ロシアからの原油輸入が増加するなどして、中東依存度は2009年度と比べると低下傾向にありました。しかしながら、2016年度には極東ロシアを始めとするアジア地域からの輸入が減少したため、中東依存度は再び増大しました。2018年度は88.3%となっています。

このように、原油の輸入先を地域別に分析する際には、中東地域という地域区分が用いられている。巻頭資料図４「原油の輸入量と中東依存度の推移」では、サウディ・アラビア、イラン、アラブ首長国連邦、その他中東、に分けて、統計処理が施されている。

日本の外務省は、世界を、欧州、アフリカ、中東、アジア、大洋州、北米、中南米の７地域に分けている。中東には、アフガニスタン、イラン、トルコ、シリア、レバノン、イスラエル、ヨルダン、イラク、クウェイト、バハレーン、サウディ・アラビア、カタル、アラブ首長国連邦、イエメン、オマーン、そしてパレスチナが含まれている（外務省 2020、巻頭資料図５）。

現代世界の地域区分に含まれない中東

他方、日本の高校地理の教科書では、現代世界の地域区分は、「州・大陸による地域区分」、「文化による地域区分」、「国家群による地域区分」の３パターンで説明されているが、中東という地域区分は、取り上げられていない（二宮書店 2015）。

「州・大陸による地域区分」は、アジア、ヨーロッパ、アフリカ、北アメリカ、南アメリカ、オセアニアである。

次に、国を単位地域とし、生活や文化によって世界を地域区分したものとして「文化による地域区分」がある。州・大陸による地域区分と一致しないところも見られ、また、言語や宗教、衣食住など、文化のどの側面を重視するかによって、地域の種類や広がりが変わる。東アジア、東南アジア、南アジア、西アジア・中央アジア、ロシア、ヨーロッパ、北アフリカ、中南アフリカ、アングロアメリカ、ラテンアメリカ、オセアニア、といった具合である。

最後の「国家群による地域区分」では、ヨーロッパ連合、北アメリカ自由貿易協定、独立国家共同体、東南アジア諸国連合、南アジア地域協力連合、南米南部共同市場、**アラブ連盟**（League of Arab States）、そして上記国家群に属していない国に分けられている。政治を指標とする最も基本的な単位が国といえるが、同時に経済的もしくは軍事的な結びつきなど、多様な観点から国の枠組みをこえた国家群が世界の各地で形成されてきた、と説明される。

例えば、アラブ連盟に属する国々は、アジアとアフリカにまたがって存在し、かつ、西アジア・中央アジアと北アフリカを加えた国々すべてというわけでもない。そのため「国家群による地域区分」は、「州・大陸による地域区分」の下位分類でもなければ、「文化による地域区分」と整合性があるわけでもない。

さらに言えば、この高校地理の教科書では、「文化による地域区分」の「西アジア・中央アジア」を、他地域との比較において「社会・文化や資源、自然環境などで特徴的な地域」と位置づけた上で、歴史・自然環境・産業・社会などの項目ごと（位置と歴史的背景、自然環境、農牧業、鉱工業とサービス業、イスラム教と人々の生活、という５項目）に整理して考察しているが、不思議なことに本来２つの地域に分けたはずの「**西アジア**（West Asia）」と「中央アジア（Central Asia）」の境界を明確に示していない。

「中東」という用語の歴史的経緯

それでは世界において、「**中東**（the Middle East）」は地域概念として歴史的にどのように形づくられてきたのであろうか。また、地理的な範囲はどこであろうか。

21世紀に入ってからの世界の現状を、最新情報を織り込みながら版を重ねつつ、わかりやすい多数の地図を駆使し解説してきた国際政治学者ダン・スミスの『中東世界データ地図』（スミス 2017；Smith 2016）を見れば、「中東」という用語が生まれてきた歴史的経緯と、現代中東の範囲を簡潔に理解できる。

中東を形成してきたのは、①イスラーム教、②オスマン帝国、③ヨーロッパの植民地主義、④イスラエル建国、⑤石油、⑥アメリカの役割という、歴史的、文化的、また現代的でもある６つの大きな要素の相互作用であるとしている。

「中東」という言葉自体が、ヨーロッパ帝国史を反映している。その地理上の位置のため、中東は18～19世紀におけるヨーロッパの帝国拡大にとって重要な意味をもったからである。この地域は、モロッコからフィリピンに至る、ヨーロッパ勢力が支配しようとした範囲の真ん中にあった。つまり、ヨーロッパからみて「東」方の地域の、その真ん「中」だから、「中東」なのである。

そして19世紀に産業技術が発達し、紅海北端にあるシナイ半島を運河が貫通すると、この地域は地理的に重要なものから、戦略的重要性を第一義とするものへと変わった。海運力の上に成り立つ大英帝国にとり、スエズ運河は大動脈だった。また紅海南端域にあるアデンは重要な石炭積出港であり、中継地でもあった。中東は、石油がこの地に登場するはるか以前から、外部勢力にとり戦略上重要な地域だったのである。

この言葉は本来、大英帝国のものであった。第1次世界大戦前、アメリカ人戦略家が用いて一般的になり、現在では広く世界で使われている。ただし、中東について世界共通の定義はないと言われる。なぜならば、中東そのものが政治的概念であることに起因する。

地理的な範囲

20世紀初頭の大英帝国は、「中東」という言葉はアラビア、メソポタミア、湾岸地域とペルシアを指した。対して、「近東（the Near East）」はバルカン半島、アナトリア、レヴァント（地中海東岸諸国）、エジプトを表し、「極東（the Far East）」は東南アジア、中国、朝鮮半島、日本に対して用いられた。

現代では、「中東」はさらに西のモロッコ、北はキプロスとトルコ、南はスーダン、南スーダン、東はパキスタンとアフガニスタン、さらにタジキスタンを含む場合もある。

例えば、ナショナル・ジオグラフィック社の『中東アトラス』でも曖昧である。以前はパキスタン、アフガニスタン、スーダンを含まなかったが、第2版ではこの地域を含んでいる。その他では『ブリタニカ百科事典』はキプロスとトルコを含むが、英国放送協会（BBC）はこれを含まず、ウィキペディア（Wikipedia）はエジプトより西、イランより東は含まない。また米中央情報局（CIA）は、エジプトはじめアフリカを中東に含んでいない。

スミスの『中東世界データ地図』における中東は、国名で言うと、西から、西サハラ、モロッコ、アルジェリア、チュニジア、リビア、エジプト、パレスチナ占領地域、イスラエル、レバノン、シリア、ヨルダン、イラク、クウェイト、バハレーン、サウディ・アラビア、カタル、アラブ首長国連邦、イエメン、オマーン、イランである。BBCは、西サハラの南に位置するモーリタニアを含んでおり、国連の西アジア経済社会委員会（後述）にも加盟しているため、中東とみなされることが多い国の1つとして加えた（巻頭資料図3）。

国連のリージョンとしての「中東」

国際連合（国連）は、現代社会に存在する国際組織の中では最も広範な権限をもち普遍性を有しているが、中東という用語・カテゴリーをどのように扱っているのか。

まずリージョン（大陸域）については、地図として確認することができる。

例えば、「アフリカ」と「中央アジア」であれば、地図の中の該当の国家のみを色分けしているので、どの国家がそのリージョンに含まれるか、明確にされている。それに対して、「西アジア」と「中東」に関しては、いたって曖昧である。どちらもほとんど同じ地図を用いており、その地図の中には、トルクメニスタン、アフガニスタン、パキスタン、イラン、トルコ、シリア、レバノン、イスラエル、ヨルダン、イラク、クウェイト、バハレーン、サウディ・アラビア、カタル、アラブ首長国連邦、イエメン、オマーン、エジプト、リビア、スーダン、南スーダン、エリトリア、エチオピア、ジブチ、ソマリアといった国家が含まれているが、色分けしていないので、どの国家が「中東」や「西アジア」に含まれるのか明確でない。

他方、リージョナル・グループ（地域グループ）は、大枠定まっている。アフリカ、アジア・太平洋、東ヨーロッパ、ラテンアメリカ・カリブ海、西ヨーロッパ・その他、である。中東という名の地域グループはない。したがって、国連全体としては、中東という用語・カテゴリーを用いることはあるが、その地理的な範囲が明確に定まっているわけではないと理解するしかない。

ただし、国連の専門機関、計画、基金、委員会、事務所ごとに定義されるリージョンを紐解いていくと、それぞれに異なる対象国・対象範囲を設定していることがわかる。

国連の専門機関等によって異なる対象国

世界観光機関（The World Tourism Organization of the United Nations: UNWTO）では、リージョンはアフリカ、南北アメリカ、アジア・太平洋、ヨーロッパ、中東に分けられており、中東はバハレーン、エジプト、イラク、ヨルダン、クウェイト、レバノン、リビア、オマーン、カタル、サウディ・アラビア、シリア、アラブ首長国連邦、イエメンの13カ国からなる。

国連人道問題調整事務所（Office of the High Commissioner for Human Rights:

OCHA）の「**中東・北アフリカ**（the Middle East and North Africa: MENA）」リージョンは、アルジェリア、バハレーン、エジプト、イラン、イラク、イスラエル、ヨルダン、クウェイト、レバノン、リビア、モロッコ、パレスチナ、オマーン、カタル、サウディ・アラビア、シリア、チュニジア、アラブ首長国連邦、イエメンを意味し、中東リージョン・オフィスではアルジェリア、バハレーン、エジプト、ヨルダン、クウェイト、レバノン、モロッコ、オマーン、カタル、サウディ・アラビア、アラブ首長国連邦の11カ国をカバーしている（中東リージョン・オフィスがカバーしない国々が北アフリカの国々というわけではない）。

国連食糧農業機関（Food and Agriculture Organization of the United Nations: FAO）の場合、中東リージョンは、4つのサブリージョンからなり、それらは①アラビア半島すなわちバハレーン、クウェイト、オマーン、カタル、サウディ・アラビア、アラブ首長国連邦、イエメン、②コーカサスすなわちアルメニア、アゼルバイジャン、ジョージア、③イラン、④近東すなわちイラク、イスラエル、ヨルダン、レバノン、パレスチナ、シリア、トルコである。ここでは、近東は中東のサブカテゴリーとされる。

国連環境計画（United Nations Environment Programme: UNEP）の場合は、北アメリカ、中南米とカリブ諸国、アジア太平洋地域、ヨーロッパ、西アジア、そしてアフリカという6つのリージョンごとに現状分析と政策提言がされている。リージョンの範囲は、UNEP 地域事務所に課された付託権限を反映しており、リージョン、サブリージョン、およびその区域内の国家と階層化されている。西アジア・リージョン（West Asia Region）とは、アラビア半島地域とマシュリク地域の2つのサブリージョンからなり、アラビア半島地域には、バハレーン、クウェイト、オマーン、カタル、サウディ・アラビア、アラブ首長国連邦、イエメンが含まれ、マシュリク地域には、イラク、ヨルダン、レバノン、パレスチナ、シリアが含まれる（UN Environment 2012）。したがって例えば、UNEP が出版する生物多様性に関する報告書「西アジアにおける生物多様性の現状（The State of Biodiversity in West Asia）」（UNEP 2006）の場合も、上記の西アジア諸国を対象にしていることになる。なお、UNEP による報告書『地球環境アウトルック』の詳細については、第8章を参照されたい。

一方、同じ「西アジア」といっても、対象となる国々は異なることがある。

西アジア経済社会委員会（United Nations Economic and Social Commission for West Asia: ESCWA）は、バハレーン、イラク、エジプト、ヨルダン、クウェイト、レバノン、リビア、モーリタニア、モロッコ、オマーン、パレスチナ、カタル、サウディ・アラビア、スーダン、シリア、チュニジア、アラブ首長国連邦、イエメンという18の加盟国から構成されており、中東また北アフリカの国々を含んでいる。

国連教育科学文化機関（United Nations Educational, Scientific and Cultural Organization: UNESCO）の場合は、「西アジア」という用語はまた違った地理的な範囲に規定されている。「南アジア・西アジア」は、アフガニスタン、バングラデシュ、ブータン、インド、イラン、モルジブ、ネパール、パキスタン、スリランカといった国々を指している。リージョンは、アフリカ、アラブ諸国、アジア・太平洋、ヨーロッパ・北アメリカ、ラテンアメリカ・カリブという6つのリージョンに分けられるため、「南アジア・西アジア」は、アジア・太平洋リージョンの一部ということになる。また、「**アラブ諸国**（Arab States）」が示されており、アルジェリア、バハレーン、ジブチ、エジプト、イラク、ヨルダン、クウェイト、レバノン、リビア、マルタ、モーリタニア、モロッコ、オマーン、パレスチナ、カタル、サウディ・アラビア、ソマリア、南スーダン、スーダン、シリア、チュニジア、アラブ首長国連邦、イエメンの計23カ国からなっている。

国連報告書の統計データを読み込むには

このように、国連が出版する報告書をあたって、統計データを読み込み利用する際には、「中東」、「中東・北アフリカ」、「西アジア」、「アラブ諸国」といった用語・概念に含まれる国々が異なっていることを知っていなければならない。特に、資源、経済、環境、社会に関わるデータを扱う際には、「中東」といってもFAOが作成したデータなのか、UNWTOが作成したデータなのか、OCHAが作成したデータなのか、また「西アジア」といってもUNEPが作成したデータなのか、ESCWAが作成したデータなのか、UNESCOが作成したデータなのか、について十分な注意を払う必要がある（国連の統計データを用いた議論については、第8・9章を参照）。

しかしながら、その一方、中東の自然環境をとらえようとする時、近代国家の成り立ちや国際組織の認識の仕方は、直接的な関連はほとんどないと言ってよい。したがって、自然環境から中東を考える際には、「中東」、「西アジア」、「中東・北アフリカ」もしくは「**オリエント**（the Orient）」と呼ばれてきた地域を念頭に、地域を広くとらえながら、自然環境の特質、例えば、気候、水、動植物相、地形、地質といった個別の要素の特徴とそれらの関連性を理解していきたい（次章を参照）。

第3節　現代中東の資源を考える意義

資源を考察するに際して、学術書においても政府機関によって編纂された報告書においても、概念規定に厳密さを欠いた記述がしばしば見うけられる。しかし資源政策を正しく基礎づけるためにも、資源の本質に関する概念規定の科学的検討は、決してゆるがせにはできない（石井 1969）。

本書では、資源を定義するにあたり、2020（令和2）年現在という今を第一に考えた。現時点において、資源をめぐって何が問題となっているのか、という問いが出発点である。そこで参照の出発点としたのは、国連環境計画による『地球資源アウトルック2019』であり、国連による「持続可能な開発のための2030アジェンダ」であった。重要な政策的な課題として「天然資源の持続可能な管理及び効率的な利用」を、問題設定の主軸と定めた。

その上で、資源の概念を紐解いていった。日本語・英語の資源、天然資源、自然環境といった各用語に含まれる対象やその範疇を規定した。その結果、資源は「人間の必要を満たすもの」であるが、同時に、「時代により変化していく」という大きな特徴をつかみ取った。

そこで、日本語における資源認識の始まりである、およそ100年前に遡って、その変遷をたどったところ、資源とはそもそも「国家社会の繁栄や国防に資するもの」という考え方であったが、第1次世界大戦から太平洋戦争における敗北を経て、戦後は「国民生活の向上に資するもの」という考え方が加わってきたことが理解された。ただし現在まで通底している認識は、日本は資源を「持たざる国」、「資源小国」、「資源が乏しい国」という自国への評価、自己規定であると考えられる。故に、およそ50年前のオイルショックを契機として

「資源外交」を開始し、エネルギー資源を中心とした「安定的な資源確保」に注力してきた日本国の姿が浮かび上がってきた。

このような日本の「エネルギー外交」において、原油の輸入先としての「中東」はこの半世紀の間、非常に重要な地域であり続けてきた。中東という用語・概念は、20世紀初頭の大英帝国により定められたものであるが、日本における資源認識の始まりと同時代であることを意識しておきたい。その後の時代変遷の中でも、ヨーロッパ諸国そして米国にとっても中東は、戦略的重要性の高い地域であり続けたが、日本にとってはとりわけエネルギー資源の確保先という側面が突出していた。

この半世紀に及ぶ日本・中東関係構築の主軸は、「産業発展のための原料としてのエネルギー資源の確保」という課題であった。一方、近年、資源確保を軸とした日本・中東関係は新たな局面に移行しており、レアメタルを含む金属鉱床の共同調査、太陽光発電や原子力発電の共同事業といった石油・天然ガスの代替えとなるエネルギー分野に加え、地球環境問題や社会問題などのグローバルイシューにも積極的また多面的に関与するようにもなってきた。

したがって本書では、日本にとっての「エネルギー資源の確保先」としてのこれまでの中東地域を、人文学、自然科学、社会科学の視角からしっかりと振り返り、分析しつつ同時に、現代またこれからの課題としての「天然資源の持続可能な管理及び効率的な利用」に焦点をあてて、中東の資源、経済、環境、社会、またそれらの関係性について考察していきたい。

現代中東の資源を考える意義とは、①地球社会として取り組むべき行動計画「持続可能な開発目標（SDGs）」における持続性の３つの側面（環境、社会、経済）や「天然資源の持続可能な管理」の考え方と足並みをそろえつつ、②資源をめぐる日本独自の国家、産業、科学の関係とその歴史と現状をしっかりと見つめ直して、③人文学、理学、工学、社会科学また学際的視点から、資源開発をめぐる課題と国家戦略の行方を多角的に描き出していくことにあると考える。

【注】

1）石油、原油、天然ガスの定義については124頁を参照されたい。

【文献案内】
①国際連合（2015）「我々の世界を変革する：持続可能な開発のための2030アジェンダ」外務省仮訳（https://www.mofa.go.jp/mofaj/files/000101402.pdf）
②国連環境計画（公益財団法人 地球環境戦略研究機関訳）（2019）『政策決定者向け要約 地球資源アウトルック―我々が求める未来のための天然資源』地球環境戦略研究機関（https://www.iges.or.jp/en/pub/gro2019/ja）
③佐藤仁（2011）『持たざる国の資源論―持続可能な国土をめぐるもう一つの知』東京大学出版会

【引用・参考文献一覧】

・アッカーマン，エドワード・A.（1986）「日本の資源と米国の政策」内田俊一・川崎京市・加子三郎編集代表『日本の復興と天然資源政策』社団法人資源協会、286-298頁
・池内恵（2013）「特集にあたって―資源外交研究の射程」『アジ研ワールド・トレンド』211、2-3頁
・石井素介（1969）「資源開発論・資源政策の変遷」朝倉地理学講座編集委員会編『朝倉地理学講座13　応用地理学』朝倉書店、104-132頁
・巌佐庸ほか（2003a）「資源」巌佐庸・松本忠夫・菊沢喜八郎・日本生態学会編『生態学事典』共立出版、203-204頁
・巌佐庸ほか（2003b）「生態系機能と生物多様性」前掲書、317-318頁
・巌佐庸ほか（2003c）「生物体量」前掲書、348-349頁
・外務省（2019）「パンフレット　日本のエネルギー外交」（https://www.mofa.go.jp/mofaj/ecm/es/page1w_000075.html）
・外務省（2020）「地域別インデックス（中東）」（https://www.mofa.go.jp/mofaj/area/middleeast.html）
・環境省（2015）「平成29年版 環境・循環型社会・生物多様性白書」（https://www.env.go.jp/policy/hakusyo/h29/pdf.html）
・環境省環境再生・資源循環局（2020）「UNEP 国際資源パネル」（https://www.env.go.jp/recycle/circul/unep.html）
・環境省自然環境局（2020）「自然資源の持続可能な利用・管理に関する手法例集」（https://www.env.go.jp/nature/satoyama/syuhourei/practices.html）
・経済産業省エネルギー庁（2020）『令和元年度　エネルギーに関する年次報告』（エネルギー白書 2020）（https://www.enecho.meti.go.jp/about/whitepaper/）
・黒澤一清（1986）『産業と資源』日本放送出版協会
・小出博（1958）「資源と資源問題」小出博編『日本資源読本』東洋経済新報社、3-23頁
・向坂正男（1994）「資源」ギブニー，フランク・B．編『ブリタニカ国際大百科事典8　第2版改訂』ティビーエス・ブリタニカ、595-597頁
・佐藤仁（2007a）「資源と民主主義―日本資源論の戦前と戦後」内堀基光総合編集『資源人類学1　資源と人間』弘文堂、331-355頁
・佐藤仁（2007b）「「持たざる国」の資源論―環境論との総合へ向けて」『環境社会学研究』

13、173-183頁
・佐藤仁（2008a）「「資源」の概念規定とその変容」『科学技術社会論研究』６、111-123頁
・佐藤仁（2008b）「「人々の資源論」前史—日本の資源政策と「総合」」佐藤仁編『人々の資源論—開発と環境の総合に向けて』明石書店
・佐藤仁（2009）「資源論の再検討—1950年代から1970年代の地理学の貢献を中心に」『科学技術社会論研究』６、111-123頁
・社団法人資源協会（2008）「自然資源の統合管理に関する調査」（https://www.mext.go.jp/b_menu/shingi/gijyutu/gijyutu３/shiryo/attach/1287103.htm）
・スミス，ダン（2017）『中東世界データ地図—歴史・宗教・民族・戦争』龍和子訳、原書房
・関根良弘・井沢英二（1996）「鉱物資源」地学団体研究会・新版地学事典編集委員会編『新版　地学事典』平凡社、432頁
・土屋清（1941）「資源」中山伊知郎・三木清・永田清編『社会科学新辞典』河出書房、155-169頁
・二宮書店（2015）『新編　詳解地理Ｂ』二宮書店
・バイオマス・ニッポン総合戦略（2006年３月31日閣議決定）（https://www.maff.go.jp/j/biomass/pdf/h18_senryaku.pdf）
・深海博明（1980）「資源問題」熊谷尚夫・篠原三代平ほか編『経済学大辞典　第２版』東洋経済新報社、10-23頁
・松井春生（1938）『日本資源政策』千倉書房
・ミクダシ，Ｚ.（1977）『資源問題の国際構造』青木勝則訳、東洋経済新報社
・御厨貴（2013）「資源の政治と外交」『アジ研ワールド・トレンド』211、１頁
・宮城大蔵（2013）「戦後史のなかの資源外交」『アジ研ワールド・トレンド』211、28-31頁
・Mayhew，S.編（2003）「資源」『オックスフォード地理学辞典』田辺裕監訳、朝倉書店、120頁
・森滝健一郎（1983）「わが国における資源論の動向と課題」『経済地理学年報』29（４）、217-233頁
・文部科学省科学技術・学術政策局（2007）「平成19年度 自然資源の統合管理に関する調査」（https://www.mext.go.jp/b_menu/shingi/gijyutu/gijyutu３/shiryo/attach/1287103.htm）
・山田真樹夫（2013）「湾岸産油国にとっての資源外交—「レンティア」と「脱／後期レンティア」の政治経済分析試論」『アジ研ワールド・トレンド』211、22-27頁
・山本茂（1996）「エネルギー資源」日本地誌研究所『地理学辞典　改訂版』二宮書店、41-42頁
・和田憲夫（1996）「地下資源」日本地誌研究所『地理学辞典　改訂版』二宮書店、432頁
・Drolet, J-P.（1978）“Resource diplomacy in a Canadian perspective,” *Resource Policy,* 4, pp. 189-193.
・ESCWA（https://www.unescwa.org/）
・FAO（http://www.fao.org/aquastat/en/countries-and-basins/regional-overviews/middle-

east)
・Hill, G.A. (1975) *Resource diplomacy: The role of natural resources in international politics,* National Technical Information Service, U. S. Department of Commerce.
・Mayhew, Susan ed. (1997) *Resources A Dictionary of Geography, 2nd edition,* Oxford University Press.
・OCHA (https://www.ohchr.org/EN/Countries/MENARegion/Pages/SouthWestSummary.aspx)
・Power, M., Mohan, G., and Tan-Mullins, M. (2012) *China's Resources Diplomacy in Africa: Powering Development?* Palgrave Macmillan.
・Smith, D. (2016) *The Penguin State of the Middle East Atlas: Completely Revised and Updated Third Edition,* Penguin Books, Myriad Editions.
・UN Environment (2012) *Global Environmental Outlook 5—GEO-5: Environment for the future we want,* United Nations Environment Programme.
・United Nations (2015) *Transforming our world: the 2030 Agenda for Sustainable Development.* (https://sustainabledevelopment.un.org/post2015/transformingourworld)
・UNEP (2006) *The State of Biodiversity in West Asia: A Mid-term Review of Progress towards the Aichi Biodiversity Targets,* United Nations Environment Programme.
・UNEP (2019) *Global Resources Outlook* 2019*: Natural Resources for the Future We Want. A Report of the International Resource Panel,* United Nations Environment Programme.
・UNESCO (http://www.unesco.org/new/en/unesco/worldwide/regions-and-countries/)
・UNWTO (https://www.unwto.org/middle-east)

第 2 章

中東の自然環境、生活様式、産業構造

縄田　浩志

【要　　約】

第２章では、本源と資源の違いと両者の連続性・不可分性について理解した上で、本源から資源に変わっていく歴史的プロセスと認識的枠組みの構築として、純粋科学的な視点から中東の自然環境、生活様式、産業構造についての基礎的な理解を深めていく。

自然環境については、乾燥帯と砂漠、気候と植生と土壌の関係、亜熱帯、高温砂漠と低温砂漠、砂漠と乾燥地、砂漠と砂漠化の違い、涸れ谷ワーディ、熱帯・亜熱帯の乾燥地の沿岸域、を順に見ていく。

生活様式では、現生人類の「出アフリカ」にまで遡りつつ、狩猟、採集、漁撈、養蜂、農耕、牧畜の順に紹介する。また、伝統的な放牧地管理、森林管理、農業生産システム、灌漑技術、栽培品種の多様性、交易ネットワークにも光をあてていく。

産業構造においては、マクロ経済を概観した上で、人口集中地域と漁業、農業、畜産業の現在を追っていく。石油産業地域と原油確認埋蔵量や可採年数、そして埋蔵量を定める３つの制約について学ぶ。次に、化石燃料がつくり出す水資源として、脱塩した海水利用と化石水利用について理解し、貿易を通じて獲得するヴァーチャル・ウォーター（仮想水）について把握する。

最後に、経済学分野の資源、政治、経済、社会、生態、環境への向き合い方と比較しつつ、中東地域研究として資源、経済、環境の関係性を扱う意義を議論する。

第1節　本源と資源の違い

資源とは人間にとって役立つもの、有用なものである、という用法は、西洋でも日本でも判で押したように同一であることを、第1章では見てきた。

それでは、**本源**（ソース、source）と資源（リソース、resource）を分割するものは何なのか。「資源の概念」をソースとリソースの関係に焦点をあてることにより的確に説明した今村仁司の論考（2007）に基づいて考えてみたい。

本源は資源の下に隠されている。しかし表面から消えるとはいえ、本源は現実に実在する。人間と資源がそこから出てくるところの本源は、大地的なもの、すなわち自然といってよい。ところが源泉的なもの、本源すなわち自然は、それ自体としては人間の生活には直接には役立たない。

そこで人間は本源を変形し、別の姿にする。まず本源として自然を第一次的資源へと変換し、同時に本源を別の姿で復活させる。次に、この第一次的資源を、人間の生活の目的の観点から領域分割する。資源を例えば、経済、政治、文化の領域に切り取り、それらの領域に資源を二次的に配分する。要するに、本源はそのままでは人間生活に有効ではないのだから、本源を資源化して、役立つ本源に切り替える必要がある、それを「再現した、復活した本源」（リソース）という意味で資源と呼んでいると考えればよいのである。つまり、資源的なものの観点から回顧的に遡及されるとき、資源がまさにそこから出てきたところのものを本源（ソース）とみなすことになる。

このような意味において、本源すなわち自然は、資源によっていわば後から「創造される」のである。その瞬間から、源泉的なもの（カオス的な所与一般）は、資源と本源に分割される。いうまでもなく、この本源は、所与一般としての自然（じねん）ではなく、人間の関心が付与された本源としての自然（しぜん）である。

久しい間、人間にとって無益にして無用であったものが突如として有意味なものに変容することがある。例えば、大地や大気は、たしかに人間が生きていく上で土台（基礎）となるが、それ自体、単独では、人間の実践的関心にとっては長い間「無関心なもの、どうでもいいもの」であってきた。ところが現代では、明らかに資源となった。

このように、人間から独立し、人間にとって無関心なものであったカオス的な源泉一般が、人間にとって価値あるものへと変貌し、人為的なもの一般（資源）が「そこから出てくる」場所として自覚されるようになるには、ただ一つ人間的関心があれば十分なのである。人間が特定の実践的関心を持ち、その関心に応じて、生きていくために必要な材料と資財と道具などを作り出す瞬間こそ、資源が出現するときであり、同時に資源の対応物として「カオス·じねん」が人間に不可欠の本源へと変貌するときになる。

以上のような理解を踏まえて、本章では、自然環境、生活様式、産業構造、と大別した上で、本源から資源に変わっていく歴史的プロセスと認識的枠組みの構築を、純粋科学的アプローチにより浮き彫りにしていきたい。

中東において、自然環境としての砂漠・ステップとは、ケッペンの気候区分における乾燥帯の気候にあたる砂漠気候区・ステップ気候区、もしくは乾燥指数に基づく乾燥地の中の極乾燥地・乾燥地である。したがって、人間の営みとの兼ね合いからは、都市に定住していようと原野で遊牧していようと、高層住宅に住んでいようとテントで暮らしていようと、乾燥帯気候下において砂漠（気候区）で生活していることになる。

他方、物質生産と栄養塩の循環、エネルギー流から地球上の様々な生物群系（バイオーム）をとらえる生態系生態学の視点からは、砂漠は「水の利用可能性が純一次生産力の一番の制限要因になるバイオーム」(Churkina and Running 1998) と定義される。

そのため、水と人間の生活の関係を知ることが砂漠・乾燥地理解、そして中東理解の要と考える（縄田 2020b)。そこで、本源もしくは資源としての水を軸として、中東の自然環境、生活様式、産業構造を順に明らかにしてみたい。

また本章の内容のうち、自然環境の部分は、第５・６章で記述される地質また鉱物資源、エネルギー資源の概要とセットで理解いただきたい。また産業構造の部分は、第３・４章で扱うエネルギー資源を軸とした外交、また第７章で扱うエネルギー産業とその他の産業の関係を考える前段階として概観する。そして生活様式の部分は、第８・９章で扱う環境問題への取り組みと資源管理を議論するために身につけるべき基礎的な知識という位置づけである。

第2節　自然環境

乾燥帯と砂漠

中東（中東・北アフリカ、西アジア、オリエント）の多くの地域は、降水量が少なく蒸発散量が多く、土壌水分も少ない**乾燥帯**（arid zone）の気候環境下にある（縄田 2020a、図2－1）。

なぜならば、蒸発量が降水量を上まわり乾燥する緯度15～40度の中緯度帯に位置し、**亜熱帯高圧帯**の影響を受けるからである。大気大循環により、降水をもたらす**熱帯収束帯**が夏には高緯度側へ、冬には低緯度側へと南北に移動するため、雨季と乾季が生ずることが特徴である（篠田 2016）。熱帯収束帯が北上するその最前線で**砂嵐**や**砂塵嵐**が発生する（写真2－1）。湿った空気と乾燥した空気の境目で、下降気流によってダウンバーストが発生するからである（縄田 2014c）。

乾燥帯は世界陸地の約4分の1の面積を占めるが、中東の乾燥帯はアフリカ大陸からユーラシア大陸にかけ広大な地域に連続して分布しており、サハラ砂漠（リビア、テネレを含む）、ヌビア砂漠、アラビア砂漠（ルブゥ・アル＝ハーリー、ナフード、ダフナーを含む）、シリア砂漠（シリアン・ステップとも呼ばれる）、イラ

図2－1　中東における平年降水量

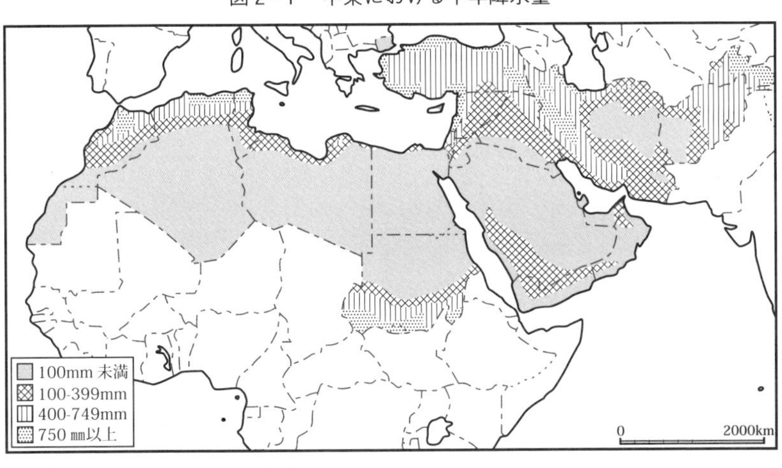

出所：Anderson and Anderson（2014）

写真2-1　町を包み込む砂塵嵐ハブーブの様子（スーダン東部カサラ州）

出所：2013年6月ムハンマド・ジャムリー撮影

ン砂漠（カヴィール、ルートを含む）といった砂漠・ステップがある（赤木 1998）。

日本には、乾燥帯もしくは砂漠、乾燥地が存在しない。また砂漠化も発生しない。

身近な環境ではないため、日本語で書かれた砂漠の動植鉱の記載そのもの、さらにはそれらに基づく研究は相対的に少ない。また、砂漠に暮らす人々の生活文化全般に対する報告も非常に限定されている。したがって、日本語で（多くの場合、日本人が）砂漠を扱う際には、砂漠を見る視点、つまり“異文化としての砂漠”を対象としているという根本的な認識像・認識枠組みが深くかかわることを意識しなければならない（縄田 2014h）。

一般的にはまず「砂」がある土地を想起する場合も多いが、砂漠は地表面を構成する物質によって異なった呼び方がある。岩石が広範囲に露出した砂漠を岩石砂漠（礫砂漠を含む）と呼び、岩石が風化して細かい砂となり、この砂が地表を覆って砂丘が発達するようになった砂漠を砂砂漠という。一般に、砂漠の大部分は岩石砂漠で、砂砂漠の占める割合は小さく、サハラ砂漠では砂砂漠は20％ほどで、残りは岩石砂漠である。砂とは岩石が細かくなったものであるが、粒子の大きさで定義されており、粒径が2.0〜0.05mmあたりの自然界堆積粒子を砂と総称する（赤木 1998；河合・齊藤 2014）。

砂漠（desert）は「水分が少なく、動植物の生育に好ましい条件を持っていない乾燥した土地」（大森 1996）と簡潔に定義される。

したがって、気候だけでなく、動植物、土壌や地形といった個別の要素の特徴とそれらの関連性はもちろんのこと、数十万年〜数十年幅の乾湿・寒暖の気候変動や自然環境全般の変化に照らして理解せねばならない（赤木 1998；篠田 2016；縄田・篠田編 2014）。

気候と植生と土壌の関係　気候学者ウラジミール・ケッペンは、地表を覆って生育する植物の総合的な状態である植生に気温と降水量が密接に関係することに着目し、世界の気候区分を行った（篠田 2016；二宮書店 2015）。

年降水量と年平均気温から、乾燥のために樹木の生育できない乾燥限界を境にして乾燥気候と湿潤気候とに大きく分けた。その上で、乾燥帯の気候をさらに、砂漠気候区とステップ気候区に細分した。砂漠気候は、年降水量が約250mm 以下と少ない上、蒸発量が多いため、極度の乾燥状態となり植物はほとんど育たない。気温は日中ひじょうに高温になるが、夜は冷えこみ日較差が大きい。ステップ気候の年降水量は約250～500mm で、低緯度側は夏の熱帯収束帯、高緯度側は冬の寒帯前線帯の影響によって雨季となる。気温は年較差も大きいが、日較差の方が一段と大きい。

植生は森林・サバナ・草原・荒原（砂漠ともいわれる）の４つに大きく分かれ、乾燥帯気候の砂漠気候区では荒漠（砂漠）植生帯が、ステップ気候ではステップ植生帯もしくは有棘灌木林植生帯のいずれかが分布する。荒漠（砂漠）植生は地表を覆う植物がまばらで、砂や礫・岩石などが露出している裸地の広がった状態を指す。ステップ植生は背丈の低い草に覆われたステップと呼ばれる短草草原であり、有棘灌木林植生はアカシアやサボテンなどのようにトゲをもった灌木の林である。また同じステップ植生帯であっても、サハラ砂漠南縁サヘルのステップは夏雨であるのに対して、シリアン・ステップは冬雨である。

同時に、中東における気候と植生の特徴として見逃してはならないのは、ステップ気候区の高緯度側、西岸海洋性気候の低緯度側、すなわちアトラス山脈以北の地中海沿岸地域からアナトリア半島南部、カスピ海南側をへてイラン高原にかけては、温帯気候に分類される地中海性気候区が含まれることである。夏には亜熱帯高圧帯に覆われるため、晴天が続き、乾燥して気温も上昇する一方、冬には偏西風が高緯度側から移動する低気圧・寒帯前線の活動が盛んになり、降水量が多く、比較的温暖である。夏の乾燥に耐える硬葉樹が生育し、オリーブやブドウ、またオレンジやレモンといった柑橘類の栽培が盛んである。また冬雨地域は、地中海沿岸からアラビア半島、紅海北部にも入り込んでいる。加えて、アトラス山脈やアナトリア半島には、乾燥帯気候の植生には含まれない高山植生帯も存在する（縄田 2020a）。

気候や植生との対応から土壌を見ると、腐食のもととなる植生がない砂漠気候区・荒漠植生帯では塩分を多量に含んでアルカリ性の強い灰色の砂漠土が分布し、植生が乏しいステップ気候区・ステップ植生帯または有棘灌木林植生帯では弱アルカリ性で腐食が少ないため黒みが薄い灰褐色の栗色土や褐色土が分布する（二宮書店 2015）。

土壌は、物質的には主に砂や粘土などの無機成分と生物遺骸や腐食などの有機成分から構成される。土壌の分類は、土地利用形態を反映するもの、地形と関連づけるもの、理化学性によるもの、組成によるもの、土壌粒子の大きさによるものなどがある。ソイル・タクソノミーの土壌目レベルでは、乾燥地および半乾燥地の分布と重なる主な土壌としては、アルディソル、エンティソルの分布域が広く、そこにヴァーティソルやより湿潤な半乾燥地に入るとアルフィソルやモリソルが加わる（田中 2014）。

亜熱帯、高温砂漠と低温砂漠　地球規模の大気大循環がもたらす気候の特徴に基づき定義される以下のような考え方がある（篠田 2016）。

ケッペンの気候区分には存在せず厳密な定義はないが、熱帯に次ぎ気温が高い地域で、熱帯の南と北に位置する北回帰線と南回帰線の付近の緯度25～35度辺りの地域で亜熱帯高圧帯もしくは高気圧（中緯度高圧帯ともいわれる）の影響を受ける地域を指して亜熱帯と呼ぶこともあり、大半は乾燥帯からなる。

気温に注目して、等温線を境に砂漠気候を分けると、高温砂漠（低緯度砂漠）と低温砂漠（高緯度砂漠）になる。

高温砂漠とは亜熱帯高圧帯に生じるハドレー循環（赤道付近で暖められた大気が上昇し、その上空から極に向かう大規模な流れが、緯度30度付近で下降流を生じ、赤道向きの流れの貿易風が生じる閉じた循環）が主な成因の砂漠で、サハラ砂漠（写真2-2）やアラビア砂漠が含まれる。ただし北アフリカからアラビア半島にかけての地域は、ハドレー循環ばかりでなく東西循環（アジアモンスーン地域で強い上昇気流が生じ雨を落と

写真2-2　サハラ砂漠の高地の麓からカナートで水をひいたオアシスの様子（アルジェリア中央部、イン・ベルベル）

出所：2009年5月筆者撮影

した後、その乾いた大気が上空で東風となり、北アフリカからアラビア半島に達し、そこにある亜熱帯高気圧で吹き降ろし、地上では西風となる閉じた循環）の下降気流が合わさった地域として砂漠が形成される。低緯度砂漠のことを、熱帯砂漠や亜熱帯砂漠と呼ぶこともある。

低温砂漠とは寒冷な冬をもつ砂漠で、イラン北部のカヴィール砂漠などが該当する。内陸砂漠にも含まれるこの砂漠は、山脈によって水蒸気源となる海洋から隔離されていることが成因である。

このように、気候の成因を物理学的に説明する立場で、大気循環などの動的な現象を扱うのは動気候学と呼ばれ、ケッペンの気候区分に代表される気候要素の平年値を扱う静気候学（平均値気候学）と対比される。静気候学では、ある地域の気温や降水量によって気候を記述するが、その気候がどのような成因によって形成されているかという視点は伴っていない。

砂漠と乾燥地

砂漠は「水分が少なく、動植物の生育に好ましい条件をもっていない乾燥した土地」（大森 1996）と基本的に考えれば良いのではあるが、以上のように、自然環境としての砂漠（ステップ）に関連した用語法としては、砂漠が同じく含まれる場合でも異なった着眼点と意味合いがあった。大きく分けて、①世界の気候区分における砂漠気候区とステップ気候区の考え方に基づくもの、②荒漠（砂漠）植生帯、ステップ植生帯もしくは有棘灌木林植生帯といった植生に関するもの、④砂漠土、栗色土や褐色土といった土壌に注目したもの、そして⑤岩石砂漠や砂砂漠といった地表面を構成する物質もしくは地形を対象としているもの、である。このように、砂漠という用語の扱いは、注意深くなければならない。

同様に、意識して使い分ける必要がある用語に、**乾燥地**がある。

降水量よりも蒸発によって失われる水量の方が多い地域を乾燥地（arid land）と呼ぶ。乾燥指数（長年の平均年降水量（P）と年可能蒸発散量（PET）の比、P/PET）に基づいて、0.65以下の地域を乾燥地（drylands）とし、乾燥の度合いにより、さらに極乾燥（<0.05）、乾燥（0.05-0.20）、半乾燥（0.21-0.50）、乾性半湿潤（0.51-0.65）と乾燥の程度を４段階に区分するものが一般的な定義である。極乾燥の地域は狭義の砂漠生態系域、乾燥の地域は広義の砂漠生態系域とされ、乾燥地の中でも極乾燥と乾燥にあたる地域は、ケッペンの気候区分におけ

る砂漠気候区・ステップ気候区と重なりが高い。ただし、極域と高緯度の寒冷地域は除外されており、そこには極地砂漠や寒冷砂漠と呼ばれる広大な乾燥地が実際は存在し、また高山の山頂付近に砂漠景観・高山荒漠が見られるが、それらの分布は示されないことが多い。次に気をつけなければならない点は、砂漠化の定義においては、極乾燥の地域（狭義の砂漠生態系域）が含まれなくなることである（詳細は後述）。

それぞれの降水量と植生の特徴は以下のようになる。極乾燥地は、年降水量200mm以下、生長期間0日、雨はごく稀にしか降らず、植生を欠いた裸の土地が広がる狭義の砂漠生態系域。乾燥地は、年降水量200mm以下、生長期間1～59日、雨は雨季の2～3カ月の間に降るだけで、長い乾季が続き、乾燥に適応した草本と低木が疎らに生えるだけの半砂漠や短茎草原に低木がごく疎らに散生するステップ景観が広がる広義の砂漠生態系域。半乾燥地は、年降水量200～800mm、生長期間60～119日、雨季（3～4カ月）と乾季とが交代し、長茎の草本と散生する灌木（中・低木）とが織りなすサバンナの景観が広がる生態系域。乾性半湿潤地は、年降水量800～1500mm、生長期間120～180日、数カ月の雨季の間に800mm以上の雨が降るが、数カ月続く乾季には土壌水分が不足する。長茎草原に高木が散開するウッドランド・サバンナや高木が群生するウッドランド（疎開林）が発達する生態系域である（門村 2009）。

時間変動性の指標として変動係数（標準偏差と平年値の比）を用い、これと乾燥気候の分布との関係を見ると、極乾燥・乾燥地域はおおむね変動係数が30～40％を上回り、時間変動性（不規則性）が大きい。毎年、規則的に同量の降水があるわけでなく、何年かに一度という頻度で突発的な降水があることが特徴である。例えばサハラ砂漠の年降水量が100mmを下回る地点では、24時間降水量の極値が長期間平均の降水量を上回る場所がある（篠田 2016）。

サハラ砂漠の年降水量の分布を見ると、中央部に年降水量5mm以下の地域が広がるが、その中にあって、飛び地のように、降水の比較的多い地域が存在するが、その原因は地形にある。2カ所の100mm以上の降水域は、標高3000m前後の高地に一致する。高地で降水量が多いのは、南斜面で、赤道地帯からの水蒸気が高地で強制上昇されていることが推測され、砂漠低地の高温では大気中の水蒸気が飽和に達しなかったものが、その大気が山にあたり上昇すると、気温が下がり水蒸気が飽和・凝結して降水となったもので、地形性降水と呼ばれる（篠田 2016）。

砂漠と砂漠化の違い

「砂漠化対処条約（United Nations Convention to Combat Desertification: UNCCD）」（国連において1994年6月に採択、1996年12月発効）によると、「**砂漠化**」（desertification）は「乾燥、半乾燥および乾燥半湿潤地域における気候変動および人間活動を含む様々な要因に起因する土地の劣化」と定義される。ここでいう「土地」とは、土壌、植物、水などを指す。「土地の劣化」とは、①風または水による土壌侵食、②土壌の物理的、化学的および生物学的特質の悪化、③自然植生の長期間にわたる消失である。実際の砂漠化は、砂漠の拡大という砂漠縁辺に限った現象ではなく、砂漠から離れた場所でも、人間活動により局所的に生じることから、条約では「砂漠化」に加えて「**土地の劣化**」（land degradation）という包括的な語句が併記されている。一方、極乾燥地は、もともと砂漠であるので砂漠化の害をこうむることはない。砂漠化の進行している地域は、乾燥地のうちでも極乾燥地・乾燥地周辺に位置し、やや湿潤で植生がある地域である（篠田 2016）。

土壌劣化の一つに、土壌の塩類化がある。もともと乾燥地の土壌や土壌水は多量の塩類を含んでいるが、降水がいったん地中にしみこむと、その土壌水は土壌中の塩類を溶かしこみながら、毛管力（毛管現象）により上昇する。それが地表面に達すると、盛んな蒸発のために、土壌水中の塩類が集積することになる。そこでは塩類に対する耐性がない植物は生育することができなくなる。乾燥地で農耕地として利用されている土壌は粘土分に富み、水はけが悪いことが多く、灌漑水は土壌中に留まる。多量の水を使って灌漑すると、灌漑水自体が多用の塩類を含むことに加えて、地中に留まった灌漑水が毛管力で土壌中の塩類を多量に地表面に運び、塩類集積を強めることとなる（篠田 2016）。

自然植生の消失の主な原因は、過耕作、過放牧、樹木の過剰伐採といった人間活動にあると考えられている。短い雨季の雨水に頼った天水農業が広く行われているが、一度、農作物を収穫すると、地力を回復させるため、数年程度休耕することが伝統的に行われてきた。しかし人口増加などにより、農作物の増産が必要となると、毎年繰り返し耕作するようになり、土地をやせさせ、最終的には植生の減少・消失をもたらす。自然に生える草の量で養える家畜の数には上限がある。これを超える数の家畜を飼うと、植生が減少する。これを過放牧という。燃料材、建築材、家畜囲いなどに過剰に利用するようになると樹木の過剰な伐採につながっていく（篠田 2016）。

涸れ谷ワーディ

中東で観察される河川は、総じて雨が降った時だけ水が流れる季節河川であるが、ひとたび上流や山地のどこかで雨が降ると一気に水が流れ下ってくるため、砂漠では洪水により人や家畜が溺死するケースも多い。このように雨が降った時に水が流れる渓谷や谷筋のことを、アラビア語で**ワーディ**（涸れ谷、涸れ川）と呼ぶ（写真2－3）。流れる水は伏流して地下水を涵養するため、ワーディは、降水量の少ない乾燥地にあって比較的水に恵まれた場所であり、このような場所に緑のオアシスが形成される（渡邊・縄田 2019）。

例えば、アラビア半島西部に位置するワーディ・ファーティマは、水と緑に恵まれたオアシス社会が長期にわたり形成された地域として知られる。イスラームの聖地マッカ（メッカ）やマディーナ（メディナ）と紅海に臨む港町ジッダを結ぶ交通路の途上に位置する。約3000年前から同地を訪れる商人たちでにぎわう一大市場スーク・ムジャンナが築かれ、交易の通り道として栄え、イスラーム時代以降は、マッカへの巡礼の道として、多くの人々に利用されてきた。11世紀の地理学者バクリーによればイスラームの成立前、この地域は水が多少苦い（マッラ）というイメージがあり、「マッラ・ダハラーン（水が多少苦いワーディ）」の呼び名で知られていたという。最近では、旧石器時代の石器や交易路沿いの遺跡の発掘も進んでおり、数千年以上の時間幅での人間活動の痕跡が認められる地域である（渡邊・縄田 2019）。

熱帯・亜熱帯の乾燥地の沿岸域

熱帯・亜熱帯のうち、ほぼ北緯30度と南緯30度の範囲内には、マングローブ生態系やサンゴ礁生態系という沿岸生態系が発達しており、**バイオマス**や**生物多様性**とのかかわりから注目される。「熱帯・亜熱帯の乾燥地の沿岸域」すなわち「乾燥熱帯沿岸域」では、ヒルギダマシ（*Avicennia marina*）を優占種とするマングローブ林と裾礁を中心としたサンゴ礁が共存し、「陸の土砂をマングローブがトラップすることで透明な海に生息するサンゴ礁の環境が保証され、その一方でサンゴ礁が外洋の波浪をさえぎることで波静かな浅海ができ、マングローブの成立が可能になるという相補う関係」がより成立しやすくなっているため、マングローブ生態系とサンゴ礁生態系が相互に関係し合う特有の沿岸生態系を発達させている。地図上に乾燥地と熱帯の海を特徴づけるマングローブとサンゴ礁の分布域を合わせると、3者が連続して重なり接する分布域は、東アフリカのケニア北部からソマリアなどの北東アフリカをへて紅海を取り囲む全域、アラビア半島の国々、そしてペルシア湾に面したイラン、パキスタン、インドに至る範囲のみに展開している（縄田 2005a）。

写真2-3　アラビア半島の涸れ谷ワーディ（サウディ・アラビア、リヤド近郊）

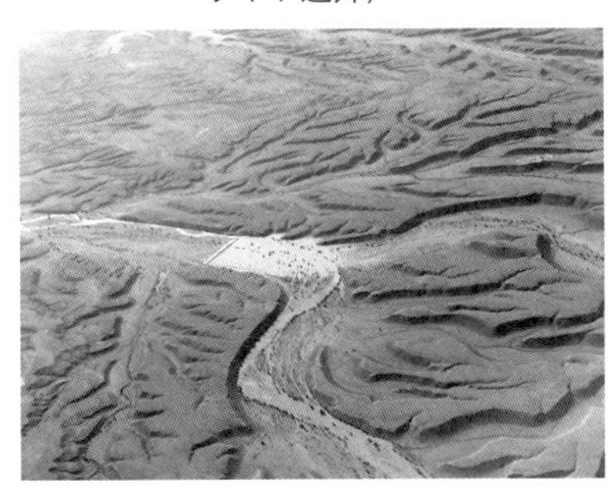

出所：2015年3月筆者撮影

マングローブ生態系においては、海の生態系、陸の生態系につぐ第3の生態系とよばれるほど、多様な生物の食物連鎖が繰り広げられている。さらに、サンゴ礁に生息する生物の多様性にも目を見張るものがある。サンゴ礁は多くの植物・無脊椎動物・魚類に栄養と生息生育場所を与えているのである。栄養分に乏しい熱帯・亜熱帯の海の中、サンゴ礁は周囲に比べ極端に高い生物生産・現存量（バイオマス）を誇る。人間と家畜を除く野生動物の単位面積あたりのバイオマスの最大値は、サンゴ礁のサンゴ虫・貝類・甲殻類・魚類などの20g/m²（乾量）、最小値は農耕地と砂漠における0.4g/m²（乾量）以下である。したがって、乾燥熱帯沿岸域を野生動物のバイオマスという側面から特徴づけてみると、最も高いサンゴ礁の海域と最も低い砂漠の陸域が接している**エコトーン**（移行帯、推移帯、漸移帯）ということになる（縄田 2005a；2005b）。

写真2-4　乾燥熱帯の沿岸域に暮らす人々（スーダン東部、紅海沿岸）

出所：1994年2月筆者撮影

したがって、陸域と海域という異なった2つの生態系の**エコトーン**と位置づけられる沿岸域は、地域や時代に応じて、狩猟採集民、漁撈民、農耕民、牧畜民など種々の生活様式をもった人々が活動領域としてきた（写真2-4）。

第3節　生活様式

砂漠・乾燥地環境は、単位面積あたりの緑色植物と野生動物の純生産速度が最も低い生物群系（バイオーム）であるため、その限られた生物資源（バイオマス）を効率的に利用する**生活様式**（生計手段、生業）が発達した。近代以前の生業は、その対象と対象へのかかわり方の基準により、狩猟、採集、牧畜、農耕と4つに区分するのが一般的である（縄田 2020c）。

以下では、現生人類の「出アフリカ」にまで遡りつつ、狩猟、採集、漁撈、養蜂、農耕、牧畜の順に紹介する。また、伝統的な放牧地管理、森林管理、農業生産システム、灌漑技術、栽培品種の多様性、交易ネットワークにも光をあてていきたい。

現生人類の「出アフリカ」

ヒトが出現したのは600～700万年前のアフリカとされている。以後、現在に至るまで、幾種ものヒトが誕生したが、今日、地球上に生息しているのは私たち現生人類（新人：*Homo sapiens*）のみである。私たちの祖先は約20～30万年前、やはりアフリカで生まれ、その後、全世界に拡がった。現生人類がアフリカから出た経緯のことを、人類学者や考古学者は、旧約聖書に出てくるモーセの逸話「出エジプト」になぞらえ「出アフリカ」と呼ぶことがある（西秋 2020）。

これまでの考古学的証拠によれば、オリエント地域にヒトが初めて現れたのは200～180万年前後と考えられる、原人の時代である。コーカサスや東南アジアでも同じ頃の遺跡が見つかっているから、原人たちはアフリカを出た後、速やかに拡散を果たしたらしい。当時は、もともと植物食であった人が肉食に重点を置き始めた頃にあたり、**気候変動**とそれに伴う草食獣の分布変化に従った拡散であった可能性が考えられる。その後も、様々なヒト集団が出アフリカを果たしたが、その最終幕を飾ったのが現生人類の拡散である。この拡散がそれまでと違うのは、地球上の隅々にまで拡がったこと、先住集団と置き換わったことにある（西秋 2020）。

オリエントにおける最初の現生人類集団は中期旧石器時代（約25～5万年前）に現れた。拡散のルートは大きく2つあった。1つは、モーセが通ったとされるのと同じシナイ半島経由のいわゆるレヴァント回廊、もう1つは、紅海南端を渡海してアラビア半島南部を経由する南廻りルートである。最古の現生人類化石はレヴァント回廊で得られている。約18万年前のミシリヤ洞窟の出土骨である。それに続くスフール、カフゼ洞窟など約12～8万年前の遺跡もレヴァント地方に集中している。一方、南廻りルートには化石証拠は乏しいが、遺跡出土の石器から見て13～12万年前頃、拡がったと考えられている（西秋 2020）。

氷期・乾燥期に促進される沿岸移住

初期人類の起源と拡散に関連した時期（20万年前から5万年前）には、長期的な海水面の低下を引き起こした氷期が繰り返し起こった。こうした事象のうちの2つは、**海洋酸素同位体ステージ**第6期（MIS-6）と第4期（MIS-4）であり、それぞれ、18万年前から12万5000年前と7万5000年前から6万年前に遡る（縄田 2014a）。

氷期には、大量の淡水が極地の氷床に閉じ込められ、海水面は現在の海水面よりも130m低下した。こうした事象は、初期人類が利用できる広大な沿岸陸域を生み出した。沿岸周辺は、海水面が低下した時に、新たに露出した沿岸の斜面に沿って淡水の泉ができたため、特に魅力的になったと考えられる。ファウレらによって提案された「沿岸オアシスモデル」によると、沿岸の斜面に沿った地下水の流れは、大氷期の間の海水面低下時には増加する。海水面は、現在、間氷期の高位置にあるため、氷期の沿岸オアシスと関連した沿岸適応の遺物については、現在は水面下にしか見つけられないかもしれない。人類が1つの沿岸地域を利用する戦略を開発した後には、別の沿岸ハビタットを利用する新たな技術を工夫する必要はほとんどないため、沿岸周辺に沿った人類の移動は、より速く安全でありえる（縄田 2014a）。

アラビア半島およびイラン南部からの新たな古環境的、考古学的、遺伝的な証拠に基づいて、ローズは「ガルフ・オアシス」モデルを近年作り上げ、「初期現生人類は、アラビア半島の沿岸周縁の環境的な避難地に閉じ込められることによって、周期的な極度の乾燥を生き抜くことができた」と提案している。このモデルに基づけば、ペルシア湾が、東アジア、西南アジア、また場合によってはアフリカ東部に向かった後期更新世の人類拡散の起源地域であっただろうと考えられる。このモデルの中心にあるのは、氷期と関連した乾燥期の海水面低下が大陸棚に沿った陸上**帯水層**からの淡水流出を促進させたことにより、後背地の多くが乾燥した時に、湾盆地に沿って好適なハビタットが生み出されたという仮説であり、ペルシア湾の地下での淡水湧昇の存在が、地理的研究によって確かめられていることがその傍証の一つである（縄田 2014a）。

現生人類の食性と狩猟・採集・漁撈

人間の**食性**（food habit）の特徴は、植物性と動物性の両方の食物を摂取する雑食性にある。700万年におよぶ人類の進化史の99％以上の期間は、牧畜や農耕を伴わない野生動植物の狩猟採集生活であったといわれ、狩猟・採集・漁撈によって獲得された食糧資源に依存してきた。したがって、進化史的また生態学的見地からも、人間の食性の多様性およびその変異の幅と質を把握していくことが必要である。

そのような問題意識から、現生の狩猟採集民の食性を系統的に分析・分類した渡辺仁（1978）によって、低緯度では植物性食物に対する依存度が高く、高緯度では反対に動物性の食物に対する依存度が高いことが指摘された。加えて、動物食において陸獣、海獣、魚類がそれぞれ占める比率を比較すると、緯度に応じて分化の仕方が異なっており、高緯度地帯では陸獣中心型と海獣中心型への二極分化が、中緯度から高緯度にかけての移行帯では魚類中心型と陸獣中心型への二極分化が起こり、低緯度ではいずれの比率も低くなるというのである。よって上記の分類において乾燥地に含まれる２つの地帯のうち、「熱帯の砂漠帯」（オーストラリア・ギブソン砂漠、北米西部大盆地）は「植物主食―小動物依存型―雑食性狩猟採集民」（ヤイワラ、ショショーニ）に、「熱帯の内陸草原帯」（南アフリカ・カラハリ砂漠、東アフリカ・エヤシ湖周辺）は、「植物主食―大動物依存型―雑食性狩猟採集民」（クン、ハザァベ）によって代表される、と結論づけられたのである。

この狩猟採集民の食性の分類において抜け落ちてしまった対象地帯が存在する。それは、「熱帯・亜熱帯の乾燥地の沿岸域」すなわち先に示した「乾燥熱帯沿岸域」である。たしかに、分析対象を現生の狩猟採集民に限定してしまうと、この地帯には現存していないため、分析対象外となってしまう。しかしながら過去にさかのぼって考古学的資料をあたってみると、ペルシア湾岸の現在のアラブ首長国連邦にあるウンム・アン＝ナール遺跡が注目される。そこでは、陸獣、海獣、魚類といった大動物依存型の動物食の傾向が顕著に見られる(縄田 2006)。

この遺跡は紀元前3千年紀のもので、面積わずか4.5㎢の島に多くの墓や住居跡が確認される。様々な種類の魚類やクジラを含む海獣の動物遺存体が見つかっているが、特に、ウミガメ(アオウミガメ *Chelonia mydas*、タイマイ *Eretmochelys imbricata* など)とジュゴン(*Dugong dugon*)の比率が高い。それらが人々の重要な食料の一角を占めていたと思われる。同時に、オリックス(*Oryx* spp.)、ガゼル(*Gazella* spp.)といった野生動物、また、ウシ、ヤギ、ヒツジといった家畜とともに、最古級のヒトコブラクダの動物遺存体が多数発掘されているのである。この遺跡から発掘される動物依存体は、乾燥熱帯沿岸域における狩猟・採集・漁撈と牧畜という生計手段・食物獲得活動の結びつきに注目していかなければならないことを物語っている(縄田 2006)。

民族誌データによる「乾燥熱帯沿岸域」の食糧資源

初期人類による乾燥熱帯沿岸域居住の痕跡は、現在はほとんど海水面下に水没していると考えられるため、考古学的な資料と比較対照しつつ、現生人類の活動を相対化することは難しい。しかしながら、現代の**民族誌的なデータ**(ethnographic data)が当時の食糧獲得活動の諸側面を検討する際の一助になる。

乾燥熱帯沿岸域の一つ、沿岸移住した初期人類の痕跡であるアブドゥール遺跡(12万5000±7000年前に遡る後期更新世の遺跡)から数百kmしか離れていないスーダン東部の紅海沿岸域において行った民族誌的な調査からは、いくつかの興味深い点が明らかになった(縄田 2014g)。

写真2-5　海辺近くの天水池に集まる家畜(スーダン東部、紅海沿岸)

出所:1996年1月筆者撮影

まず、隆起サンゴ礁が縁どる沿岸域は、**伏流水**と**表流水**さらには**天水池**などに恵まれ、水資源確保のために優れた場所である(写真2-5)。次に、食物としての野生植物の利用としては、マングローブの1種ヒルギダマシの種子が注目される。現在では、飢餓の際の非常食といった位置づけであるが、常緑の樹木の種子に恵まれた沿岸域

写真２−６　巻貝の可食部をえさとした糸釣り（スーダン東部、紅海沿岸）

出所：1994年２月筆者撮影

は、初期人類の食糧獲得にとっての意義は大きかったであろうと推測される。海草藻場に生息する巻貝の採集、またその軟体部をえさとする糸釣りなど、沿岸域での漁撈活動は当時、食糧確保のため最も重要な活動であったと想定される（写真２−６）。また、ガゼル、ダチョウ（*Struthio camelus*）、ノロバ（*Equus africanus*）などが狩猟の対象となりその肉が利用されていたことも念頭に入れなければならない。そして、海棲爬虫類ウミガメ、海棲哺乳類イルカ、ジュゴンの食糧その他としての多面的な利用が浮き彫りになった。現在の食規制として、陸における狩猟対象ガゼル、ダチョウ、ノロバの肉は食べないことがあるのに対して、海における狩猟の対象であるウミガメ、イルカ、ジュゴンの肉についてはなく、特にジュゴンが石油文明時代を迎えるまでの同地域において重要性の高い食糧資源であり続けてきたことが注目に値する。

初期人類の出アフリカ拡散は、乾燥熱帯沿岸域への適応拡散ではなかったかという立場からは、拡散ルートを「マングローブ／巻貝／ジュゴンの道」と名づけることも可能と考えられる（縄田 2014a）。

高原における野生植物利用

初期人類のアフリカからユーラシアへの拡散を考える場合、アラビア半島は重要な位置にある。アラビア半島の西側およびレヴァント地方南部が、沿岸平野と高原を特徴とする類似した環境を示すことは注目に値し、レヴァント地方南部からアラビア半島南西部まで伸びる広大な土地が、生態学的な避難地（レフュージア）、および、継続的な先史人類の接触のルートとして機能していたことが議論されている。つまり生物進化史上、初期人類もまた乾燥地の高地をある種の避難地として利用してきた可能性が高いのである（縄田 2014a）。

アラビア半島の紅海沿いの高原アシィール山地には，ヒノキ科のアフリカビャクシン（*Juniperus procera*）を主とした針葉樹林が広がる。アフリカビャクシンは、ケニアやエチオピアからアラビア半島にかけて分布する樹種である。

平坦地に比べて比較的冷涼なアラビア半島の高地は、氷河期にアラビア半島に広く分布していた生物種の気候的な避難場の役割を果たしていたと考えられている。また、紅海側から吹き上げてくる霧による水分供給がその生存に深くかかわっており、霧による水分供給に依存した森林としても興味深い。乾燥地の高地にあって生物多様性を保持する貴重な森林である（大場 1999）。

アフリカビャクシン林の植物は、建材、井戸滑車、犂材、料理用品、ミツバチ巣箱とその支え、燃料、肥料、歯ブラシ、飼料木、薬用、食用、日陰用に用いられてきた（縄田 2014f）。

アフリカビャクシンの幹、枝、小枝は、伝統的な家屋の建材として用いられている。枯れた枝や小枝は、暖房用や料理用の燃材として利用されてきた。それらの灰は、一種の肥料として畑にまかれた。木部はミツバチ巣箱に利用できる。また樹木の上にその巣箱が設置される。枯れ枝は巣箱の支えに用いられることもある（写真2-7）。冬には種子をつけたままの枝が集められ、ヤギ小屋の床に敷かれた。種子はヤギによって食べられた。薬用としては男性割礼による傷の治療において活用された。

オリーブ（*Olea europaea*）では、その木部は、養蜂のために作られる木製巣箱の材料として利用される。また、燃材にもあてられ、炭として最高級とされる。さらに、犂の材料にも用いられ、これもまた最高の種類として知られる。葉は、歯槽膿漏の治療に歯茎に塗り込まれるし、小枝は、ミスワークと呼ばれる歯ブラシとして利用される。

アカシア（マメ科アカシア属の木本）の場合も、種によって様々な利用が施されている。タルフ（*Acacia origena* もしくは *Acacia gerrardii*）の木部はミツバチ巣箱に用いられ、枯れた枝は、巣箱を支えるのにもあてられる。木部はまた、犂の材料にも用いられる。加えて、扉や窓の一部、井戸から水を汲み上げる木製滑車にも利用される。しかしながら、それらはキクイムシにやられやすいのが

写真2-7　アフリカビャクシン林に設置されたミツバチ巣箱（サウディ・アラビア、アシィール山地）

出所：2001年10月筆者撮影

難点である。ガラド（*Acacia etbaica*）の枯れた枝は、ミツバチ巣箱を支えるのに用いられ、木部は燃材としても用いられる。サムラ（*Acacia ehrenbergiana*）とサイヤル（*Acacia seyal*）の木部は薪炭として利用され、特に炭として良質である（縄田 2014f）。

野生動物の狩猟・駆除

同地では野生動物の狩猟・駆除が行われていた。ウシ、ヤギ、ロバ（*Equus asinus*）、ニワトリ（*Gallus gallus domesticus*）などの家畜、ミツバチ巣箱、農作物を襲うからというのがその主な理由であった（縄田 2014f）。

ヒョウ（*Panthera pardus*）を狩猟する目的は3つあった。①ウシやヤギといった家畜を攻撃するから、②市場で剥製にした皮を売るため、③火傷の治療薬として煮出した脂肪を売るため、であった。タイリクオオカミ（*Canis lupus*）は家畜、特にヤギを襲う。それが狩猟する一義的な理由であるが、もう一つ理由がある。以前は、オスのタイリクオオカミの歯、胆嚢、眼球、顔の部位をマジュヌーン、つまりジン（霊鬼）にとり憑かれた状況にある人を治療するのに用いていた。それらの部位を乾燥させて粉状にしたものを入れた護符（ヒジャーブ）を作っていた。もしくは、ジンが家屋に入らないようにヒジャーブを扉のところにかかげた。皮は利用されず、肉も食べられることはなかった。

シマハイエナ（*Hyaena hyaena*）は家畜、特にロバを襲う。加えて、オオカミの場合と同じように別の理由も存在する。背中の痛みを治療するために、シマハイエナの背部の肉が用いられた。肉を食べるか、マラガと呼ばれるそのスープを飲んだ。他の部位の肉を食べることはなく、皮も用いられなかった。

養　　蜂

養蜂はアシィール山地において最も重要な生計手段の一つである。セイヨウミツバチ（*Apis mellifera*）のイエメン亜種を、ウード・ナハルと呼ばれる伝統的な形態の円筒形の木製巣箱で飼養する。市場では、アサル・シドゥル、アサル・シューカ、アサル・マジュラアという主な蜜源植物の種の違いから3種類のハチミツが見られる。アサル・シドゥルは「シドゥル（クロウメモドキ科ナツメ属 *Ziziphus spina-christi*）のハチミツ」を意味する。色はこげ茶色である。アサル・シューカは、「シューカ（アカシアのようにとげのある灌木）のハチミツ」を意味する。色は赤色がかったこげ茶色である。アサル・マジュラアは「マジュラア（水が流れ下る河床）のハチミツ」を意味し、その縁の灌木や草本を主な蜜源とするハチミツである。色は黄色もしくは白である。

巣箱は横置き型で、直径は40cm程、長さは1m程ある。材料となる木本として、この地域ではアカシア、アフリカビャクシン、エジプトイチジク（*Ficus sycomorus*）、オリーブ、またより低地のティハーマではアカテツ科の高木やリュウゼツラン科リュウケツジュ属の高木など多数の種がある。ラーテル（*Mellivora capensis*）、ブラントハリネズミ（*Paraechinus hypomelas*）、コウモリなどに始終狙われているため、巣箱は手厚く保護と管理がなされている。

採蜜は、通常は夜間に電灯を用いて行われる。そのとき、ウシの乾燥した糞で火をおこして、ミツバチの活動を鈍らせるために布切れの煙でいぶす。ハチミツで満たされた円形の巣板（の一部）を取り出した後には、注意深くふたを巣箱に戻す。よく塞がないと、寒くてミツバチは越冬できないからである。しばらくの間、巣板を天日干しにした後、手で押しつぶしながらハチミツを搾り、いくつかの穴をあけた布でこす。花の開花状況を左右するのは雨量の程度によると認識されているが、1年に1度か2度採蜜される。良い年には、1つの巣箱あたり6kgほどの蜜が採集できる（縄田 2014f）。

人類史における植物の栽培化と動物の家畜化

人類史における植物の**栽培化**と動物の**家畜化**の始まりの舞台は、オリエント世界の砂漠・乾燥地であった。

更新世から完新世にかけての気候変動はオリエントに多様な影響を与えた。最終氷期の最寒冷期（ヴェルム・マキシマム、約2万年前）後、温暖化の進行とともに夏の昇温が顕著になり、暑さ対策としてヨルダン渓谷周辺で季節的な移動型の生活が試行された。約1万4700年前に起きた急速な温暖化（ベーリング・アレレード期）により、一年生穀物の野生ムギ類の分布範囲が拡大した。人類はムギ類の生長過程を観察して効率的に収穫するために、ステップ平原のムギ類自生地（低湿地など）の近隣で定住生活を始めたとされる（小泉 2020）。

約1万2900年前、一時的な寒の戻り（ヤンガードリアス期）により野生ムギ類の分布域が激減した。約1万1700年前、再び温暖化（グリーンランディアン期）が到来すると、品種改良が試行錯誤され、約1万年前までに本格的なムギ類の栽培化が始まった。一般的に食糧生産をもって新石器時代の開始とされる。穀類・豆類などの主要作物として、アインコルンコムギ（野生種 *Triticum boeoticum*、栽培種 *T. monococcum*）、エンマーコムギ（野生種 *T. dicoccoides*、栽培種 *T. dicoccum*）、オオムギ（*Hordeum vulgare*）、レンズマメ（*Lens culinaris*）、エンドウマメ（*Pisum sativum*）、ヒヨコマメ（*Cicer arietinum*）、ビターベッチ（*Lathyrus linifolius*）、アマ（*Linum usitatissimum*）がステップ平原・高原地帯で栽培された（小泉 2020）。

ムギ類の栽培やヤギ・ヒツジなどの家畜を主体とする農耕牧畜の起源地として、ステップ平原・高原地帯が慣習的に「肥沃な三日月地帯（Fertile Crescent）」と呼ばれる。元来、三日月地帯はエジプトやメソポタミアなどの文明の発祥地域を指す用語であり、農耕牧畜の起源地は三日月地帯の外縁に位置する「核地域（Nuclear Zone）」と呼ぶのがより適切である。約8200年前の寒冷化（8.2k イベント）を経て、約7500年前の気候最適期（ヒプシサーマル期）になるとメソポタミアで都市化が進んだ（小泉 2020）。

牧　畜・　遊　牧

牧畜とは、動物の群れを管理してその増殖を手伝い、その乳や肉を利用する生活様式・生計手段のことである。人間が直接摂取することができない植物エネルギーを、家畜を介して利用するのが特徴である。牧畜の下位分類として家畜飼養に農耕を伴っているかによって、遊牧と農牧に分ける考え方がある（谷 1976；福井 1987）。一方、遊牧という用語は牧畜とほぼ同義で用いられる場合もあれば、家畜とともに移動しながら生活する点に重点をおいた用法も見られる。

写真2－8　ヒトコブラクダを操ってヒツジとヤギを放牧する牧夫（スーダン東部ガダーリフ州）

出所：2011年8月筆者撮影

牧畜の対象となる動物種は、ヤギ（*Capra hircus*）、ヒツジ（*Ovis aries*）、ウシ（*Bos taurus*）、ウマ（*Equus caballus*）、ヒトコブラクダ（*Camelus dromedarius*）、フタコブラクダ（*Camelus bactrianus*）といった群居性をもつ草食性の有蹄類に限定される（写真2－8）。水資源・植物資源量の大小やその季節的変動に応じて飼養可能な家畜種は制限されるため、ラクダのみしか飼養できない砂漠・極乾燥地がある。ヤギは山岳部を、ヒツジは平野や丘陵を好む。また複数の家畜種を一緒に飼養することが多いのは、採食する植物種の異なる家畜を組み合わせることで、より多くの植物種を効率的・安定的に利用するためである。家畜は食糧源となるだけでなく、糞を燃料としたり、移動・運搬手段として使役したり、皮革を水袋やテントの素材とするなど多面的な利用にあてられる（縄田 2005a；2008a；2014e；2020c）。

家畜化の始まりと家畜の役割

牧畜の対象となる家畜のうち、ヤギ、ヒツジ、ウシ、ヒトコブラクダの家畜化は確実にオリエント、西アジア地域を中心として展開したことが考古学的に明らかである。ヒトコブラクダはせいぜい紀元前3千年紀に湾岸地域で、ヤギ、ヒツジは遅くとも前8500年くらいまでに「肥沃な三日月地帯」·「核地域」で始まったと考えられる。前9千年紀になると、北シリア・東南トルコで新石器化が進んだが、その地域には栽培化・家畜化（ドメスティケーション）に適した野生の動植物すなわち野生ムギ類やマメ類に野生のヤギやヒツジが分布・生息していた。前8千～7千年紀にかけて、「肥沃な三日月地帯」·「核地域」からアラビア半島の砂漠へと、より定着的な農耕村落から雨季に狩猟や牧畜のために遠方へ出向くようになったと考えられる。前4千～3千年紀にかけて、メソポタミアで古代文明が成立し都市生活が営まれるようになって、その住人たちとの交流のもと、家畜の乳・肉を主な食糧とする生計手段、移動を伴う生活様式としての牧畜・遊牧が初めて確立したと思われる（西秋 2014）。

ヤギ、ヒツジの家畜化は、長期保存がきくイネ科穀物栽培に乳・肉としての食糧が加わることにより、食糧資源の安定的な獲得を人類に可能たらしめた。家畜化されたヒトコブラクダは、アラビア半島南部を産地とする乳香といった香料の隊商による交易活動に不可欠な運搬手段として、前1000年頃から活躍した。また7～8世紀のイスラーム帝国成立期の領域拡大においての移動・軍事手段としては、ウマとヒトコブラクダが重要な役割を果たした（堀内 2020）。

アラブ遊牧民と訳されるベドウィンという言葉は、アラビア語のバダウィーあるいはバドウという単語に由来するが「（自然に対して自分たちの生活が）さらけだされている人々」という原義をもち、必ずしも牧畜民・遊牧民を意味しない（西尾 2006）。

14世紀の歴史哲学者イブン・ハルドゥーンは、バドウを「牧畜や農耕や養蜂などで生計を立てて原野（砂漠、田舎）を生活の場とする民（集団）」といった意味で用いて、その中でも牧畜を生業とする者は概して家畜に必要な牧草や水を求めて移動するが、農耕を生業とする者はむしろ定着すると述べており、「播種地や耕作地や牧草地が広がっていない町（都市、都会）を生活の場とする民（集団）」としてのハダルの対概念とした（イブン・ハルドゥーン 2001；縄田 2020c）。

放牧地管理・森林管理ヒマーの叡智　シリアからアラビア半島にかけてヒマーと呼ばれる伝統的な放牧地管理が存在してきた。アラビア語で「保護地」「立ち入りが禁止されたこと」また「家畜放牧のために牧草や水場を利用することができない地域」を意味する。預言者ムハンマドは「アッラーの使徒以外にはいかなるヒマーもない」とし、ヒマーは、異教徒に対する戦いに用いられるウマ、そしてムスリムのなかでも貧しい者たちのためにとっておかれるヒトコブラクダのためだけにあてられた。またマッカとマディーナを聖地すなわち禁域（ハラム）とし、戦闘、流血、狩猟（野生動物の殺害）、樹木の伐採と野生植物の採集を禁止した。

20世紀においては、①原則放牧禁止だが、干ばつ時には飼料としての採草を許可、②季節によって放牧や採草を許可、③通年放牧を許可するが、家畜種とその数を限定、④放牧禁止だが、養蜂のみ許可、⑤森林の樹木の伐採を制限（写真2－9）、といったタイプのヒマーが確認された。したがって、必ずしも資源利用が完全に禁止されてきたわけではなく、地域生態系の特質に応じた放牧地管理・森林管理が1000年以上にわたり実践されてきたといえる（縄田 2009b）。

写真2－9　アフリカビャクシンの伐採を途中でやめさせられた様子（サウディ・アラビア、アシィール山地）

出所：2001年10月筆者撮影

地下式灌漑水路カナート　水の利用技術・水利施設

として中東に特有なものとして、カナートがある。イランではカナート、アフガニスタンやパキスタンなどではカレーズ（カーリーズ）、アラビア半島東部ではファラジュ、北アフリカではフォガラ（フォッガーラ）もしくはハッターラなどと呼ばれる地下水路（地下式灌漑水路）である（小堀 2013）。

写真 2-10　上空から観察されるカナートの縦穴の入口（アルジェリア中央部）

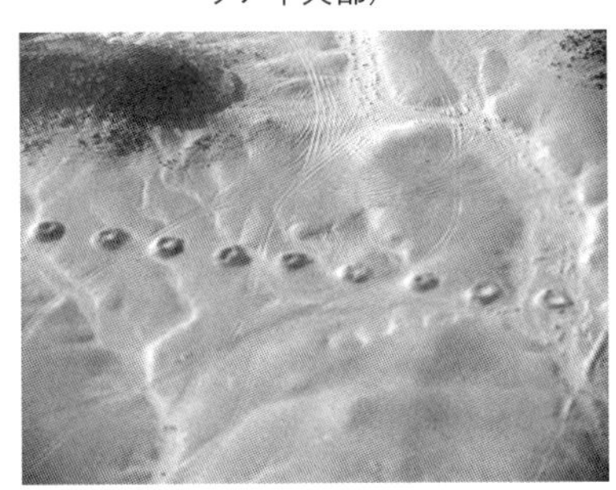

出所：2009年5月筆者撮影

帯水層がある山麓扇状地に母井戸（深いものは数百m）を掘りぬき、地下水を集めながら暗渠の地下水路・灌漑水路（横穴・横坑）によって、水路の勾配に留意して数kmから百km程度離れた下流部まで水を導き、飲料水、生活用水、農業用水（家畜への給水を含む）として用いる。暗渠によって水の蒸発を防ぐことができ、農地管理に適した場所での集落形成を可能とする。横坑の掘削のために通常30～50mおきに縦穴・竪坑を掘るため、地表には母井戸からカナート出口の農地や集落まで一定間隔で穴が列状に点在して見える（写真 2-10）。起源については諸説あるが、紀元前714年アッシリアのサルゴン2世によるウラルトゥ王国への侵攻時の記述が最古の文献とされ、ポリュビオス『歴史』の記述から紀元前2世紀頃までにはイラン高原に地下式灌漑水路が多数存在していたことがわかる（渡邊 2014）。

ナツメヤシの栽培化と農業生産システムの確立

中東の代表的な樹木の一つナツメヤシ（*Phoenix dactylifera*）は、西アジアから北アフリカにかけての熱帯・亜熱帯に分布するヤシ科の植物で、乾燥と高温に強い性質をもっている。そのため、十分な水を手に入れることが難しい、オアシスでは盛んに栽培されてきた（縄田 2014d）。

紀元前5000年から少なくとも前3000年までの間に確実に、アラビア半島においてナツメヤシの栽培が始まった。そして前1500年までには、オリエント世界とりわけ古代メソポタミアが栄えたティグリス・ユーフラテス川流域と、古代エジプト文明が栄えたナイル川流域において、栄養繁殖と人工授粉を基本的な技術とするナツメヤシ栽培、そして庭園・果樹園においてナツメヤシを中心と

写真2-11　涸れ谷ワーディ脇のナツメヤシ農園の様子（アルジェリア中央部、ガルダーヤ）

出所：2010年6月筆者撮影

した樹木が形作る木陰・防風・防砂・保湿といった微環境のもとに他の作物栽培が成り立つ生産システムが始まった（写真2-11）。

その後、カナートといった水利用技術の進歩・伝播と相まって、天然の水条件に恵まれた大河地域から、河川から遠く人智で水を得なければならない砂漠・乾燥地へと分布・利用が拡大しつつ、穀類・蔬菜・果樹栽培がセットになった農業生産システムが確立されたと考えられる。ナツメヤシの果実（デーツ）は栄養分に富んだ食物であるが、幹は建材に、葉柄は舟の、葉は籠・敷物の、繊維は紐の材料などとして多目的に利用される。

ナツメヤシ栽培品種の多様性

世界市場には限られたナツメヤシ品種しか流通していないが、ナツメヤシが栽培される地域には、多くの地域固有品種が存在する。商業的栽培に特化した単一品種のみが栽培される近代的なオアシスを除き、伝統的なオアシスにおいては農民自身が驚くほど多様な栽培品種をつくり出してきた（ベン・ハリーファほか 2014）。

ナツメヤシは雌雄異株で、通常は果実を産する雌株のみが栽培品種として認識される。個体の増殖は実生によるもののほかに、栄養繁殖によっても可能なため、ある雌株の果実や栽培特性が優良であると判断されると、ひこばえを株分けすることによって親株とまったく同質の個体を栽培することが可能となる。実生によって繁殖される場合もある。実生繁殖によって優良な品種がつくり出されると、それは株分けによって遺伝的に固定され、つまりクローン化されることによって新しい品種となる。

例えばアルジェリア全土の多数のオアシスにおける現地調査によって明らかになった栽培品種数は1000以上を数える。実際にナツメヤシを栽培する農民が認識する栽培品種には、早生の品種、乾燥耐性の高い品種、長期保存が高い品種、食味に優れた品種、また保存のきかない品種、側芽を得るのが困難な品種といった特質があり、栽培個体数が多いもしくは少ない品種、古くから栽培される品種と最近導入された品種、希少品種や喪失品種、そして地域固有種などがある。イン・ベルベルとマトリーウェンの2カ所のオアシスで、それらの栽培品種分類と遺伝子型同定による科学的分類を比較した研究によれば、38種の現存ナツメヤシ栽培品種と7種の絶滅品種を記録し解析し、ナツメヤシ栽培品種の系統樹として明らかにしたところ、少なくとも14品種については全てが品種ごとに異なる遺伝子型を示し、農民による品種分類と遺伝子解析の結果が一致することが確認された。

オアシスと交易ネットワーク

オアシスという用語には多様な定義が存在し中東地域内においても地域により特徴は異なるが、一般的には、砂漠・乾燥地の中にあって恒常的に淡水が得られ、植生があり樹木が生育しているところをいう。例えば水源に注目すれば、湧水源を利用した泉性オアシス、降雨・降雪を利用した山麓オアシス、河川の水を利用した外来河川オアシス、カナートやダムの水を利用した人工オアシスがある（鷹木 2009）。自然条件のみによって水の利用や農業が可能な場所というより、人間が積極的に関与・管理することにより、十分な水と緑を得て農業や生活を営むことができるオアシス環境をつくりあげてきたといえる（縄田 2013、写真2-12）。

世界の農業地区分の一つとしてオアシス農業という場合には、砂漠・乾燥地の様々な水源のオアシスにおいて、コムギ、オオムギ、雑穀などの穀類、ナツメヤシ、ブドウといった果樹、綿花、蔬菜などを栽培する農業とみなす（Grigg 1974）。歴史上オアシスは、商業交易ネットワークの拠点として重要な役割を果たしてきたため、多民族・多宗教の人々が交わる文化センター、さらには居住空間を要塞化することにより政治的軍事的拠点となることも多かった（鷹木 2009）。

写真2-12　サハラ砂漠のナツメヤシを中心とした人工オアシス（アルジェリア中央部、ガルダーヤ）

出所：2010年6月筆者撮影

港と交易ネットワーク

港（港市）は陸上と海上との交通・運輸、流通経済と文化・情報上の接点として機能し、陸上と海上の両文化は港市を基軸として連動してきたと考えられる（家島 2006）。

近代以前、西アジア地域を中心として内陸部の交通・運輸と都市の市場活動は、つねにインド洋のダウ（三角帆を張った木造船）航海期に合致させながら行われていた。毎年、規則的で限られた期間、一定の方向に吹くモンスーンに乗ってインド洋を横断してきたダウが港に到着すると、そこで積み荷がおろされ、人々が集まって港がにぎわい、物品や情報・文化が交換された。その後、内陸へ向けてのキャラバン隊が組織され、その移動にともなって内陸都市の経済的・文化的活動が開始された。また、船の出港日に合わせて、地中海沿岸の諸都市や西アジアの各地からキャラバン隊がペルシア湾岸やインド洋沿岸の港に集結した。とりわけインド洋の西海域、アラビア湾、ペルシア湾と紅海を主要舞台として活動していたアラブ系とイラン系の漁民や船乗りたちは、紀元前にさかのぼる昔から、三角帆をつけた縫合型船を使用してナツメヤシの実、乳香（*Boswellia* spp.）、没薬（*Commiphora* spp.）、塩、乾燥魚やマングローブ材などを交易してきた。近代にはいって、世界の遠洋を行くほとんどの船はエンジンを備えた鋼鉄船に、陸上運輸はトラックに変わり、道路も整備された。ただ現在もなお、インド洋の、特にアラビア湾、ペルシア湾、紅海を含む西海域では、昔ながらのダウが航海と貿易活動を続けている（家島 2006）。

紅海は、古代以来、自然環境や文化の異なるインド洋世界と地中海世界の特産物を交換する流れを仲介する海域として、重要な役割を果たしてきた。時代に応じて、「古代の乳香」、「中世の胡椒」、「近世のコーヒー」がこの海域を通ってインド洋から地中海に運び込まれ、紅海地域に多大な富をもたらした。港市の発掘調査によって、物質文化の変容、東西交流史の軌跡、そしてイスラーム都市の特徴を、考古学的手法により実証的に研究することができる（川床 2000）。

水壺の気化熱効果と水汲みの道具の変遷

乾燥帯に適応してきた人間の歴史において長距離の移動には家畜の皮製の水袋、定住地では土製の水がめが長く一般的であった。どちらにも共通して優れている機能としては、気化熱の作用で熱を奪うことにより、水を冷たくできることにあった（縄田

2014b)。いわば天然の冷却装置とも呼べるものであったが、素材が皮や土でなくなり金属やプラスチック製になると、重さは軽くなるとはいえ、もはや気化熱効果を期待することはできなくなる（縄田ほか 2014）。

例えばアラビア半島のワーディ・ファーティマ地域においては、1960年代には生活用水は井戸で調達していたが、配水車と水道の普及によって、井戸は使われなくなった。当時、井戸の水汲みには、皮製のバケツとロープが使われていたが、バケツの素材は自動車の車輪のゴムチューブ製へ変化した。そして、井戸への水汲みで女性が頭にのせて運ぶ容器は、1960年代にはブリキ製の一斗缶へ、1970年代にはプラスチック製のウォータージャグへと変わり、水道網の整備に伴って金属製の蛇口へと変化した。しかし、今でも土製の水がめはワーディ・ファーティマ地域でもジッダでも使われている。電気を使わずとも、暑い乾燥地において水を冷たくする知恵は生き続けているといえる（縄田・遠藤 2019、写真２-13）。

写真２-13　使われ続ける気化熱作用に優れた土製の水がめ（スーダン東部、ブターナ）

出所：2005年１月筆者撮影

第４節　産業構造

マクロ経済

中東諸国の経済は一様ではなく、**石油**などの天然資源、人的資本（人的資源）、農業資源などの要素賦存条件により**マクロ経済**構造と経済発展の方向性は異なる。また、**原油**価格の変動や周辺地域の不安定化に大きな影響を受けやすく、他地域と比較すると経済成長率の変動幅が大きい。中東地域において現在（2016年）、経済規模、国内総生産（Gross Domestic Product: GDP）で突出しているのは、トルコ、サウディ・アラビアおよびイランの３カ国である。次いでアラブ首長国連邦、エジプト、イスラエルの順に大きい（齋藤 2020）。

石油に対する貿易指向に基づいて経済開発の方向性を類型化すると、石油輸出国は、レント（稀少性を備えた財がもつ特殊な価値の総称）の活用をするアラブ首長国連邦、カタル、クウェイト、オマーン、バハレーン、石油を活用した工業化を推進するサウディ・アラビア、イラン、イラク、アルジェリア、そして農業部門の開発を進めるスーダンに大別される。石油輸入国は、人的資源による開発に重きをおくイスラエル、レバノン、チュニジア、ヨルダン、パレスチナ、そして新興工業国化を推し進めるトルコ、エジプト、モロッコになる（齋藤 2020）。

石油・天然ガス・石油製品に依存する割合が高い国家としては（2011年現在）、アルジェリア（97%）、クウェイト（95%）、リビア（95%）、カタル（95%）、サウディ・アラビア（90%）、イラク（84%）、イラン（80%）、バハレーン（60%）、アラブ首長国連邦（45%）、イエメン（政府歳入の70%、GDP の25%）が挙げられる。また鉱業への依存度が高い国・地域としては、モーリタニアが40% を鉄鉱石に、西サハラが62% をリン酸塩に依存している（Anderson and Anderson 2014）。

製造業を基準として、中東諸国の特徴を理解することもできる。製造業や工業に関して比較的長い歴史がある国々と、比較的短い期間で石油産業にほとんどを依存することとなった国々に分かれる。例えばトルコは、伝統工芸や織物業から近代産業まで多様性をもっている。それはイランやエジプトにもあてはまる。一方、ハイテクによる研究や軍事産業を発展させているのはイスラエルである（Anderson and Anderson 2014）。

アラブ首長国連邦を構成する７つの首長国の一つであるドバイ首長国は、石油産出国であるものの、豊富な埋蔵量をもつアブダビ首長国などと異なり、生産量・埋蔵量ともに見劣りがする。そのため、今ある石油収入を有効に活用して、石油に頼らない経済・産業基盤の育成に務めてきた結果、2000年には非石油部門の比率が約９割にまで上昇した。1980年代にはその中心産業とは、貿易産業とりわけ再輸出活動であった。「ジャバル・アリー・フリー・ゾーン」が設立され、外資100％での企業設立が可能となり、輸入関税の免除や法人税・所得税の一定期間の免除などにより、世界中から多くの企業の進出をうながし、ドバイを中東・湾岸地域における中継貿易港・ビジネス都市としての地位に押し上げた。そして1990年代以降は、情報産業（IT 産業）、アラブ諸国の富裕層などからの投資を集める金融に加えて、観光産業が新たに育成していく産業として選択された。観光産業育成のあり方としては、欧州と中東、アジアとアフリカをつなぐ流通のハブ・中核としての地の利を生かして、航空会社の国際的な評価を高めて利用路線の拡充をし、大規模なハブ空港整備との相乗効果によるネットワーク戦略を採用している。その際、会合、報酬旅行、会議、見本市といった「MICE分野」、そしてアッパー・マーケットを対象としたリゾート分野に観光開発の資源を集中させて、観光収入の増加をもくろんでいる。アッパー・マーケットの客層によって地元に大量の外貨を落とさせることが、ドバイの観光開発の特徴である（縄田 2009a）。

人口集中地域

中東における人間の集住は、特定の地域に限定されている。伝統産業から近代産業まで広く経済活動が活発なところに人は集まるのはもちろんであるが、中東の場合、灌漑、石油産業、降水量という３つの側面が強く影響していると考えられる。全体として、中東は乾燥地が大部分であるため、川やオアシスといった水源、もしくは石油産業とのつながりがない地域に人は集住できない。中東における平年降水量の図（図２-１）と合わせて見れば、降水量の多い地域が比較的人口密度が高いことがわかる。ナイル川流域で非常に高いのは、灌漑が発達してきた農業地域だ

図２-２　中東における人口密度

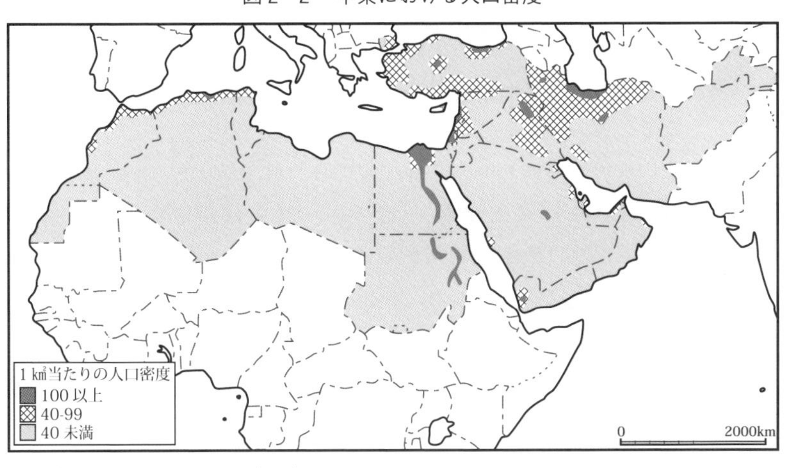

出所：Anderson and Anderson（2014）

からである（Anderson and Anderson 2014）。

1㎢あたり100人以上の人口密度の地域は、アレッポからエジプト国境に至るレヴァント、カスピ海南側の沿岸域、そして下エジプトのアレキサンドリアからスーダンのハルトゥームに至るナイル川流域である。次いで、バグダードの北側までのティグリス川流域、トルコ領の黒海沿岸域の東端、カスピ海のイラン領の沿岸域が続く。加えて、主要な都市として、モロッコのカサブランカ、ラバト、アルジェリアのアルジェ、サウディ・アラビアのリヤド、イランのタブリーズ、そしてトルコのアンカラなどが目立っている。もちろん、エジプトのカイロ、イランのテヘラン、トルコのイスタンブルといった大都市が高人口密度地域に含まれている（図2-2）。

漁業、農業、畜産業の現在

中東地域は、アラビア海、ペルシア湾（アラビア湾）、アデン湾、紅海、地中海、黒海、カスピ海の7つの海に囲まれ、また、ティグリス川、ユーフラテス川、ナイル川といった大河もあることから、水産資源の豊富な地域に分類できる。しかしながら、中東諸国の漁業生産量は多くない。2017年の生産量は約610万tと世界全体の3％にすぎなかった。エジプト（中東地域での生産量シェア30%）、モロッコ（同22%）、イラン（同20%）、トルコ（同10%）の漁業生産量が多く、4カ国で地域全体の生産量の80%以上を占める。漁業には内水面（河川や湖）で行うものと海面で行うものがあり、それぞれ捕獲と養殖に分けられるが、エジプトでは内水面での養殖、モロッコは海面での捕獲が現在の主要な生産手段となっている。またイランは海面での捕獲と内水面での養殖、トルコは海面での捕獲と養殖の生産量が多い。生産量の多い国で消費量も多くなっている（土屋 2020b）。

中東地域は、世界で最初の定住農耕が始まった地域ではあるが、現在の中東諸国は、食糧の多くを輸入に頼っている。例えば、主食であるコムギ（*Triticum aestivum*）の自給率を見ると、自給率80%以上なのはイラン、シリア、イラク、トルコの4カ国のみで、それ以外の国は消費量の多くを輸入している。近代以降の急速な人口増加と所得上昇によって、国内需要が恒常的に生産量を上回るようになったのである。経済に占める農業部門の割合は、ほとんどの中東諸国で減少傾向にあるが、石油輸入国では農業が主要産業の一つとなっている。最も多く生産されている穀物はコムギで、中でも、トルコとイランでの生産量が多い。コムギに次いで生産量の多い穀物はオオムギで、主にトルコ、イラン、モロッコで生産されている。その他、トウモロコシ（*Zea mays*）はエジプトとトルコ、コメ（*Oryza sativa*）はエジプトとイランの生産量が多い。現在の中東地域での穀物生産は合計で約１億 t であるが、その約４分の３はトルコ、エジプト、イランの３カ国で生産されている（土屋 2020a）。

水や草を求めて移動しながら複数の家畜種を組み合わせた家畜飼養のみに生計を依存する人々は消滅しかけている。それでも、水や飼料をピックアップトラックなどで運搬しながら放牧したり、農耕や賃金労働といった他の生計手段と組み合わせながら、もしくは牧畜の知識をもつ外国人労働者の協力を得ながら、原野での家畜飼養に従事し続ける人々はまだまだ健在である（縄田 2008b）。その一方、湾岸産油国を中心として、移動をほとんど伴わない集約的で大規模な企業的牧畜業が家畜飼養の主流になりつつある（縄田 2020c）。

石油産業地域

石油産業は、主に２つの広域の沿岸ベルトで発達している（図２-３）。

１つの沿岸ベルトは、アラビア海とペルシア湾を結ぶオマーン湾沿い、そしてペルシア湾、イラクとイランにまたがるティグリス川とユーフラテス川河口から内陸方面へイラク、トルコ、シリアの国境周辺に至る地域である。石油は

図２-３　中東において石油産業が発達している地域

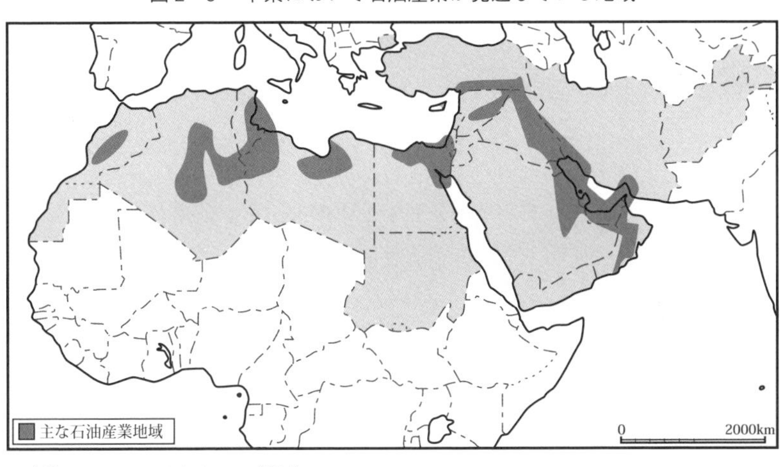

出所：Anderson and Anderson（2014）

主に、湾岸の西岸であれば、オマーン南部からアラブ首長国連邦（特にアブー・ザビー首長国）、カタル、サウディ・アラビア、クウェイト、イラン、イラクへと至る地域に見られ、天然ガスはアブー・ザビー（アブダビ）首長国、サウディ・アラビア、カタル、また湾岸の東岸ではホルムズ海峡から北へ向かってイランとイラク国境地域に見られる。またサウディ・アラビアとイランでは沿岸から内陸に入ったところにも広く石油産業が発達している。

もう１つの沿岸ベルトは地中海南岸をエジプトからアルジェリアに至る北アフリカ地域である。沿岸はエジプトに始まりチュニジアあたりで終わり、そこからアルジェリアを内陸部に入っていく。主に石油は東寄りの地域、天然ガスは西寄り、特にアルジェリアに見られる。この２つの沿岸ベルト以外の石油産業地域としては、石油がトルコ、石油・天然ガスがシリア、イスラエル、モロッコ、アフガニスタン、イエメンにあるが、規模としては小さい（Anderson and Anderson 2014）。

原油確認埋蔵量

世界の**原油確認埋蔵量**（2020年）を見ると（図２－４）、世界計１兆7297億バレル（可採年数50年）のおよそ半分が中東諸国に存在していると見積もられている。サウディ・アラビア（17.2%）、イラン（9.0%）、イラク（8.5%）、クウェイト（5.9%）、アラブ首長国連邦（5.7%）、その他中東（2.1%）で計48.3%であるが、リビア（2.8%）も加えるとしたら、50%を超える。国でいうと、ベネズエラが17.5%で第１位、サウディ・アラビアが17.2%で第２位である（経済産業省エネルギー庁 2020）。10年以上前、2007年にはベネズエラではまだ少なく見積もられていたため、サウディ・アラビアが22.3%で当時第１位であった。また中東諸国全体には60%以上が存在すると考えられていた（縄田 2013）。

当時のデータをもとに、原油確認埋蔵量を国別面積に投影させて表した世界地図が作られた（図２－５）。原油がどれほど中東地域に偏って存在しているか、視覚的にわかりやすい。現在は、ベネズエラが当時より大幅に埋蔵量が増えて、サウディ・アラビアと同程度の大きさであると想像すれば、現在でも大枠では同じと考えればよいであろう。

主なイスラーム教徒（ムスリム）の居住域は、中東以外の地域にも広がっているが（図２－６）、原油埋蔵地の70%以上は、ムスリム世界に存在するといわれることもある（Anderson and Anderson 2014）。現在のデータからは、アフリカやアジア大洋州の国々を加えても10%にも満たないので、多く見積もっても60%程度であろうか。それでも、原油埋蔵量の観点からも、世界のアラブ・イスラーム諸国の産業の現状と未来について、理解を深めることが重要なことがわかる。

図2-4　世界の原油確認埋蔵量（2020年）

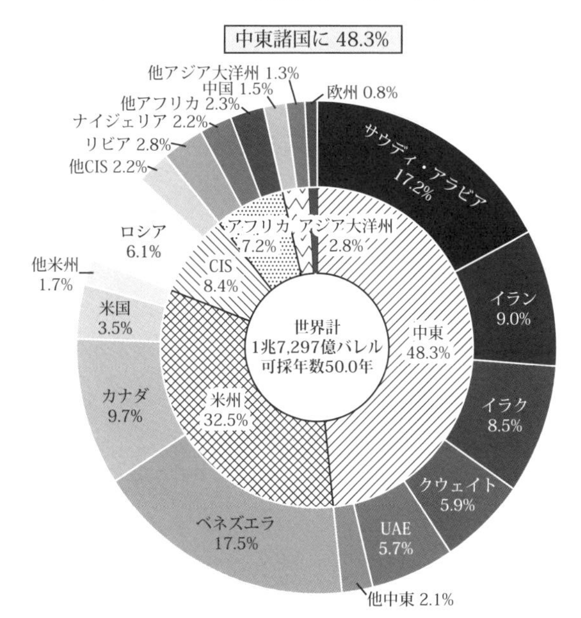

出所：経済産業省エネルギー庁（2020）をもとに作成

図2-5　原油確認埋蔵量（2007年）を国別面積で表した世界地図

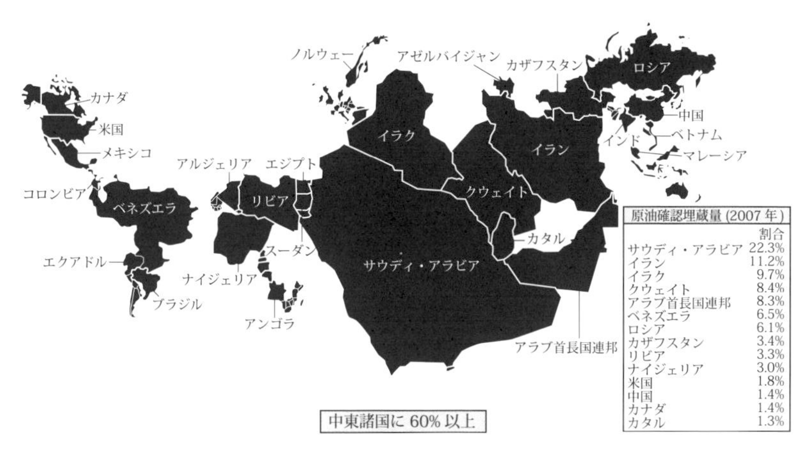

原油確認埋蔵量（2007年）	割合
サウディ・アラビア	22.3%
イラン	11.2%
イラク	9.7%
クウェイト	8.4%
アラブ首長国連邦	8.3%
ベネズエラ	6.5%
ロシア	6.1%
カザフスタン	3.4%
リビア	3.3%
ナイジェリア	3.0%
米国	1.8%
中国	1.4%
カナダ	1.4%
カタル	1.3%

出所：Pava（2007）をもとに作成

図2-6　主なイスラーム教徒の居住域

主なイスラーム教徒の居住域

0　5000km

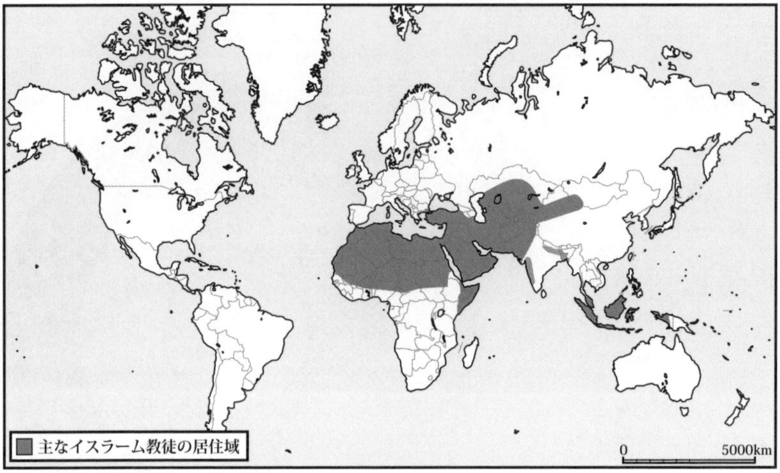

出所：Anderson and Anderson（2014）

埋蔵量を定める3つの制約

世界の原油確認埋蔵量に関しては1980年代初期以降、60％超、2000年以降は25％超増加している。増加分の大半は中東以外で発見されたもので、世界における中東のシェアは低下している。しかし中東の埋蔵量のシェアは現在の生産のシェアをはるかに上回る。つまり中東は、埋蔵量に対する産出量の割合が世界の平均よりも低い。だから、中東産石油は長くもつことになる（スミス 2017；Smith 2016）。

それでは原油確認埋蔵量（proved reserves of crude oil）や**可採年数**（ratio of reserves to production）は、どのように算出されているのであろうか。

地下資源・海底資源の資源量は、科学的に生産が可能か（試験生産）、技術的に生産が可能か（実験生産）、経済的に生産が可能か（商業生産）という3つの側面が考慮される。科学（地質学）的知見により新たに貯留層が発見されることもあるし、関連技術は日進月歩であり、経済的判断も世界情勢と各国の政策判断によって大きく変わりうるので、固定的なものではない。したがって地質制約・技術制約・経済制約に応じて、いつでも値は変化するものと考えなければならない。

ピーター・マッケイブによって提唱された「資源ピラミッド」の考え方は、

資源量を固定的なものとして生産量を考えるのではなく、需要と供給の相互作用により資源の生産曲線が定まってくることを強調した（McCabe 1998；木村 2008)。「資源ピラミッド」では、品位が高く、作業条件の良い、つまり低いコストで採掘できる資源は、ピラミッドの頂点にあたる位置にあるが、その量は限られている。一方、より条件が悪く、採掘コストの高い資源はピラミッドの裾野にあたる部分に広く大量に存在し、その下限は必ずしも明確なものではない。技術の進歩というものは、この資源ピラミッドにおいて経済的に採掘可能な資源の限界を押し下げて、より多くの資源の採取を可能とする。埋蔵量評価が技術の進歩によって、左側から右側のピラミッドへと、経済限界が押し下げられ、資源量が増加する方向へ見直されることがあることを説明している(図2－7)。

原油確認埋蔵量とは、その時点の経済条件・操業条件下で、地質的・油層工学的データに基づき、今後、油・ガス層から採収し得ると判断される油・ガスの量である。可採年数は、ある年の年末の埋蔵量（reserves: R）を、その年の年間生産量（production: P）で除した数値を、その油田またはその地域の可採年数（またはR/P）といい、その生産量で、今後毎年生産していった場合、何年生産が継続できるかを示す指標である。この指標に使われる埋蔵量は、一般に確認埋蔵量であるが、上記のように新しい発見によって増加し、生産によって減少するほか、原油価格の上昇や、開発技術の向上によって拡大する可能性があり、また生産量も年々変化するので、R/Pの値がそのまま油田の寿命を示すとは一概にはいえない。それでも、可採年数が大きい油田または地域は増産余力があり、小さい場合は増産できず、むしろ生産は減退すると見ることができる。2011年現在の可採年数は、サウディ・アラビアで65.2年、イランで95.8年、イラクで100年以上、クウェイトで97.0年、アラブ首長国連邦で80.7年、リビアで100年以上と見積もられており、増産余

図2－7　資源ピラミッド模式図

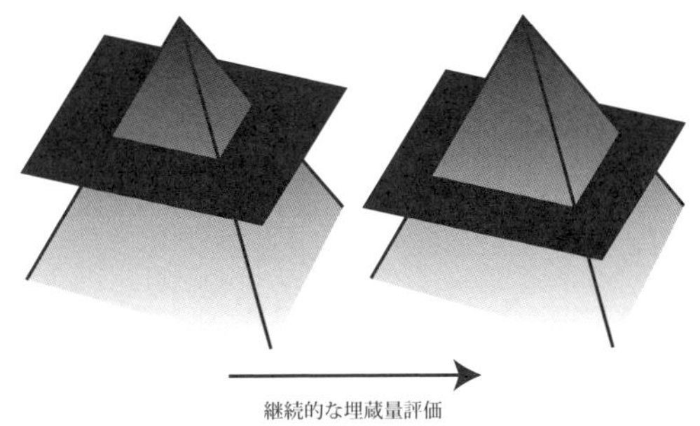

出所：木村（2008)；McCabe（1998）をもとに作成

力は十分であると判断される（Anderson and Anderson 2014）。

化石燃料がつくり出す水資源

元来、砂漠・乾燥地環境は水資源に恵まれた地域ではないが、中東にはとりわけ化石燃料の埋蔵量に富んだ地域が存在するため、20世紀半ばから安くて豊富に産出する石油・天然ガスといったエネルギー資源を活用するエネルギー集約型産業が発達した。火力発電所の電力を使い費用の高い淡水を製造する海水淡水化プラントが数多く建設され（写真２-14）、製造された淡水は、飲料水、生活用水、農業用水、工業用水、都市の緑化などに使われるようになった（二宮書店 2015）。海水から淡水化される水の量は、中東諸国において１日500万㎥を超えており、世界の70％以上にあたる（El-Sadek 2011）。また同じく電力を使っての深井戸の掘削と化石水の汲み上げも進み、水が生活向上･経済発展の制限要因ではなくなってきた（縄田 2020b）。

化石水（fossil water）は遺留水（connate water）ともいわれ、水成の堆積岩の中に堆積時の水が蓄えられ、岩石の孔隙もしくは割れ目内に存在するもので、上位の地層によって密閉された水のことである。化石水は深部帯水層（deep aquifers）に蓄積されているが、その確かな埋蔵量は不明である。石油・天然ガスの採掘を目的とした地質調査により存在が確認される場合が多い。大部分は多雨期に形成されたものであるから非更新性で再生可能でない地下水資源といえるが、浅部帯水層と連続性があることもわかっている。また国境をまたいで存在している深部帯水層も多い。中東諸国において、深部帯水層の水資源開発は盛んである（図２-８）。農業用水、工業用水、都市の緑化などの目的で利用されているが、特にリビア大人工河川計画は有名で、クフラで汲み出した化石水を、パイプラインでつないで海岸部のトリポリやベンガジといった都市やキレナイカなどの農耕地帯に供給するものであった。クフラ深部帯水層は、地下でエジプト西部砂漠やスーダン北部につながり、大規模に広がるヌ

写真２-14　紅海沿岸の海水淡水化プラント（スーダン東部、ポート・スーダン）

出所：2016年12月筆者撮影

図2－8　中東における深部帯水層

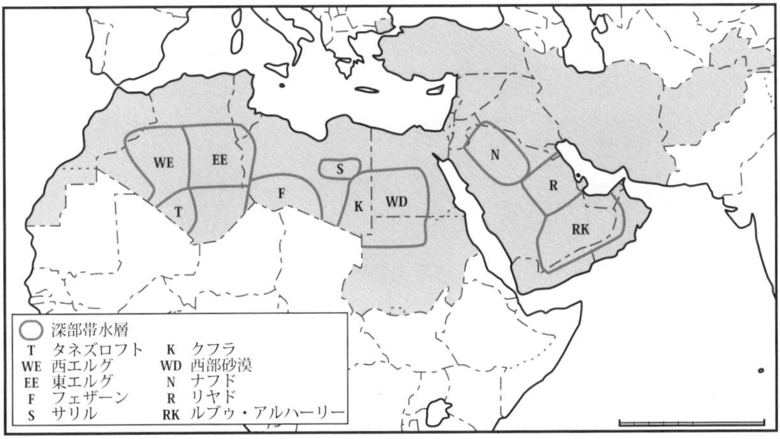

深部帯水層
T タネズロフト　K クフラ
WE 西エルグ　WD 西部砂漠
EE 東エルグ　N ナフド
F フェザーン　R リヤド
S サリル　RK ルブゥ・アルハーリー

出所：Anderson and Anderson（2014）

ビア砂岩帯水層の一角と考えられている（Anderson and Anderson 2014）。

仮想水と貿易

「ヴァーチャル・ウォーター（仮想水）」とは、農産物や畜産物を生産するのに費やされた水に注目する考え方である。そして農産物・畜産物を輸入しているというのは、実際は水を輸入しているようなものであるため、それらの輸出入を通じて水が世界中を移動しているとみなすことができる。

初めて「仮想水」の考え方を提示したのは、英国の政治地理学者トニー・アランである（Allan 1998）。乾燥地に位置する中東では、貴重な水資源をめぐって紛争がもっと発生してもおかしくない状況であるのに抑えられているのは、化石燃料の輸出によって得られた外貨で食糧を輸入するという形で水を間接的に購入できているからだと分析された（縄田 2013）。

中東諸国では農業部門のGDPへの貢献は10％未満にもかかわらず、80-90％の水は農業用水として消費されている。自分たちの土地すなわち乾燥地において1kgの穀類を生産するには他地域に比べておよそ3倍の水が必要となる場合もあるという観点からは、限られた水資源の効率的な利用に貢献していると考えることができる。世界のリージョン間の仮想水の流れを見てみると（図2－9）、中東は南北アメリカとオセアニアから農産物・畜産物を通じて多量の

図2-9　世界のリージョン間のヴァーチャル・ウォーター（仮想水）の流れ

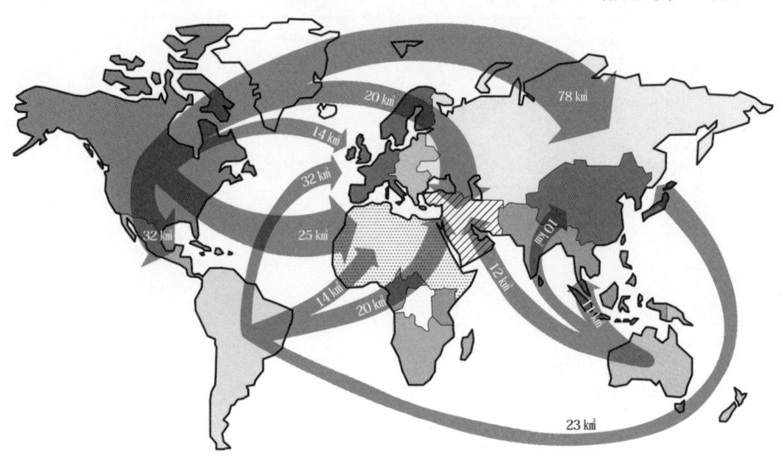

出所：El-Sadek（2011）

水を輸入していることが理解される。世界のリージョン間の仮想水の輸出入量の表に示されているように（表2-1）、北アメリカから中東には年間20㎦、南アメリカからは20㎦、そしてオセアニアからは12㎦が輸出されていることを示している。この値は、輸出国の観点からであるが（輸出国において費やされる水の量に換算した量）、輸入国である中東の観点からは年間、自分たちの土地で生産するとしたら必要となる水として換算すると、北アメリカからは58㎦、南アメリカからは38㎦、オセアニアからは16㎦分の仮想水を輸入していることとなる（El-Sadek 2011）。仮想水を得ることにより、地域の既存の水資源を節約することは農業政策にとって必要である（詳細は第8章第3節を参照）。

表2-1　世界のリージョン間のヴァーチャル・ウォーター（仮想水）の輸出入量

	輸出量（㎦）		輸入量（㎦）
北米	78	東アジア	154
	32	中央アメリカ	68
	25	北アフリカ・西アフリカ	62
	20	中東	58
	14	西ヨーロッパ	20
	30	他の地域	74
南米	32	西ヨーロッパ	30
	23	東アジア	28
	20	中東	38
	14	北アフリカ・西アフリカ	24
	19	他の地域	42
オセアニア	10	東アジア	23
	11	東南アジア	28
	12	中東	16
	15	他の地域	26

出所：El-Sadek（2011）

また世界の仮想水の流れを見ると、農産物・畜産物の輸入を通じて、結果的に他地域の水を奪っているという構図は、実は日本をはじめとする東アジア諸国と中東諸国で共通していることにも気づかされる（縄田 2013）。

第５節　資源、経済、環境の関係性に切り込む

本章では、持続性の３つの側面である環境と経済と社会の課題を考えるために、自然環境、生活様式、産業構造についての基礎的な学術的理解を深めてきた。最後に経済学分野において、どのように資源、政治、経済、社会、生態、環境を扱っているのかを参照しながら、本書の問題意識についてまとめてみたい。

政治経済学ではなく、資源経済学でもなく、環境経済学でもなく

政治経済学（political science and economics）の分野では、資源とは一般に人間の生活や産業などの経済活動のために利用可能なものとされ、狭義には経済活動に利用される原材料とされている。より本源的には、資源は人間が生存するための資源（主に水と食糧）と、それ以外の人間の生活を豊かにするための資源（主に経済活動のために利用される資源）に大別されている（澤喜 2013）。

しかし、水と食糧を人間が生存するための資源とし、経済活動のために利用される資源を人間の生活を豊かにするための資源として分ける認識は、あまりにも近代産業に根ざした経済活動のみに焦点をあてて経済を位置づけており、水や食糧を含まない形にする意義は見いだせない。なぜならば、前節で水を切り口として、自然環境、生活様式、産業構造について概観したように、それらは様々な側面で連続性があり、分断して理解しようとする姿勢は危険でさえあると、特に地域研究の立場から考える。

それでは、資源経済学の分野はどうであろうか。地学事典によれば資源経済学（mineral economics）とは「エネルギー・金属・非金属等の鉱物資源を経済的に開発するため、あるいは地球環境を含め社会的に有効利用するための学際的研究分野。資源量評価に基づく鉱物資源管理システムの開発、長期の鉱物需給と貿易予測、資源産業の経済分析を行う。鉱物資源の地球科学、資源開発技術、経済学の理解が必要」（井沢 1996）とされる。地学の分野では、ある意味不思議なことに、鉱物資源のみを扱う経済学であるが、鉱物をとって資源経済

学と一般的に呼ばれている。エネルギー資源を扱う経済学は、鉱物資源の場合と同じく「資源の地球科学、資源開発技術、経済学の理解が必要」であり、エネルギー経済学と呼ばれている。もちろん他分野では、生物資源経済学（食農資源経済学などと呼ばれる場合もある）、水産資源経済学（水産資源管理学と呼ばれる方が普通）が存在する。いずれにしろ、資源という用語を冠しているが、第１章で見ていったような資源もしくは天然資源を包括的に扱う経済学では、なさそうである。

一見、自然環境を包括的に扱っていそうな命名ではあるが、環境経済学（environmental economics）とは実際のところは「もし居住環境のような環境的財に貨幣価値を見出し、金銭的尺度で評価されれば、それらは市場で取引の中に組み込まれて、生態危機は解決されるとする経済学的な視点の１つ」にとどまっている（Mayhew 編 2003）。他方、生態経済学（ecological economics）とは「限りある資源の地球において、持続可能な経済発展のための拘束を確立しようとする経済学の１分野で、各経済機構は、生態学的な枠組みに組み込まれる」（Mayhew 編 2003）。

したがって、政策的課題としての「持続可能な開発目標（SDGs）」の持続性の３つの側面（環境、社会、経済）を考えるために、本源から資源に変わっていく歴史的プロセスと認識的枠組みの構築を目指して、純粋科学的な視点から自然環境、生活様式、産業構造についての基礎的な理解を深めようという本章の試みは、経済学分野でいえば、生態経済学（もしくはエコロジー経済学）に最も近い問題意識とアプローチをとっているといえる。

中東地域研究として資源、経済、環境の関係性を扱う意義

これまでの中東地域研究においては、自然環境に触れることはあってもどちらかというと概観に留まり（余部 2011）、自然環境と生活様式の関係を扱う場合は、時代の焦点は近現代ではなくそれ以前の時代にあり、地形、地質、古環境、都市を中心として議論している（小泉 2020；小口 2010）。また、環境と社会の関係を扱う場合には、現代ではあるものの村落共同体と家族、協同組合と農民などどちらかというと社会組織に重きをおく場合や（柳沢・栗田編 2012）、環境問題であっても紛争などの社会問題として分析することが主流であった（川名 2014）。

その一方、資源と経済の関係を扱う場合は、何といっても化石燃料もしくはエネルギー資源の経済もしくはそれらを取り巻く政治経済、国際関係、地政学に関する考察が圧倒的な大多数である（例えば寺島 2016）。もちろん産業構造全般や各国事情を扱う際には、エネルギー資源以外の資源を対象とする研究もあるが、数は少ない。

本書では、中東地域の水紛争解決といった政治的課題への取り組みについては、木村（2010）や西舘（2020）など他の論考に譲り、むしろ広く自然環境と天然資源を理解した上で、近々の課題である環境問題を総合的に把握することにより、人間が本源から資源とする生計活動・経済活動また産業構造を見直しつつ、資源論、管理論、技術論、産業論として、新たな展望を示すことを目指している。

【文献案内】

①鈴木薫・近藤二郎・赤堀雅幸編集代表（2020）『中東・オリエント文化事典』丸善出版
②縄田浩志編（2019）『サウジアラビア、オアシスに生きる女性たちの50年―「みられる私」より「みる私」』河出書房新社
③縄田浩志・篠田謙一編（2014）『砂漠誌―人間・動物・植物が水を分かち合う知恵』東海大学出版部

【引用・参考文献一覧】

・赤木祥彦（1998）『沙漠への招待』河出書房新社
・余部福三（2011）『西洋の核としての中東』上・下巻、第三書館
・井沢英二（1996）「資源経済学」地学団体研究会・新版地学事典編集委員会『新版　地学事典』平凡社、529頁
・イブン・ハルドゥーン（2001）『歴史序説 1～4』森本公誠訳・解説、岩波書店
・今村仁司（2007）「資源の概念」内堀基光総合編集『資源人類学1 資源と人間』弘文堂、357-371頁
・大場秀章（1999）「砂漠のなかの森林」『科学』69、811-818頁
・大森博雄（1996）「砂漠」地学団体研究会・新版地学事典編集委員会編『新版　地学事典』平凡社、493頁
・小口高（2010）「西アジアの自然地理」後藤明・木村喜博・安田喜憲編『朝倉世界地理講座6　西アジア』朝倉書店、9-25頁
・加藤博（2008）『ナイル川』刀水書房
・河合隆行・齊藤忠臣（2014）「乾燥地の砂」縄田浩志・篠田謙一編『砂漠誌―人間・動物・植物が水を分かち合う知恵』東海大学出版部、85-91頁

・川名英之（2014）『世界の環境問題第９巻　中東・アフリカ』緑風出版
・門村浩（2009）「乾燥地と沙（砂）漠」日本沙漠学会編『沙漠の事典』丸善、１頁
・川床睦夫（2000）「港を掘る―シナイ半島の港市遺跡」尾本惠市・濱下武志・村井吉敬・家島彦一編『海のアジア２　モンスーン文化圏』岩波書店、99-122頁
・木村眞澄（2008）「ピークオイル説とエネルギー生産予測」『アナリシス』42（５）、１-８頁
・木村喜博（2010）「西アジアの水資源と社会」後藤明・木村喜博・安田喜憲編『朝倉世界地理講座６　西アジア』朝倉書店、171-197頁
・経済産業省エネルギー庁（2020）『令和元年度 エネルギーに関する年次報告』（エネルギー白書 2020）（https://www.enecho.meti.go.jp/about/whitepaper/）
・小泉龍人（2020）「多様な自然環境」鈴木薫・近藤二郎・赤堀雅幸編集代表『中東・オリエント文化事典』丸善出版、14-17頁
・小堀巌（2013）「イスラーム世界におけるカナートの比較研究」石山俊・縄田浩志編『アラブのなりわい生態系第２巻　ナツメヤシ』臨川書店、171-188頁
・齋藤純（2020）「中東のマクロ経済」鈴木薫・近藤二郎・赤堀雅幸編集代表『中東・オリエント文化事典』丸善出版、336-337頁
・澤喜司郎（2013）『世界を読む　国際政治経済学入門』成山堂書店
・篠田雅人（2016）『砂漠と気候　増補２訂版』成山堂書店
・スミス，ダン（2017）『中東世界データ地図―歴史・宗教・民族・戦争』龍和子訳、原書房
・鷹木恵子（2009）「オアシス」日本沙漠学会編『沙漠の事典』丸善、38-39頁
・田中樹（2014）「砂漠の土」縄田浩志・篠田謙一編『砂漠誌―人間・動物・植物が水を分かち合う知恵』東海大学出版部、92-96頁
・谷泰（1976）「牧畜文化考―牧夫‐牧畜家畜関係行動とそのメタファー」『人文学報』42、１-58頁
・土屋一樹（2020a）「農業」鈴木薫・近藤二郎・赤堀雅幸編集代表『中東・オリエント文化事典』丸善出版、348-349頁
・土屋一樹（2020b）「漁業」前掲書、350-351頁
・寺島実郎（2016）『中東・エネルギー・地政学―全体知への体験的接近』東洋経済新報社
・縄田浩志（2005a）「乾燥熱帯沿岸域と牧畜システム―人間・ヒトコブラクダ関係に焦点をあてて」『アジア・アフリカ地域研究』４、229-248頁
・縄田浩志（2005b）「２つのエコトーンの交差地としてのスーダン東部、紅海沿岸域―ベジャ族の適応機構を探る」『地球環境』10、１-13頁
・縄田浩志（2006）「乾燥熱帯沿岸域の食生活―スーダン東部、紅海沿岸ベジャ族の事例から」『沙漠研究』16、１-18頁
・縄田浩志（2008a）「ベジャ―ヒトコブラクダを介した紅海沿岸域への適応」綾部恒雄監修、福井勝義・竹沢尚一郎・宮脇幸生編『講座ファースト・ピープルズ第５巻　サハラ以南アフリカ』明石書店、183-208頁
・縄田浩志（2008b）「サウディ・アラビアのラクダ・レース―現代に浮かびあがる、アラ

ブ社会のネットワーク」『季刊民族学』125、44-59頁
・縄田浩志（2009a）「乾燥地の観光開発」日本沙漠学会編『沙漠の事典』丸善、82頁
・縄田浩志（2009b）「アラビア半島のビャクシン林の利用と保全」池谷和信編『地球環境史からの問い―ヒトと自然の共生とは何か』岩波書店、271-294頁
・縄田浩志（2013）「石油文明の頂点から考える―何を失ってきたのか，何を残していくのか」石山俊・縄田浩志編『ポスト石油時代の人づくり・モノづくり―日本と産油国の未来像を求めて』昭和堂、215-228頁
・縄田浩志（2014a）「乾燥熱帯沿岸域―初期人類にとっての安定的な避難地を考える」縄田浩志・篠田謙一編『砂漠誌―人間・動物・植物が水を分かち合う知恵』東海大学出版部、28-36頁
・縄田浩志（2014b）「乾燥地における水分摂取の技術」前掲書、45-61頁
・縄田浩志（2014c）「砂塵嵐ハブーブ―アフリカ熱帯内収束帯（ITCZ）の動きと降雨」前掲書、97-103頁
・縄田浩志（2014d）「ナツメヤシの栄養繁殖と人工受粉―砂漠への居住拡大の技法として」前掲書、180-194頁
・縄田浩志（2014e）「ヒトコブラクダとの多面的なかかわり」前掲書、261-275頁
・縄田浩志（2014f）「野生動植物利用と養蜂」前掲書、291-304頁
・縄田浩志（2014g）「海辺のヒトコブラクダと資源パッチへのアクセス性」前掲書、319-338頁
・縄田浩志（2014h）「砂漠誌―これからの砂漠研究を切り拓くために」前掲書、404-416頁
・縄田浩志（2020a）「砂漠・ステップ　①自然環境」鈴木薫・近藤二郎・赤堀雅幸編集代表『中東・オリエント文化事典』丸善出版株式会社、30-31頁
・縄田浩志（2020b）「砂漠・ステップ　②水資源と生活」前掲書、32-33頁
・縄田浩志（2020c）「遊牧」前掲書、352-353頁
・縄田浩志・遠藤仁（2019）「水くみの道具にみる半世紀の変化」縄田浩志編『サウジアラビア、オアシスに生きる女性たちの50年―「みられる私」より「みる私」』河出書房新社、118-119頁
・縄田浩志・岡本洋子・石山俊（2014）「素焼きの大型水壺の気化熱効果実験」縄田浩志・篠田謙一編『砂漠誌―人間・動物・植物が水を分かち合う知恵』東海大学出版部、133頁
・西秋良宏（2014）「考古学から見たアラビア半島の遊牧化」縄田浩志・篠田謙一編『砂漠誌―人間・動物・植物が水を分かち合う知恵』東海大学出版部、285-290頁
・西秋良宏（2020）「出アフリカ」鈴木薫・近藤二郎・赤堀雅幸編集代表『中東・オリエント文化事典』丸善出版、44-45頁
・西尾哲夫（2006）『アラブ・イスラム社会の異人論』世界思想社
・西舘康平（2020）「水紛争と国際政治」鈴木薫・近藤二郎・赤堀雅幸編集代表『中東・オリエント文化事典』丸善出版、326-327頁
・二宮書店（2015）『新編　詳解地理B』二宮書店
・福井勝義（1987）「牧畜社会へのアプローチと課題」福井勝義・谷泰編『牧畜文化の原像―生態・社会・歴史』日本放送出版協会、3-60頁

・ベン・ハリーファ、アブドゥルラフマーン／ゼイネブ・ズーベイディ／石山俊（2014）「ナツメヤシ栽培品種の遺伝子型同定および遺伝的多様性の評価」縄田浩志・篠田謙一編『砂漠誌―人間・動物・植物が水を分かち合う知恵』東海大学出版部、195-208頁

・堀内勝（2020）「ラクダ」鈴木薫・近藤二郎・赤堀雅幸編集代表『中東・オリエント文化事典』丸善出版、262-263頁

・Mayhew, S. 編（2003）『オックスフォード地理学辞典』田辺裕監訳、朝倉書店

・家島彦一（2006）『海域からみた歴史―インド洋と地中海を結ぶ交流史』名古屋大学出版会

・柳沢悠・栗田禎子編（2012）『アジア・中東―共同体・環境・現代の貧困』勁草書房

・渡辺仁（1978）「狩猟採集民の食性の分類―進化的、生態学的見地から」『民族学研究』43、111-137頁

・渡邊三津子（2014）「カナートの仕組み・歴史・分布」縄田浩志・篠田謙一編『砂漠誌―人間・動物・植物が水を分かち合う知恵』東海大学出版部、115-124頁

・渡邊三津子・縄田浩志（2019）「アラビア半島―自然環境」縄田浩志編『サウジアラビア、オアシスに生きる女性たちの50年―「みられる私」より「みる私」』河出書房新社、16-17頁

・Anderson, L.D., and Anderson, E.W.（2014）*An Atlas of Middle Eastern Affairs*, Routledge.

・Allan, T.（1998）“Watersheds and problemsheds: Explaining the absence of armed conflict over water in the Middle East,” *Middle East Review of International Affair*, 2, pp. 49-51.

・Churkina, G., and Running, S.W.（1998）“Contrasting Climatic Controls on the Estimated Productivity of Global Terrestrial Biomes,” *Ecosystems*, 1, pp. 206-215.

・El-Sadek, A.（2011）“Virtual water: An effective mechanism for integrated water resources management,” *Agricultural Sciences*, 2, pp. 248-261.

・Grigg, D.B.（1974）*The agricultural systems of the world: An evolutionary approach*, Cambridge University Press.

・McCabe, P. J.（1998）“Energy Resources: Cornucopia or Empty Barrel?” *AAPG Bulletin*, 82, pp. 2110-2134.

・Pava, A.（2007）Who has the oil? Published Nov 17 2007 by Civic Actions, Archived Nov 17 2007.（http://www.energybulletin.net/node/37329）

・Smith, D.（2016）*The Penguin State of the Middle East Atlas: Completely Revised and Updated Third Edition*, Penguin Books, Myriad Editions.

第3章

エネルギー資源開発と日本・中東関係

片倉　邦雄

【要　　約】

日本と中東イスラーム地域とは、奈良時代まで交流の端緒をさかのぼることができる。しかし20世紀以降、資源貧国の日本が同地域に石油の安定供給を求める「アラブ」＝「アブラ」の関係が主となった。第２次世界大戦前後、中東産油国に対し油田開発や直販取引を交渉する先駆者が現れ、日本は経済大国に成長したが、中東産油地域が革命･戦乱の脅威を受けるたびエネルギー「タダ乗り」論にさらされ、「具体的貢献」を求められていく。

その後、日本は人的貢献、安全保障などの面で1990年に勃発した湾岸危機を機に大きな転換を迎えることとなるが、本章では、それ以前の流れに焦点をあて、現在の日本・中東関係に至る前史として変遷を丹念に追っていく。

第１節　日本と中東イスラーム――交流の歴史的変遷

日本と中東交流の歴史

日本は中東から１万kmも離れているが、交流は1000年以上前まで遡ることができる。奈良時代に遣唐使が唐の朝廷を舞台に西アジアからの使節と接触していたことが『続日本紀』の記録からうかがえる（小林 1975）。８世紀半ばに建立された正倉院には、シルクロードを通じて唐経由で渡来した西アジア（主にペルシア）からの宝物の数々が収蔵されている。

また13世紀初頭、仏教を学びに中国へ渡った留学僧が、イラン人商人から「南蛮文字」の文書を得て京都高山寺にて保管された。20世紀初めになって、これがペルシア語の古典詩であることが判明し（杉田 1995：25-34)、中世イスラーム文化圏との接触・交流の貴重な物的証拠となっている。

やがて日本は、中国に加えて欧州を媒体にして中東と接触するようになる。15～17世紀に多くの南蛮船が日本に渡来すると、南蛮人あるいは操舵士や船員として乗船したイスラーム教徒を通じて、中東やイスラームについての知識を得た。14～16世紀、室町時代に**勘合船**の造船技術を伝えたのもイスラーム教徒だったといわれる（小林 1975)。しかし、彼らとの接触は、交易や技術交流の分野でそれ以上発展しなかった。概して17～19世紀、江戸時代の日本人の中東知識は、中国の伝統イメージにイエズス会士がもたらす知見が混淆した情報を受け継ぎながら、それが徐々に補正されていく過程の中に形成されていったと考えられる。

国家間関係も構築され、イランとは1878年に榎本武揚駐ロシア公使がペルシャ国王に会見し、両国間に通商協定を結ぶ機運が生まれ、1887年商況調査のため吉田正春を特使とする使節団が派遣された（外務省外交史料館、在日イラン・イスラム共和国大使館 2015)。

トルコとは、小松宮殿下の同国訪問への答礼として1890年に軍艦**エルトゥールル号**が来訪した。同号が和歌山県大島沖で遭難した際、国を挙げて救助・義援金募集・帰還活動が行われたことは今日までトルコ人の記憶に留まっている[1)]（三沢 2002)。

またアラブ世界との接触の中で、日本はエジプトに対し特別の関心を払っていた。第一に、日露戦争以前の条約改正論議に、同国の司法制度や治外法権は多大な影響を与えた。明治政府は欧米列強との不平等条約撤廃を目指し、英国支配下にあったエジプトの混合裁判所など法制調査を行った[2)]。第二に、英国に抵抗して敗れた民族主義運動（**ウラービー運動**）に、被圧迫民族としての共感を寄せていた。

日本の中東観 対 中東の日本観

明治初期、日本は西欧化が始まり、先行していた中東世界を反面教師として、自己の姿を映し出す鏡にした。他方、日清・日露戦争を境に国権拡張論が優位を占めると、台湾・朝鮮統治において英仏の中東植民地支配を模範とみなすようになった。日本社会は、連帯感を見出していたイスラーム世界を、そこでの英国の経験から統治技術を学ぶことで、「支配者の眼」で眺める立場に転換していった（板垣 2003：187-188）。

他方、1905年の日露戦争では、アジアの小国日本が欧州の大国ロシアに勝利したという点で中東の人々に強烈な影響を与え、彼らの民族意識を高揚させた。トウゴウやノギ（東郷平八郎と乃木希典）の名は現在でもトルコ人の記憶に留められている。当時エジプトの代表的詩人、評論家などが日本と日本人に関する作品を残し民族意識の覚醒を呼びかけた。イランでは明治維新にも刺激されて1906年に立憲革命が起きた[3)]。

日本から中東を眺めるとき、我々から疎遠なものとみる傾向がある。確かに、「移動性」などの生き方、イスラームの価値観、アイデンティティーにおいて、両者にはかなりの社会的距離があるが、中東・イスラーム世界の人々は、日本を非常に身近な存在と感じてきた（片倉 1991：158-177；片倉 1995）。また歴史を遡れば、日本文化とイスラーム文化は同時代並行的に萌芽している。聖徳太子と預言者ムハンマドは同時代人であり、イスラームのウンマ（国民国家）がユーラシア大陸の西端でサラーム（平和）理念を確立したころ、その東端で聖徳太子は十七条憲法で「以和為貴」という理念を打ち出している（板垣 2003：242-243）。

日本には元来異なる文化をおおらかに受容し、「違いを楽しむ」固有な文化的素地もある。中東・イスラーム世界にも日本にも、開かれた文明対話の契機が内蔵されているといえよう。出生率低下、労働人口の減少に悩む日本は、海外から有為なマンパワーを本格的に受入れる必要に直面している。寛容で多様性ある社会を目指すため、過去の中東・イスラーム社会との接触・交流、そして試行錯誤の歴史から学びつつ、日本人独自の視角から中東・イスラームの人々とどう向かい合い、付き合っていくべきか、考えていきたい（Katakura and Katakura 1991）。

第2節　石油自主確保の先駆者たちとその展開

横山ミッションのサウディ・アラビア訪問

明治維新を経た日本は、富国強兵をスローガンに政策を進めたが、そのアキレス腱は乏しい国内資源であった。1908年にペルシアのフーゼスターン州で中東最初の油田が掘り当てられた後、1930年代の帝国日本は商工政策として目先の安さにこだわり原油および石油製品をほぼ米国からの輸入に頼っていた。1937年7月盧溝橋で日中両軍が衝突し、日中戦争勃発を背景に、対米関係の緊張と石油ボイコットの圧力[4)]のもとに、日本は軍隊を支える重化学工業の生命線である原油年間約500万ｔの供給確保に迫られた（当時の日本の対外石油依存度は92％に達し、81％は「仮想敵国」米国からの輸入だった）。

日本の石油供給交渉は、実は戦前から始まっていた。1938年5月、駐英サウディ・アラビア公使ハーフェズ・ワハバが代々木上原に建立された東京モスクの開堂記念式典に列席するため来日した。その際外務省における会談で、サウディ・アラビア（以下、サウディ）側は既に英、米の各会社に石油開発利権を付与しているが、まだ未設定の利権区域があり、日本側が望むならば付与する用意があると提案し、具体的条件については国王の裁可を要する、とのやり取りがあった（三土 1939）。

日本外務省は翌年3月末、答礼としてエジプト駐箚公使横山正幸をサウディへ派遣した。対外的には「友好関係の設定」の打合せとされたが、実際は太平洋戦争勃発前夜、秘密裏に石油開発利権獲得に赴いたのだった。1939年4月1日、横山正幸公使一行は「砂漠の豹」イブン・サウード王と会見した。

サウディ側は油田開発利権を英米側に独占させるのを好まず、日本にも機会を与えたいとの国王の意向をちらつかせつつ、国王の裁可を経たものとして、①クウェイト首長国との中立地帯、②ダハナ砂丘砂漠北面、および③ワーディ・シルハン地帯の3カ所を提示した。条件として、契約署名に際し利権料として20万ポンド、その他、毎年借区料特定額ならびに商業量産油開始時のロイヤルティの支払いを求めた。

日限を区切って回答を求めた先方に対し、日本側は現地視察のためラス・タヌラなど候補地域付近、ならびに英国の施政下にあるクウェイトなどアラビア（ペルシア）湾産油地域へ商工技師の三土知芳[5]を派遣したいと逆提案した。しかし、英国からは査証発給を拒まれ、サウディ側も英米側と交渉中のハッサなど油田方面の視察は支障があると渋った。結果的に、巨額資金、開発技術、サウディ―日本の航路の問題、また欧米列強の妨害によって交渉は打切りとなった（Twitchell 1958）。

出光日章丸事件

1952年4月対日講和条約が発効し、日本は国際社会に復帰したが、経済復興の原動力、石油資源の確保は米大手石油会社メジャーにもっぱら依存せざるを得なかった。厳しい国際環境において、国益を重んじる起業家の中に、メジャーの供給経路によらず直接販売原油を中東産油国から購入する動き、そしてメジャーに伍して中東油田を自主開発しようとする動きが出てきた。それは敗戦の虚脱状況からようやく立ち直ろうという日本にとって画期的な発想だった。

一つは、1953年の出光興産による「**日章丸事件**」である（出光興産株式会社店主室編 1978）。当時イランは英国系メジャーのアングロ・イラニアン資産の国有化問題をめぐり英国と係争中であった。1952年6月、英国はイランが製油所を一方的に国有化したことに対する賠償を含んだ補償問題を国際司法裁判所ICJに持ち込んだが、イランはこれを拒否し、イラン法廷で争うことを主張した[6]。同年10月、モサデク（モハンマド・モサッデグ）首相は英国との外交関係破綻を宣言し、直ちに国交断絶を通告した。

出光佐三（当時社長）は、米国の知人を通じて密かにイランとのチャネルを得ていた。この機に社運を賭けた国際**石油カルテル**への挑戦を決断し、出光計助専務および手島常務を秘密裏にイランに向かわせた[7]。

1953年3月23日、当時最大（1万2千t）のタンカーであった日章丸Ⅱ世は神戸港を出帆し、仕向け地を秘匿しつつ英海軍基地シンガポールを通過して、英国海軍が見張るイランのアバダン港に到着した（図3-1）。イランの大歓迎を受けた後、4月15日ガソリンと軽油を満タンに満潮を待ってアバダンを出航した。帰路は英国海軍が哨戒体制をとる（Public Records Office 1953）マラッカ海峡をバイパスし、5月9日川崎港に無事投錨した。買い付けた大量の石油は日本市場で販売され、「生産者より消費者へ」という出光のビジネスモデルが歴

図３-１　日章丸とその航路

最も難所だったマラッカ海峡（往路）とスンダ海峡（復路）シンガポールには英軍港がある
出所：筆者作成

史に残る快挙をもたらしたのである。

最後のハードルは、アングロ・イラニアン社が日章丸の帰港直前、５月６日に積荷の仮処分を東京地裁に提訴したことだった。出光は法廷闘争を果敢に展開し５月27日勝訴をもぎ取った。国際社会および石油業界が注目する中、東京地裁は「仮処分申請を却下する」という判決を下した。

しかしながら、欧米の石油カルテルの一角を突き崩したこの快挙は、８月19日に起こった米国CIA（中央情報局）の演出による反モサデク・クーデタ、パーレビー王制の復活によって劇的な歴史の一頁を閉じることとなった。

アラビア太郎と日の丸石油AOC

もう一つは、『パワー・プレー』（Mosley 1973）の中で「日本のマタイ」と紹介された「アラビア石油」創立者、**山下太郎**、別名「アラビア太郎」の偉業である（写真３-１）。

山下太郎（1889~1967年）は、古来「燃える水」（クソウズ）といわれた希少な産油地域であった秋田県横手市の出身で、若い頃から事業の才を発揮し、傑出した政財界指導者との人脈作りを得意としていた。

写真３－１　アラビア石油創立者 山下太郎

出所：一般財団法人山下太郎顕彰育英会提供

山下は早くから石油に注目し、一時は井戸元から、欧米に独占されていた原油開発そのものに乗り出そうと考えたが、国際舞台でのメジャーの勢力争いに日本人が首を突っ込めるはずもない、と消極的だった。ところが、1956年７月エジプト・ナセル大統領によるスエズ運河国有化に伴い英仏・イスラエルが出兵する「スエズ動乱」が勃発し、チャンスが訪れた。

まず、サウディの王族関係者から山下へ「フランスと交渉中の石油開発利権が、スエズ動乱でキャンセルになった。日本が進出するチャンスではないか」との連絡が入った。さらに同時期、土田豊駐エジプト大使がサウディ大使兼任の信任状捧呈のためサウード（・ビン・アブドゥルアズィーズ）国王に謁見し、国王から「この（スエズ動乱の）機会に、アジアの先進国たる日本に、我が国への進出を求めたい」旨の意向が伝えられた（中嶋 2015：142-143）。

上記背景のもと、1957～58年にサウディ・アラビアとクウェイト両国の中立地帯に日本初の自主開発油田を設定する利権交渉が各政府と展開された。交渉は約一年半に及んだが[8)]、1958年２月に日本法人として発足したアラビア石油株式会社（AOC）が従来の対欧米型50:50％利益折半方式を打ち破り、対サウディ56：44％、対クウェイト57：43％の配分方式によることで決着した。また現地人雇用比率およびロイヤルティの大幅増加と併せて、外国石油会社と産油国政府との関係に画期的局面を開くことになった（中嶋 2015：145-149）。

山下が交渉に成功したのは、動乱の情勢分析からアラブの関心が欧米からアジア、特に日本に向き始めた時代の風を読み切り、培ってきた幅広い財界の人脈から協力を得たことによる。政府や体制には徹底した反骨精神で対峙した出光佐三に対して、山下は野心家であると同時に、対峙するよりも人の懐に飛び込み、惹きつける才をもっていた。しかし両人とも、手法に違いこそあれ、瀕死の敗戦国日本に石油という「血液」を流し込み、奇跡の復活をもたらした。しかも欧米に対して常に衿持をもって厳しい決断を下してきた。今日の日本の経済力は彼らの双肩に乗って伸び上がった結果といっていいかもしれない。

石油開発利権をめぐる AOCの苦闘

AOCは、自主開発油田の獲得によって石油の安定供給を可能にし、経常利益が1970年代末には日本国内企業でトップになるまで成長をとげた。しかしながら、流れは国際情勢の変化によって大きく変化することとなる。1990年８月２日、イラク軍がクウェイトを侵攻し、さらにサウディへ脅威を及ぼすとの観測が強まったため、日本政府は同地域に在留する邦人に対して退避勧奨を発動した。クウェイト国境に近いAOCカフジ鉱業所においても不安が高まった。クウェイト原油は生産停止になり、イラク・クウェイト両国合わせ、**石油輸出国機構**（Organization of the Petroleum Exporting Countries: OPEC）全生産量の約２割の原油が世界市場から消滅した結果、原油価格は高騰した。米国は世界最大の生産能力を誇るサウディに対して、安全を約束する代わりに原油の大増産を要請すると、サウディ政府はそれを受け入れ、旧中立地帯に位置するAOC事業所も操業継続を迫られた。[9)]

1991年に湾岸戦争が終結し、イラク軍の撤退後, AOCはカフジ基地の復旧作業に苦闘する一方、2000年に訪れるサウディ石油開発利権の期限を控え、カフジ・フート油田の再開発、その生産基地やインフラ整備の基本計画作成に着手するなど、未曽有の試練に立ち向かった（庄司 2007：176）。

1995年８月以降、サウディの石油政策は、新任のヌアイミ石油大臣の下、国営企業サウディ・アラムコが仕切るようになった。日本政府はサウディと権益延長交渉を重ねたが、先方が提案した「鉱山鉄道」建設への大規模投資に日本側が応じるか否かが最後の難関となった。AOCは事前調査を実施し、「鉱山鉄道の事業化は至難」という結論に至った（中嶋 2015：224-235；村田 2020：315)。交渉は進展のないまま2000年２月末を迎え、AOCの権益はサウディ石油省がカフジ油田のサウディのシェア50%を引き継ぐことで終了し、もう半分の権益を所有していたクウェイトは日本の石油採掘権を継続したものの、2003年に終了した。

他方、サウディ側は一連の交渉の結末をどう見ていたのだろうか。ヌアイミ元サウディ・アラムコ社長は、その回想録（Al-Naimi 2016）において、本件利権延長交渉の挫折は「文化的齟齬」によると述べ、日本側が交渉の詰めの段階で合意の内容を取り違えていたと指摘している[10)]。

第3節　アラブ石油戦略の展開と日本の対応

狼がやってきた日

日本は1956年より高度経済成長期に突入した。その基礎には、豊富低廉な中東石油の確保があった。1972年には、日本の一次エネルギーの75％を石油が占め、輸入分の約8割が中東から、また約4割はOPECに属するアラブ産油国からであった。

そこに、1973年10月6日、エジプトとシリアの共同作戦による対イスラエル奇襲により第4次中東戦争が勃発した。当初アラブ側が優勢であったが、イスラエルの猛反撃により形勢不利となるや、**アラブ石油輸出国機構**（Organization of the Arab Petroleum Exporting Countries: OAPEC）は10月17日クウェイトで会議を開き、米国をはじめとする石油消費国の親イスラエル中東政策をアラブ寄りに変換させるべく「石油戦略」を展開した。すなわち、イスラエルが1967年戦争で占領した全てのアラブの領土から撤退し、パレスチナ人の正当な権利が回復されるまで、今後毎月の原油生産を前月産油量の最低5％ずつ削減する、という拘束力ある決定を行った。

ただし、「友好国」、またイスラエルの占領を終結させるために重大な措置をとる国に対しては、以前と同量の供給を保証するとした。この決定は個々の石油消費国に対しイスラエルへの支援ないし協力の度合いに応じて供給カットを進めることを意味し、米国と蘭は全面ボイコットの対象となり、英・仏およびスペインが友好国扱いで供給削減はされないことが明らかになった。量的制限措置に伴い、原油価格は約4倍に（約2.5ドル→約10ドル）跳ね上がった。後に駐サウディ大使になるJ.エイキンズは、1973年春の時点で米外交雑誌『フォーリン・アフェアーズ』に「石油危機：今度こそ狼はやってくる」という論文を発表し、来る石油危機への警鐘を鳴らしていたが（Akins 1973）、どのような形で起きるかは誰にも予測できなかった。

日本には、サウディ・クウェイト間中立地帯で操業していたAOCを通じて、「5％カット」の報が入ってきた。特に、日本は輸入原油以外に頼るべきエネルギー資源をもたず、しかも輸入石油の使途は産業用7：民生用3と分けられており、産業界の受けた衝撃は非常に大きかった。アルミや紙・パルプなどエネルギー多消費型の産業が先ず打撃を食い、主婦がトイレットペーパーに殺到する象徴的騒動まで起こった（第1次石油危機）。

「アラブ寄り」への日本の方針転換

日本政府は、OAPECの措置発表当初、憂慮しながらも「友好国」への一縷の望みを抱いていた。1967年第3次中東戦争に際し、日本は国連安保理非常任理事国として、中東和平の「憲法」ともいうべき決議242号の採択に積極的に参加した経緯があり、1970〜71年には、国連内外で**パレスチナ民族自決問題**に対し欧米に先んじて好意的な投票態度を示したからである。また1971年にサウディ・アラビアのファイサル（・ビン・アブドゥルアズィーズ）国王が訪日した際に発表された

図3-2　アラブ石油戦略をめぐる主要人物たち

出所：筆者作成

共同声明でも、サウディの主張を受け入れてパレスチナ民族が正当な権利を享受すべきことを認めていた。

しかしながら、第４次中東戦争後の1973年10月、アラブ10カ国を代表して在京サウディ大使が大平正芳外相を訪問しアラブへの支持を求めた際、大平外相は専ら安保理決議242号への支持表明をもって応じた。同決議は、「土地と平和の交換（Land for Peace）」の原則を謳い、撤退の線も**パレスチナ難民問題**にもふれていないもので、その支持のみでは到底アラブ側の満足するところとならなかった。1958年以来AOCに自主開発利権を与えてきたサウディ政府が日本を「非友好国」扱いにしていることが明らかになると、当初の楽観主義は、忽ちにして消え失せることとなった。

アラブ側から「友好国化」を勝ちとる過程で、苦肉の策として使った手は密使外交であった。当時、ペルシア湾岸地域（現在の**湾岸協力会議**（Gulf Cooperation Council: GCC））にはサウディ、クウェイト以外に大使館はまだ設置されておらず、情報収集能力は極めて劣弱だった。そこで石油戦略の中核であるサウディ王室の内部から情報を得るため、サウディ王室に太いパイプをもつと目される外務省アラビストOB、ベテラン商社マン、石油会社幹部らが派遣された。

それぞれの「黒子」が持ち帰った情報を「モンタージュ」して作成した新中東政策要綱をもとに、田中角栄首相は1973年11月15日ヘンリー・キッシンジャー国務長官との会談にのぞんだ（図３-２）。キッシンジャーは、日本が会談を機に、機械的な対米依存からアラブの主張を大幅に受け入れるように姿勢を変化させた経緯を回顧している[11)]。11月22日、日本政府は二階堂進官房長官談話の形で、新中東政策を表明した。すべての国の領土の保全と安全の尊重、パレスチナ人の正当な権利尊重を謳い、イスラエルに対し全占領地からの撤退を求めるとともに、「今後の情勢の推移如何によってはイスラエルに対する政策の検討をせざるを得ない」ことを宣明した（これは外交関係の断絶の可能性をも示唆するものと解された）。

これに基づいて、12月当時副総理・環境庁長官であった三木武夫は、アラブ８カ国を政府特使として歴訪した。日本は従来の中立主義・等距離外交を離れて、親アラブ路線への転回という選択によってこの危機を乗り切ろうとしたのである。

三木ミッションと日本の「友好国化」

三木は最初にアラブ首長国連邦を訪問し、続くサウディ・アラビアにて、1973年12月12日、首都リヤドの王宮でファイサル国王と会談した。日本の老練な政治家は得意の「にじり寄り」外交で、まずこのアラブ石油戦略の展開によりアジアの開発途上国はエネルギー不足に追いやられ、共産主義の影響圏内に引きずり込まれようとしていると警告した。それは反共で知られるファイサル国王の心を捉え、先方から日本は「友好国」だから「石油の全必要量を保証する」との言質をとりつけた[12)]。

次の訪問地カイロにおいて、12月18日に病身のサダート（アンワル・アッ＝サーダート）大統領を訪問した際、ファイサル国王の義弟カマール・アドハムが密使として既にカイロに到着しており、両国間には密接な了解ができていることが判明した。サダートは日本からの経済援助増額を要請する一方、石油戦略面ではサウディと軌を一にして日本を「友好国化」するとの肯定的反応を示した。その後、OAPECは12月25日の会議で日本を「友好国」として対応することを決定した。引き上げられた価格はそのまま維持されたが、２年半弱の時間をかけて、日本は「石油ショック」の危機を克服した（片倉 1986）。

アラブ石油戦略の展開を回顧して一番不可解に思われるのは、歴史的に帝国主義・植民地主義宗主国だった英仏がなぜ「友好国」として石油供給削減の対象から外され、中東地域で「手が汚れていない」日本が「非友好国」として供給カットを受けたのか、ということだ。未だにアラブ側からの明確な弁明はされていないが、筆者の見解は次のとおりだ。英仏は中東との関係で、**サイクス・ピコ協定**、**バルフォア宣言**や**サンレモ会議**などの「負の遺産」をつくってきたが、一方歴史の各段階で兵器供与・兵員訓練など軍事協力、金融・エネルギー産業などの太いパイプも築いてきた。さらに教育・文化面でも、多くの留学生を受け入れており、一旦緩急あれば入国管理を通じて、いわば「人質」を取ることもできる。西欧列強は常日頃から、中東諸国に対して手厚い「保険」をかけてきたといえよう。比べて日本は、交易一般、エネルギー分野以外はすべて「薄い」、「関係ない」関係で推移し、これでは「友好度」を計るにあたってプラス評価にはならなかったということか。欧米との違いは、この辺りから出てきたのかもしれない。

第4節　求められる「具体的貢献」

イラン・イラク戦争での日本の行動

1975年11月、仏ランブイエで第1回主要先進国首脳会議（サミット）が開催された。この時期から日本は、世界の平和と安定に対して増大する経済力に見合った貢献をすべきだとして、「タダ乗りは許されない」との国際的批判を受けるようになった。中東においても、特に湾岸エネルギー資源の恩恵を最も受けている先進工業国として、日本は何らかの「具体的貢献」を期待され始めた[13]。

1980年にイラン・イラク戦争が勃発するや、両国の国境地域で日本の三井グループが建設中だったバンダル・ホメイニ石油化学プロジェクトが被害を受けた。そこで、自国の国益だけでなく国際的期待に応えるためにも、日本は以下のとおり3つの積極的な行動に出た。

第一は、1983年、安倍晋太郎外相による交戦中のイラン・イラク訪問に始まった活発な外交努力（「創造的外交」）である。この動きは停戦実現への直接的な成果はもたらさなかったものの、超大国の陰で目立たずにいた日本外交にとっては画期的な一歩となった。

第二に、局面がタンカー戦争という最終段階（1986～88年）を迎え、欧米諸国がペルシア湾に護衛艦や掃海艇を派遣した際、日本は航行安全システムをGCC諸国に供与する方針を先方に打診した。航行安全維持に対する責任を果たすべく、他方憲法上の制約も考慮しての支援が検討・決定された。

第三に、1988年に戦争が終結し、同年8月に国連イラン・イラク軍事監視団が創設されると、日本は1000万ドルの資金供与を行うとともに2名の政務官を派遣した。

中東和平問題をめぐる日本の姿勢変化

中東和平問題をめぐる日本政府の基本的立場は、1973年の新中東政策にみられるとおり、イスラエルが第3次中東戦争（1967年）以降に支配してきた全占領地からの撤退、独立国家創設を含むパレスチナ人の民族自決権の承認、イスラエルの生存権の承認、の3点からなった。1977年2月にはパレスチナ解放機構（Palestine Liberation Organization: PLO）の東京事務所が開設され、翌年9月、日本の首相として初めて福田赳夫首相が湾岸アラブ諸国を歴訪した。サウディ・アラビア政府との共同声明の中で、イスラエルは東エルサレムを含む全占領地から撤退し、パレスチナ人の正当な権利を認めなければならないと謳った。

1980年代に入ると、日本は中東和平問題に関して、1973年の紛争当事者それぞれの姿勢の変化を反映し、第１次石油危機当時の「アラブ寄り」姿勢から、よりバランスの取れたスタンスへと政策を軌道修正していった。1981年10月日本・パレスチナ友好議員連盟の招聘でアラファート（ヤーセル・アラファート）PLO 議長が初来日し、1985年７月に安倍外相はヨルダンのアンマンで同議長と会談した。一方で、同年９月にはイスラエルから外務省賓客としてシャーミル外相が来日した。

さらに、1988年６月、竹下登内閣は外交政策「より良き世界への日本の貢献」を掲げ、三本柱の一つである「平和協力」の名の下に、宇野宗佑外相がシリア、ヨルダン、エジプト、イスラエルを歴訪した。これは日本の外相として初めて、中東和平問題を討議するために行われた関係諸国歴訪であり、初のイスラエル訪問ともなった。そして翌年10月アラファート議長が日本を公式訪問した。

日本の対イスラエル姿勢の軌道修正は、主に以下４点を勘案した結果と考えられる。

①1978年にアメリカ・エジプト・イスラエルの三者会談にてキャンプ・デービッド合意が結ばれ、1979年３月にエジプトとイスラエルの間で平和条約が締結されるなど、中東情勢全般が変化した。

②石油市場においてグラット傾向が継続したのと裏腹に、アラブ産油国の石油を武器とする交渉力が相対的に低下した。

③1980年代以降、日本とイスラエルの貿易量が飛躍的に伸長し、日本の主要企業および経団連が「アラブ・ボイコット」を事実上無視するに至った。

④日米通商摩擦の激化を背景に、従来の親アラブ政策をそのままとり続けていくことは、米国経済界に大きな影響力をもつユダヤ系ロビーへの対策上、得策ではなかった。

エネルギー面に偏重した日本・中東関係

20世紀において、中東主要産油国は総じて石油モノカルチャー経済であり、日本にとって「アラブ」=「アブラ」の関係だったといえる。エネルギー資源の乏しい日本は、経済発展、生活向上のため、石油・天然ガスなどの安定供給を求めて中東・イスラーム地域とつきあってきた。

その間、資源をめぐる独自外交の展開として、第2次世界大戦直前、サウディ・アラビアと初めて石油開発利権交渉を行った横山ミッション（1939年）、アラビア石油の山下太郎の戦略により戦後日本で初めてサウディ・クウェイトと結ばれた自主開発協定（1957～58年）、第4次中東戦争直後、日本など西側消費国に対して石油供給カットを行ったアラブ産油国との交渉に当たった三木ミッション（1973年）などの成果は、日本の資源外交の歴史において注視すべき里程標であった。

一方で、複雑な中東情勢は1990年代以降、混迷をさらに深めていくこととなり、日本の中東和平政策は試練と対応の連続となっていく。中東の日本に対する姿勢は、時に「非友好国」としての評価を下す事態にも発展し、その交易一般、エネルギー分野に偏重した両者の関係はその後の展開にも影響をおよぼしていくが、それは次章で考察することとしたい。

【注】

1）その後1985年、イラン・イラク戦争が激化しミサイル応酬など末期的症状に立ち至った際、トルコ政府が救いの手を差し伸べ、テヘラン空港に足止めされていた在留邦人はトルコ航空に乗って緊急退避することができた。2016年に公開された松竹映画『海難1890』において映像化された。

2）エジプト司法当局者の忠告などを参考に、日本は混合裁判所を結局採用せず、仏独法学の影響下に編纂された民法典を1898年に施行した（丹羽 2019）。

3）日露戦争で日本がロシアに勝利したことは、イスラーム世界の人々に強烈な印象を与え、日本を手本にしたいという考え方が様々な形で表現された。東洋のリーダーとして日本に希望を託したムスタファ・カーミルの評論『昇る太陽』、ハーフェズ・イブラヒームの『日本印象記』、日本の従軍看護婦を讃える『日本の乙女』などがその例として挙げられている（板垣 2003：221-222）。

4）1939年7月より米国は、航空機および関連部品などの対日輸出自主規制をはじめ、日中戦争、日本軍による南京爆撃を機に高級揮発油、航空機用燃料製造設備などを対象に強制的禁止措置、1941年7月、日本の在米資産凍結、8月石油の全面禁輸を実施した。

5）　商工技師の三土知芳は、アラビア語書記生中野栄二郎とともに、横山ミッションの一員としてサウディに派遣された。国王から提供された外車でジッダから片道1200㎞、聖地メッカを迂回し（イスラーム教徒以外は入られない）、山と山との狭間にあるワーディ（涸れ谷）を砂の陥没に何度にも見舞われながらリヤドに向かったという（三土 1939）。

6）　米国はイランに対し、1000万ドルを贈与する米英共同提案をもちかけたが、イラン産油購入の優先権がアングロ・イラニアンに与えられるという条項付であることが判明したため、イランはこれを拒否した。モサデク首相は、英米が「国有化を認める」という餌によって実質的に国有化を骨抜きにする意図を見抜き、1952年9月イラン国会で両国を激しく非難した。英国は激怒し、「イランの石油を購入した船に対して、英国政府はあらゆる手段を用いる」との通告を各国各紙に掲載した。英国の報復は深刻な脅威であり、現に1952年6月時点で、イラン石油を満載したイタリア船籍「ローズマリー号」がイエメンのアデンで拿捕され、積荷が差し押さえられる事態が起きていた。

7）　出光興産㈱によれば、「アバダンへ行け」という壮挙に出た動機として、次の3点が挙げられている（出光興産株式会社店主室編 1980：69-80）。

①国際環境の変化。すなわち、国際司法裁判所（International Court of Justice: ICJ）による英国の仮処分申請の却下と、米国務省がイランの石油国有化を事実上承認したこと。

②民族系石油会社として出光はメジャーとのチャネルがなく、石油輸入の確保に多大の困難があったこと。出光は、日本の石油市場を外国資本の石油会社の独占と搾取から守るという基本姿勢をもっていた。

③日本敗戦後、占領軍当局の庇護の下にメジャーの出先は日本の石油市場を独占支配しており、日本の経済官僚、民間企業の若手エリートの中で、「和製メジャー」構想が密かに進められていたこと。

8）　サウディ側の交渉相手であった大蔵省石油鉱物資源局タリキ局長は、ナセル（ガマール・アブドゥル＝ナーセル）民族主義の洗礼を受け、欧米メジャー系列の石油会社アラビアン・アメリカン・オイル・カンパニー（以下アラムコ）による独占を打破するため、自国の石油開発に新しい要素を導入する必要があると考えていたようだ（庄司 2007：38-39）。

9）　緊急対策のため小長啓一副社長はサウディに赴き、AOCの国策的使命としてはこの危機下でもカフジ基地の操業を続けるが、一旦緩急ある場合は従業員の生命安全確保のため、会社の判断で退避することについてナーゼル石油大臣の了解を取り付けた（村田 2020：308-312）。

10）　ヌアイミ氏は、以下のように述べている。

「…2000年にAOC㈱は40年続いた利権協定の期限終了を前に更新を目指し、数年に亘って交渉を続けたが、同年2月28日に利権協定は終わりを迎えた。王国北部ではリン鉱石運搬のため鉄道敷設計画があり、日本側に支援を求めていたが、合意するところとならなかった。双方にとって不幸なことに、この交渉は文化的誤解の犠牲になった。日本側は、“God willing”（インシャアッラー）と“Yes”との相違を理解できなかった（小渕恵三首相とサウディ国王とのやり取りに関連して、与謝野薫通産大臣は国王のご裁可を頂いていると言い張った）。数日経って、我々は日本側は真剣に交渉する気はないと判断した。自分は利権更新交渉の締切前日、最終提案を行ったが、日本側はまともに取り上げず、締切日を徒過し、数十億ドルの石油収入をテーブルに置き去りにしてしまった」（Al-Naimi 2016：234-235、訳は引用者による）。

11） キッシンジャーは回顧録において、以下のように記している。
「西欧諸国同様の圧迫感、それも経済の根幹を揺らがされている日本と米国間の関係は緊迫した状況であることはよくわかっていた…田中首相は、石油輸入の統計数字を駆使して、エネルギー消費の減少がいかに日本の生産と日常生活に衝撃を与えているかを説明し、さらに、『単に首を締め上げられたままで拱手傍観していることは到底許されず、アラブの大義に対する同情を示すために何らかの声明を出さざるを得ない』との見解を述べた…日本の指導者たちは、欧州諸国と同様、少しためらいながら、また矛盾する要求から妥協案を探りつつも、結局、国益を追求すれば米国の中東政策と離反する政策を選ばざるを得ないとの結論に達した」（Kissinger 1982：741-742）。

12） ファイサル国王は、敬虔なイスラーム教徒らしく、自分の生きているうちにジェルサレムの聖地で祈ることが自分の切なる願いだと、熱心に語った。三木はこの好ましいサウディ側の反応について、アラブ石油戦略は所詮、軍事大国エジプトと産油大国サウディとの連係プレーであるから、次の訪問国エジプトで裏が取れるまでは…と考え、同行記者団に明かすことは差し控えた。

13） コロンビア大学教授を務めた政治学者ズビグネフ・ブレジンスキーは、日本は圧倒的に石油依存度の高い中東地域と密接な関係にあるにもかかわらず、これまでアラブ・イスラエルいずれの側にも加担せず、また中東和平の妥協工作を積極的に支援することもなく過ごしているが、いずれ自国の出番がやってくると考えている日本の識者もいる、と記している（Brzezinski 1972：64）。

【文献案内】

①板垣雄三（2003）『イスラーム誤認─衝突から対話へ』岩波書店
②庄司太郎（2007）『アラビア太郎と日の丸原油』㈱エネルギー・フォーラム
③中嶋猪久生（2015）『石油と日本─苦難と挫折の資源外交史』新潮社

【引用・参考文献一覧】

・板垣雄三（2003）『イスラーム誤認─衝突から対話へ』岩波書店
・出光興産株式会社店主室編（1978）『ペルシャ湾上の日章丸─出光とイラン石油』出光興産
・出光興産株式会社店主室編（1980）『アバダンに行け─「出光とイラン石油」外史』出光興産
・外務省外交史料館、在日イラン・イスラーム共和国大使館（2015）「展示資料解説」『日本とペルシャ・イラン』（2015年７月22日閲覧）
・片倉邦雄（1986）「1973年のアラブ石油戦略に対する日本の対応」『日本中東学界年報』1、106-149頁

・片倉もとこ（1991）『イスラームの日常世界』岩波新書
・片倉もとこ（1995）『「移動文化」考―イスラームの世界をたずねて』日本経済新聞社
・小林元（1975）『日本と回教圏の文化交流史―明治以前における日本人の回教及び回教圏知識』中東調査会
・庄司太郎（2007）『アラビア太郎と日の丸原油』㈱エネルギー・フォーラム
・杉田英明（1995）『日本人の中東発見―逆遠近法のなかの比較文化史』東京大学出版会
・中嶋猪久生（2015）『石油と日本―苦難と挫折の資源外交史』新潮社
・丹羽健介（2019）「エジプト司法制度見聞録」『ChuoOnline』（https://yab.yomiuri.co.jp/adv/chuo/people/20191024.php）
・三沢伸生（2002）「1890年におけるオスマン朝に対する日本の義捐金募集活動：『エルトゥールル号』の義捐金と日本の社会」『東洋大学社会学部紀要』40、77-105頁
・三土知芳（1939）『「サウード、アラビア」國ニ於ケル石油「コンセッション」問題』在エジプト日本公使館
・村田博文（2020）『小長啓一の「フロンティアに挑戦」』財界研究所
・Akins, James（1973）“The Oil Crisis: This Time the Wolf Is Here,” *Foreign Affairs,* 51, pp.462-490.
・Al-Naimi, Ali（2016）*Out of the Desert: My Journey From Nomadic Bedouin to the Heart of Global Oil,* Penguin UK.
・Brzezinski, Zbigniew（1972）*The Fragile Blossom: Crisis and Change in Japan,* Harper and Row.（ブレジンスキー，ズビグネフ（1972）『ひよわな花・日本―日本大国論批判』大朏人一訳、サイマル出版会）
・Katakura, Kunio, and Katakura, Motoko（1991）*Japan and the Middle East,* The Middle East Institute of Japan.
・Kissinger, Henry（1982）*Years of Upheaval,* Weidenfeld & Nicholson.
・Mosley, Leonard（1973）*Power Play: Oil in the Middle East,* Random House.
・Public Records Office（1953, June 30）*EP1533/244, FO371/104624.*
・Twitchell, Karls（1958）*Saudi Arabia: With an Account of the Development of Its Natural Resources,* Princeton University Press.

第4章

日本の中東和平外交と多重的協力関係への試み

片倉　邦雄

【要　約】

中東地域に動乱が発生するたびに、石油依存度が極めて高い日本は国際社会から「タダ乗り」の批判にさらされた。エネルギー安全保障上の「具体的貢献」を求められ、その圧力がピークに達したのが1990年の湾岸危機であった。日本政府は憲法上の制約から「人的寄与」については慎重に対処し、ATMと揶揄されつつも相当規模の財政的寄与を行った。イラクに対する制裁措置がとられた際、多数の邦人人質抑留という未曽有の事態が発生したが、日本政府は一部独自の外交的努力を除き、国際的連帯の立場を優先した。「邦人保護」については将来の危機管理上、多大な反省点を残した。

2001年、米同時多発テロの発生によって、中東情勢は大きく変化し、日本も特別措置法を成立させ、イラクへの自衛隊派遣により「人的貢献」に踏み切る重大な転換点を迎えた。さらに2015年、日本政府は集団的自衛権行使への解釈を変更し、一連の安全保障関連法を強行採決させた。中東有事にあたり、軍事的・非軍事的関与の可能性をめぐり激しい論議を招いた。

他方、21世紀にはオイルシェール開発の技術革新（シェール革命）が起こり、中東産油国でも石油時代の終焉に備え、原子力発電、再生可能エネルギー開発を目指すようになった。近時の新型コロナウイルス拡散は、エネルギーの多角化をさらに促進すると予想される。日本は中東に対し、対話を大切にしつつ、ソフトパワーを中心に重層的協力関係を長期的に構築していくことが肝要である。

第１節　湾岸戦争で問われた日本の貢献と対応

湾岸戦争をめぐる国際関係

第３章で述べた通り、日本と**中東**の関係は、一般に「アラブといったらアブラ」といわれるほど、圧倒的に高い石油依存度が続き不安定さをはらみながらも、良好に推移していた。しかし、この地域特有の複雑な民族、宗教・宗派構成を背景に、帝国主義・植民地主義によって勝手にひかれた国境線内では一般に各国政府は治安維持・行政管理能力が低く、また賦存する**エネルギー資源**をめぐる列強間の草刈り場になってきたこと、さらにホルムズ海峡、タンカールートなどをめぐる地政学的リスクが高まるたびに、米国を筆頭に国際社会の日本に対するエネルギー「タダ乗り」論が叫ばれ、「具体的貢献」を求める国際社会の圧力が増していった。それがピークに達したのは1990年８月に勃発したイラクのクウェイト侵攻による湾岸危機および**湾岸戦争**であった。

湾岸戦争は第２次世界大戦後「現実の戦争への主体的判断を迫られる最初の経験」(栗山尚一当時外務専務次官）であり、また湾岸危機に伴う「人質体験」は中東地域で日本人および日本企業が生活し、活動する上で、「邦人の安全保護」をいかに確保していくかという深刻な問題を官財界、日本社会全体に問いかける事件だった。

湾岸危機発生と湾岸戦争の経緯

1990年８月２日、イラク軍が突如隣国クウェイトに軍事侵攻し、一日で同国全土を制圧した。その後フセイン政権は併合措置を強行し、兵力装備の増強とともに一時はサウディ・アラビアにも侵攻せんばかりの危険な様相を呈していった。

1988年イラクは丸８年続いたイランとの戦争をようやく停戦に持ち込み、欧米諸国との良好な関係の下、復興・再建に取り組む矢先だった[1]。日本もその国際協力の輪に加わっていた。1979年にイランで**イスラーム革命**が勃発、米大使館占拠、人質事件が発生し、イラクは1980年テヘランを空爆、「イラ・イラ戦争」が始まった。フセイン政権は革命の伝播を防圧してきたアラブ指導国家として、アメリカをはじめ西側諸国および穏健アラブ諸国にとっても、好意をもって接し気を許す存在であった。また、1990年８月２日クウェイト侵攻直前までサウディ・アラビア（以下、サウディ）とエジプトが仲介役となり、紛争当事国イラクとクウェイトとの話し合いがサウディのターイフで行われ、「アラブ内解決（Intra-Arab Solution）」が計られていた最中で、国境付近にイラク軍の集結は見られたものの、武力行使まで発展することはまずあるまいと考えられていた。

「湾岸危機」は翌年1月湾岸戦争に発展し、中東の政治構造を一変させる。

図4－1　邦人人質が拘束されたバグダードのマンスール・メリア・ホテル入口ですわりこみ抗議。武装兵にとりかこまれて

出所：筆者作成

この事件にあたり、イラク、クウェイトに在留していた日本進出企業、家族など420人以上が出国停止になるという前代未聞の危機的状況が発生した。特に、クウェイトからイラクのバグダードへ移動させられ、米英など西側諸国の人々とともに同国各地三十数カ所の戦略地点に分散隔離された213名は、「人質（イラク側は客人と称した）」としてイラク政府による国際社会を相手とした交渉取引の材料として利用され、日中気温40～50℃世界有数の極暑の夏、砂漠特有のアブの飛び交う、厳しい環境のもとに置かれることになった。

国連安全保障理事会（安保理）は、侵攻当日にこの事態を国際法違反と断定非難し、「平和に対する脅威、平和の破壊および侵略」と題された国連憲章第7章第39条に基づき、イラク軍の即時かつ無条件撤退を要請する決議第660号を採択した。続けて8月6日、同章第41条に基づき、対イラク経済制裁を加盟国に義務付ける第661号、9日には併合を無効とし、撤回をイラクに要求する第662号を採択した。

湾岸危機時の日本外交への試練と対応

日本は一連の国連決議を支持し、8月5日には他国に先駆けて、次を骨子とする対イラク経済制裁措置を内閣官房長官談話として発表した（有馬 2015：491）。①イラクおよびクウェイトからの石油輸入禁止、②対イラク・クウェイトへの輸出禁止、③対イラク・クウェイト資本取引の停止、④対イラク経済協力の凍結。これに前後し、イラク・クウェイトの在留邦人200人以上が、欧米人とともに「人質」としてイラク国内の戦略地点に抑留される深刻な事態が発生した（図4-1）。

1990年8月29日、海部俊樹首相は「談話」の形で、「中東における平和回復活動に係る我が国の貢献策」を発表した。多国籍軍への資金協力や、経済的困難に陥っていた中東諸国に対する経済協力などの段階的実施が盛り込まれたが、米国は期待外れだという反応を示した[2)]。日本の政府当局者は、「自動現金引き出し機（ATM）」と揶揄されながら、米国の要請に応えて小出しの財政的寄与に専念した。しかし、結果的には総額130億ドル（国民1人当たり1万円）という多額の財政的貢献を行うことになり、中東駐在米軍司令トップから手厚い讃辞を得た。

人的協力について、「**国連平和協力法**」案が国会に提出され、自衛隊の海外派遣をめぐり議論が紛糾した。しかし、海部首相は自衛隊派遣については慎重に対処し、参議院では自民党が過半数を割っていたこともあり、法案は提出から1カ月足らずで審議未了、廃案となった[3)]。

邦人人質問題の取り扱いについては、日本政府は国際連帯遵守の立場から、早期解放のため独自に「抜けがけ」工作をすることはせず（事後、仏独などは非公式工作により早期解放を実現したことが判明）、イラクに一切譲歩しない姿勢を堅持した。また政府とは別の立場で、中曽根康弘元首相一行、アントニオ猪木参議院議員、一部社会党議員などがイラクを訪問し、非公式な人質解放の働きかけも行われた。

独自外交の片鱗

湾岸危機直後の1990年8月21日および29日に、イラクのフセイン（サッダーム・フセイン）大統領に次ぐ実力者タハ・ヤシーン・ラマダーン副首相とイサーム・チャラビ石油相が、同国の真意について日本側に説明したいと呼びかけたが、外務本省は露骨な侵略の直後で、話し合いに応ずる立場にないとして黙殺した。しかしながら、筆者は駐イラク大使として、特に民間人・家族を人質に取られているという差し迫った危機に直面し、終始一貫して「対話の道は閉ざさぬ」ことを本省に提言していた。人質を取られている以上、攻めの一手だけでは邦人保護という極めて重要な使命は果たせないとの考えから出たものである。

その後、日本の首脳がイラクの指導者と平和的解決について話し合う場は、海部総理が中近東を訪問し、隣国ヨルダンの首都アンマンでイラクNo.2のラマダーン副首相と会談した同年10月4日に設けられた。この異例の機会は、たとえ意見は食い違っても日本としては話し合いのチャネルは維持すべきで、人質解放問題も含めた平和的解決について直接面と向かい、言うべきことは相手にぶつけるべしとする筆者の「意見具申」が聞き入れられたものであった。結局その場では「言いっぱなし、聞きっぱなし」で終わり、占領地からの撤退、人質解放についてイラク側から何ら具体的な言質を引き出せなかったが、対話の扉は閉ざさないという日本の自立的なスタンスを国際的にも国内的にも示すことになった（片倉 2013：331-332)。

12月6日、全人質が解放された後にも、最終的にフセイン大統領に総理親書を送りクウェイトからの撤退を促した。こうした平和的話し合いによって問題を解決しようとする国際社会の努力は結局実ることなく、翌1991年1月17日、安保理決議(憲章第7章)に基づき、米、英、仏をはじめ、エジプト、サウディ・アラビア、シリア軍などによって構成される多国籍軍による武力制裁が行使され（湾岸戦争)、クウェイトからイラク占領軍は排除された。

第2節　中東和平構築への努力と試行錯誤

同時多発テロで崩れる中東和平

湾岸危機を機に、中東の平和を乱す者は、まず第一にイラクの独裁者サッダーム・フセインとなり、1991年に米国ブッシュSr. 大統領の呼びかけで多国籍軍によるクウェイト解放作戦が行われた。この後、イラク問題が「片付いた」として、国際社会は米国主導のもと、1993年の「**パレスチナ暫定自治協定**」(オスロ合意）に基づきパレスチナ・イスラエル紛争の最終的な解決に向けて本腰を入れて調停（ロードマップ)

に乗り出した。[4)]

しかし、2001年9月11日に発生した米国本土に対する**アメリカ同時多発テロ事件**により中東地域を取り巻く情勢は一変した。2002年6月1日、9・11事件以降初めての一般教書演説で、ブッシュJr.大統領はイラク、イランならびに北朝鮮を「悪の枢軸」と名指しし、対テロ戦争では、米国本土が攻撃を受ける前に米国に攻撃を仕掛けてきかねない反米的な体制を先制攻撃によって倒すことが宣言された（ウエスト・ポイント演説）。かかる背景で、アフガン・テロ掃討作戦が展開された。さらに米国はその背後にテロを操る「悪の枢軸」、イラク・サッダーム・フセインがいるとの見解を示した。さらに大量破壊兵器を隠匿している「確たる証拠」ありとの主張を国連安保理において展開し、イラクに対する武力制裁決議を提出した。しかし、仏・ロシアなどの反対があり、結局は安保理による容認決議のないまま、2003年3月19日に米英を中心とした有志連合による一方的な武力行使が行われ、フセイン政権を転覆させた。しかしながら、米国の占領統治下、イラクにおける治安維持、民生安定の保証はなかった。次はイランが「民主化ドミノの標的」になるとの憶測も流れ、そのような動きが国際政治の最優先事項となっていった。

自衛隊のイラク派遣と賛否両論の反応

フセイン政権崩壊以降、イラクは有志連合の軍政下に置かれたが、その複雑な民族・宗教宗派構成は混乱を生み、密かに**スンナ派旧バアス党**残党との連携のうちに孵化した過激イスラーム・テロリスト（後の「**イスラーム国（ISIL）**」）が活発化した。湾岸戦争時のトラウマ[5)]を抱えた日本政府は、2003年7月26日に「イラク復興支援特別措置法（イラク特措法）」を成立させた。停戦後、南部サマーワを「非戦闘地域」と位置づけ、2003年12月から2009年2月まで自衛隊延べ1万人を派遣し、道路・学校などのインフラ整備に従事した。[6)]ただし、宿泊地周辺で不穏分子による迫撃砲発射事件が起こり、また自衛隊機によるクウェイト基地からイラクへの多国籍軍に対する人員、兵站物資の輸送協力が行われるようになり、日本国内に賛否両論の反応を引き起こした。

また自衛隊派遣をめぐり、有識者の間でも激論が交わされた。

［賛成論］　イラクを破綻国家にさせないためにその復興に協力すべきだ。自衛隊の安全確保と危険回避の条件が整備できれば、自衛隊をイラクに派遣する

のは自然なことだ（岡本行夫氏の発言（岡本・藤原 2003））。

［条件付き賛成論］　正統性の乏しい戦争を慎むように米国に友人として助言するが、日本は米国の力なしに北朝鮮のノドン・ミサイルの脅威を解決できないし、また中国の長期的挑戦に応えるためにも、米国の力を上手に活用しアジア太平洋の平和を維持することが経済通商上も極めて大事である。日本自身としては荒廃したイラクの復興再建を支援する（五百旗頭真氏の発言（五百旗頭 2003；2004））。

［反対論］　イラクの現状は「秩序の液状化」という新しい戦争状態であり、こうした新しいタイプの戦争に立ち向かうには自衛隊を派遣すればよいという単純な発想でなく、警察、消防、医療機関、非政府組織（NGO）などの力を政府が糾合し、復興を支援していく必要がある。日本政府は憲法９条を有しながら、…米国とどう距離を取るかを考えずに、ひたすら米国を支持してきた。日本には自立した外交が必要だ（寺島実郎氏の発言（山内・寺島 2003b））。武装部隊を海外に出すには、よほどの大義がなければならない（1918〜22年のシベリア出兵など）。米占領軍自体への援助になり、兵員輸送・武器弾薬の輸送は武力行使と一体ではないか（2003年、岡本行夫氏に対する後藤田正晴氏の内話（岡本 2004））。

［条件付き反対論］（統治安定の保証はない。イラクに破綻国家を作ってはならないという点では、完全に同意するも）自衛隊の派遣には賛成できない。米国のイラク占領統治下で治安を確保できなかったし、住民の信頼を得られる政府を作るには、中立性、長期性、文民中心が必要だ（藤原帰一氏の発言（岡本・藤原 2003）、山内昌之氏の発言（山内・寺島 2003a））。

安保体制への歩みと中東紛争への関与

2015年５月15日、安倍晋三内閣は「安全保障関連法案」を国会に提出した。戦後日本の対外政策上の大転換といえるこの法案が、憲法の平和主義との整合性をめぐり、アジア太平洋地域のみならず、国際社会全体、特に中東における日本の軍事的、非軍事的関与に与えると予想される影響について、国会内外で真剣に討議されたが、９月19日に参議院で強行採決された。この一連の「平和安全法制」は翌年（2016年）３月29日、施行された。

政府の主張では、世界各地で近年頻発し日本人の平和と安全を脅かしている紛争や暴力の背景には、海上での衝突や不測の事態が発生する危険性があり、日本は輸入原油の約８割、天然ガスの約３割を中東に依存していること、中東や欧州から日本近海に至る航路（シーレーン）では情勢が不安定化し、海賊、国際テロなどの問題が起きたことが挙げられる。特に具体的に注目されたのは、最重要項目である「集団的自衛権」をめぐる審議過程で、その発動の前提となる「存立危機事態」の典型例として、繰り返し「ホルムズ海峡が機雷封鎖された場合」が挙げられたことである。

これまで湾岸戦争（1991年）や**イラク戦争**（2003年）という大きな武力行使の節目においては、その都度、自衛隊の中東地域への関与の度合いが次第に上がり、法体系も「PKO 協力法」から「イラク復興支援特別措置法」へと大きく変わる契機となった。従来の自衛隊の中東派遣を支えてきた法は「特措法」であり、時限立法的な性格のものだったが、「安保法制」（2015年）は恒久法であり、11本の法律が全体として一体を成し、時には複数の法を横断する形で様々なタイプの海外派兵を可能にする装置が仕込まれていた。「安保法制」（2015年）はこうした中東での騒乱、戦争を理由として安保政策を変更する歴史的転換点であったといえよう。

「ルック・イースト」——中東の新外交

2001年の同時多発テロ事件直後、その犯人19名中15名がサウディ出身の過激イスラーム主義者であり、中東諸国政府の手に余る少数過激分子だと判明するにつれ、欧米諸国は中東産油国へ警戒感を強めていった。

反面、サウディをはじめ主要中東産油国はその眼を人口膨張、経済成長を続けるアジアの潜在的市場の将来性に向けるようになった[7]。サウディからの原油輸出の半分以上はアジア向けになり、近年、特に中国・インド向け輸出の増加が目立つ。サウディの「ルック・イースト」外交は、資源確保に走る中・印の中東産油国重視の外交と表裏一体の関係にある。

もちろん、それ以前からサウディなどは長期的視点から北東アジア諸国と合弁事業の設定、留学生派遣など互恵関係を醸成しようという動きを見せていた（アラブ首長国連邦は2020年に至り韓国企業の建設請負で GCC 諸国最初の原子力発電所を完成させた）。湾岸戦争で原油の確保に苦しんだ日本は、サウディとの間に互恵的なエネルギー安全保障体制を構築するため、戦闘終結の1990年５月、

AOCなど石油３社が共同で日本に日サ合弁の製油所を建設するプロジェクトを検討し始めた。AOCとしては、これを通じて2000年の権益延長交渉に繋げることを目論んだが、結果的には実現しなかった。

一方、サウディ・アラムコは中国や韓国などで合弁事情を立ち上げ、留学生を派遣し、言葉や文化、慣習を学ばせ、人脈を構築してきた。中東産油国側から見れば、日本が産油国に留学生を派遣する制度はあまりなく、果たしてエネルギー安全保障を真剣に考えているのだろうかと疑問に思い、不満を抱いていた形跡がある（庄司 2007：180-181；Al-Naimi 2016：178-179）。

日本は米国、中国に次ぐ石油の大消費国であるが、既に消費の伸びは止まっている。産油国側としては、消費量が増え続ける中・印の方が購入量の減少していく日本より大事な顧客とみる傾向があり、「将来の需要の保障」に関する意識を強めるにつれて、石油消費国としての日本の存在感や影響力は相対的に低下しつつあると映っていることは疑いない（脇 2008：258）。

1973年の第１次石油危機以来、日本はエネルギー政策上、「脱中東」というスローガンを一貫して掲げてきたものの、埋蔵量、地理的な位置、輸送の容易さなど、様々な観点から優位に立つ中東産油国の資源にこれからも依存せざるをえない[8]。一方で将来需要増加が確実な中国が中東からの資源調達を伸ばしていることも確かだ。日本は「脱中東」を唱え続けるよりは、究極の井戸元といえる中東産油国との協力関係の再構築、再建を進めるべきとする反省論が改めて浮上してきた。

第３節　エネルギーの架け橋の再構築

日本の中東和平構築への努力

日本は石油消費国としての存在感は相対的な低下に見舞われつつも、中東地域全体に視点を広げ、中東和平構築に向けて、独自のプロジェクトを企画実行してきた。

一つは、スエズ運河斜張橋「日本・エジプト友好橋」である（写真４－１）。エジプト・イスマイリヤ県カンタラ町にて、1995年６月から1996年10月にかけて開発調査が行われ、1997～98年に施工、2001年10月に開通した。全長９km、桁下高さ70m（ナビゲーション・クリアランスは世界最高）で、総工費約117億円の

写真４−１　日本・エジプト友好橋

出所：在エジプト日本国大使館 1998

無償援助（日本6割、エジプト4割分担ベース）で建設された。元来、カイロから陸路シナイ半島北部のガザ地区を経由してイスラエル、パレスチナ、ヨルダン、シリア、トルコなどに通ずる、ヒト、モノ、カネを交流させる大動脈として機能することが期待され、「平和架橋」と名付けられた（在エジプト日本国大使館 1998）。筆者は当時駐エジプト大使として本事業に取り組み、両国間の経済・技術協力合意に努めた。

またもう一つは、2006年に小泉純一郎総理がパレスチナを訪問した際に提唱した、ヨルダン川西岸のパレスチナ自治区における「平和と繁栄の回廊（Jericho Agro-Industrial Park: JAIP）」構想である。同地区のジェリコに農産物加工団地を造り、イスラエルとヨルダンの協力でGCC諸国などに出荷するプロジェクトを中心とし、パレスチナにおける雇用創出、民間セクターの発展から経済的・社会的自立を目指す中長期的取組みであった。

日本の狙いとしては、①和平実現を後押しし地域の安定化に貢献する、②中東和平問題を通じた日本の国際プレゼンスの向上、③独自の貢献によりアラブ諸国・イスラエル・米の信頼を獲得することなどにあったが、企業の入居促進（パレスチナ）、海外市場への物流ルートの整備など、多くの障害を取り除く必要があった[9)]。

しかし2020年1月以降、米トランプ大統領が新中東和平案を発表し、イスラエル政府によるユダヤ人入植地を含むヨルダン川西岸の主要部分を併合する動きが加速している。2019年4月に東京において安倍総理が行ったアラブ・デー記念スピーチにおいても本構想は言及され、日本政府の対中東和平政策の「目玉商品」として今日までPRされてきているが、かかる新事態が続く限り、遺憾ながらその実効性を疑問視せざるを得ない状況にある。

日本のカムバック

日本のエネルギー政策において、AOCの利権失効、カフジ撤退による最大の損失は、単なる自主開発比率の低下だけでなく、石油産業が国有化される中で特別な存在として残っていた日本のプレゼンスがなくなったこと、日本とサウディの友好の象徴が失われたことだった。しかし、その後両国企業による相互投資がなされたことで関係改善が進みつつある。

一つは、2004年、サウディの国営石油会社サウディ・アラムコが、ロイヤル・ダッチ・シェルが保有する昭和シェルの株式10%（翌年には15%）を取得したことである。

さらに、2005年8月、住友化学がサウディ・アラムコと合弁で、紅海沿岸のラービグにおける世界最大級の石油精製・石油化学統合コンプレックス事業に乗り出したことである[10)]。本計画の総投資額は一兆円以上にのぼり、サウディの日本に対するエネルギーの安定供給だけでなく、同国の産業多角化や雇用創出にも貢献するとして、高い評価を受けている。

一方、コスモ石油は、2007年9月、アラブ首長国連邦（UAE）の政府系投資機関から20%の出資を受け入れることで合意した。今後はコスモ石油がUAE国内における製油所建設に参加し、アブダビ国営石油会社と海外での油田開発を共同で行うことなども検討されるとみられている。このような動きの背景には、コスモ石油の子会社であるアブダビ石油が、1973年から生産を続けてきた同国での油田権益期限が2012年に来たことが挙げられる。AOCの権益延長が失敗に帰した苦い経験を教訓に、コスモ石油は砂漠緑化や地下ダム建設、日本語教師の派遣など、多面的協力を重ねてきた。このような双方企業による相互投資の拡大は、日本企業の油田権益の確保にも好ましい影響を与えると期待される（十市 2007：233-235）。

エネルギー多角化における日本の役割

中東において日本は常に独自の役割を模索してきたが、従来の石油の安定供給を目指す実益本位の次元から離れた動きも企図されてきた。特に2001年、同時多発テロ以前に、日本とイスラーム世界との文明協力プログラムが、人類への貢献の課題として自覚しつつ、世界に向かって発信されたことは注目すべきだろう（板垣 2003：180-181）。

2001年1月には、河野洋平外務大臣がGCC 4カ国訪問の際、石油については一切言及せず、「湾岸諸国との重層的な関係構築に向けた新構想（河野イニシアティブ）」を発表し、①イスラーム世界との文明対話の促進、②域内共通の課題である水資源の不足に注目し、水資源、生態・環境を中心とする持続可能な発展のための協力の推進、③安全保障問題を含む恒常的な政策協議、幅広い政策対話の促進を提唱した（河野 2015：161-164）。

その後、エネルギー資源の確保だけを前面に出すことは評価されない時代になったとの認識を踏まえ、2007年4～5月に安倍総理（第1次安倍内閣）は「石油を越えた重層的な協力関係の構築」を掲げ、サウディ、UAE、クウェイト、カタル、エジプトを歴訪した。実際に、日本が中東諸国から最も期待されるのが次の分野であることが明記された（十市 2007：232-234）。

①産業を多角化し雇用機会を創出するための直接投資と技術移転
②中長期的な人口の増加と産業多角化に対応するための水や電力などのインフラ再整備
③自国民を雇用可能な人材にするための教育や職業訓練

また、米およびロシアにおいて「**シェール革命**」が起き、化石燃料の資源枯渇論も今日後退しつつある。太陽の照りつける中東砂漠地帯はもともと太陽光・風力発電に向き、関連部品のコスト低下や人口急増などの環境変化が手伝って、再生エネルギーへの傾斜の「不思議」ともいえる現象が起こりつつある（岐部 2017）。既存の石油モノカルチャーから脱却し、エネルギー産業の選択肢を増やす新たな分野における日本企業の協力が注目される（石山・縄田 2013：31-35）。

中東地域の原発問題をどうみるか　中東地域一般、また一部湾岸産油国において、再生エネルギーへの傾斜とともに（岐部 2017）、エネルギー多角化の一環として原子力発電を導入しようとする動きもある[11)]。UAE、サウディ、トルコなどで日本関連企業は一時、原発プラント輸出のチャンスをうかがい、政府もこれをバックアップする気配を示していた。その中でUAEは、韓国企業との原発建設プロジェクトに合意し、2020年８月にアラブ諸国の先頭をきって、西部ブラカ原子力発電所の稼働に成功した。サウディ、エジプト、トルコなどでも、原発の建設計画が進められている。

日本としては、従来指向してきたように、人づくり、技術移転など、ソフトウェアを中心に中東地域との多元的・重層的な資源開発協力を続けてきた。この方針は2001年に打ち出された河野イニシアティブ、2007年安倍総理中東訪問政策スピーチにも踏襲されている。ただし、原発プロジェクト協力については、日本は元来、世界唯一の被爆国であるとの立場がある。また、2011年３月11日に発生した東日本大震災における福島原発災害の事後処理（瓦礫デブリ・冷却水の保管処理を含む）に苦悩している最中でもある。今後も災害コストの増大などが予想され、政情不安定な中東地域への原発輸出は、原発が攻撃やテロの標的になれば甚大な被害が出かねず、またひいては核兵器拡散のリスクを伴うとの認識のもとに慎重に取り扱うべきであろう。

新型コロナ禍と今後の日本・中東関係　2020年に入るや中国から発生拡大した新型コロナ禍は、世界規模へ一気に発展し、人類にとって大いなる「パンデミック」危機となっている。最大の石油消費国である米国が最大の感染国となり、人の移動制限で航空機、自動車の燃料需要は激減し、IEA（国際エネルギー機関）によると、世界需要の３分の１が失われたとされる（田中 2020）。

サウディとロシアの両産油国間における石油の増減産をめぐるかけ引きをはじめ、価格・シェア確保の争いによって原油安が続けば、米国のシェール企業が倒産に追い込まれるおそれがある。いまや石油は、米国・ロシア・サウディの三つ巴の地政学的商品となっている。日本としては、この新型コロナ時代に直面し、「脱石油化」を加速して、中東依存度を低下させつつ、中東・イスラーム諸国との非石油部門での協力関係を含めた重層的提携関係を構築すべき時が来ているのではないだろうか（田中 2020）。

幸いにも、日本は1973年のアラブ石油戦略の際に味わった苦い経験にもかかわらず、基本的には欧米と異なり、中東における「負の遺産」はなく、「手がきれい」とみられてきた。日本の近代化や戦後復興の努力、礼儀正しさ、清潔さ、社会秩序などは中東では模範とされ、日本ブランド、技術、製品への信頼度も高い。米国のように武器取引のハードパワーで影響力を行使するのでなく、また中国のように国際紛争の間隙を縫って武器や援助をばらまくのでもない。日本は政治的野心がなく、教育・人づくりなどソフトパワー活用を主体としてきたことは、中東の人々の心に訴えるところが大きい。

そして、**イスラーム原理主義**の広がりや過激テロの台頭を招いている背景には、若年人口の増加・失業率の高さなどに起因する社会経済上の構造的矛盾やきしみが存在している。新型コロナ禍が新たな矛盾を生むことも予測される今こそ、中東から求められている多重的な協力について真剣に留意しなければならない。

【注】

1）1983年の安倍晋太郎外務大臣の「創造的外交」から時代が下り、2019年、イラン・イスラーム革命30周年を迎えた際、息子の安倍晋三首相が同盟国の米国と敵対するイランを訪問し、何らかの独自色を打ち出さんと腐心することとなった。

2）日本政府が最初に提示した資金額10億ドルに対し、ブッシュSr. 大統領は「タッタ、これだけか」と失望した…と官房副長官（当時）石原信雄は後に記している。最終的に財政的寄与は130億ドルにのぼった。また米国防省幹部は、1990年８月中旬、ワシントンに出張した日本外務省幹部（北米局の丹波審議官）に対し、衛星写真を見せ、ここに豆粒のごとく散らばっている船舶はみんな日本のタンカーなんだぞと言って、日本からの協力の欠如を難詰したというエピソードも記録されている（有馬 2015：498）。

3）当時自民党の小沢一郎幹事長や橋本龍太郎大蔵大臣らは、国連の武力行使への参加は憲法解釈の変更で対応できると主張し、自衛隊の海外派遣を実現すべく「国連平和協力法」案が国会に提出された（河野 2015：79-81）。

4）後にブッシュJr. 大統領は当時を回顧し、「湾岸戦争の際、我々はイラクが既にイランや自国民に対して使用した化学兵器のみならず、さらに核および生物兵器をも獲得しようとしているとの確たる証拠を握っていた」（National Security Council 2002）と記している。

5）1990年の湾岸危機において、憲法上の制約から人的貢献はできず、財政的援助にとどまった。加えて、クウェイトの解放後、国民１人当たり１万円の多額の財政的寄与を行ったにもかかわらず、同国政府の感謝広告が発表された際、そこに日本の名前が掲げられなかったことも日本官民に多大な失望を与えた。

6）2003年12月９日、小泉内閣は特措法に基づいて、自衛隊を派遣する基本計画を決定した。人道復興支援活動として、陸自隊員600人以内、イラク南東部で医療、給水、学校などの公共施設の復旧・整備活動の実施、空自はC130輸送機など８機以内でクウェイトを拠点にイラク国内に人道復興関連物資を輸送する、派遣期間は2003年12月15日～2004年12月14日の範囲内…などとなっていた。

7）　象徴的だったのは、サウディのアブドゥッラー国王が2006年１月、初めての公式訪問先にまず中国とインド、続いてマレーシアとパキスタンを選んだことだった。長年の戦略的な同盟関係にあった米国でなく、伝統的絆のある欧州諸国でもなかった。2007年および2008年には、UAE の副大統領兼首相であったムハンマド・ドバイ首長が中国を訪問した。

8）　日本の2010年時点の原油中東依存度は約86％（ホルムズ海峡依存度約85％）、LNG 中東依存度は約23％（ホルムズ海峡依存度約20％）であった（財務省 2010）。

9）　脇（2008）においても、構想は「中東での日本独自のイニシアティブ」として取り上げられている。さらに、成瀬猛（国際協力機構 JICA 元パレスチナ事務所長）は、2001～2003年の実地体験に基づいて、「平和と繁栄の回廊」を発想するに至る過程を詳細に記している（成瀬 2019）。

10）　サウディ・アラビア石油大臣であったヌアイミは、日本側に対する手厳しい指摘をしているが（第３章87頁及び94頁注10参照）、一方で日本とのエネルギー協力再構築の動きを取り上げて評価している（ペトロ・ラービグ石油化学コンプレックス成立、沖縄の戦略原油備蓄施設設置など）。さらに、2011年東日本大震災に際して、日本人は不屈不撓の精神と勇気を示したと讃え、サウディ・アラビアは2000万ドル相当の液化天然ガスの緊急援助を行ったことを付け加えている（Al-Naimi 2016: 236）。

11）　イスラエルの原発および核兵器開発の動きは、つとに推察されてきたが、トルコも核開発への道を急いでいる。イランもこの分野では湾岸アラブ産油国に先行しており、IAEA の査察可否をめぐって近時極めて深刻な国際問題となっている。

【文献案内】

①石山俊・縄田浩志（2013）『ポスト石油時代の人づくり・モノづくり』昭和堂
②十市勉（2007）『21世紀のエネルギー地政学』産経新聞出版
③脇祐三（2008）『中東激変』日本経済新聞出版社

【引用・参考文献一覧】

・有馬龍夫（2015）『対欧米外交の追憶 下巻 1962-1997』藤原書店
・五百旗頭真（2003）「インタビューに答えて」『朝日新聞』2003年１月16日
・五百旗頭真（2004）「日本の対応は正しかったのか」『天城会議報告書』17-21頁
・石山俊・縄田浩志（2013）『ポスト石油時代の人づくり・モノづくり』昭和堂
・板垣雄三（2003）『イスラーム誤認―衝突から対話へ』岩波書店
・岡本行夫（2004）『砂漠の戦争―イラクを駆け抜けた友、奥克彦へ』文藝春秋
・岡本行夫・藤原帰一（2003）「イラク復興と日本の役割―座談会　自衛隊イラク派遣問題」『毎日新聞』2003年11月21日、10頁
・片倉邦雄（2013）「『友好の貯金』を胸に」酒井啓子・吉岡明子・山尾大編『現代イラクを知るための60章』明石書店、329-334頁
・岐部秀光（2017）「中東産油国、再生エネルギー傾斜の不思議」『日経新聞』2017年８月10日

・河野洋平（2015）『日本外交への直言―回想と提言』岩波書店
・在エジプト日本国大使館（1998）『日本・エジプト友好橋―アジアとアフリカを結ぶ平和の架け橋』
・財務省（2010）『貿易統計』
・庄司太郎（2007）『アラビア太郎と日の丸原油』㈱エネルギー・フォーラム
・田中伸男（2020）「新型コロナ―石油時代は終わるのか」『毎日新聞』2020年6月12日
・十市勉（2007）『21世紀のエネルギー地政学』産経新聞出版
・成瀬猛（2019）「日本の中東政策と日本型国際協力の可能性―パレスチナ支援の経験を踏まえて」『世界平和研究』220、49-56頁
・山内昌之・寺島実郎（2003a）「対談　イラク特措法と自衛隊派遣」『毎日新聞』2003年7月5日、8頁
・山内昌之・寺島実郎（2003b）「平和立国の試練―識者の主張　第一部　イラクと自衛隊」『毎日新聞』2003年12月20日、13頁
・脇祐三（2008）『中東激変』日本経済新聞出版社
・Al-Naimi, Ali（2016）*Out of the Desert: My Journey From Nomadic Bedouin to the Heart of Global Oil,* Penguin UK.
・National Security Council（2002 September）*The National Security Strategy of the United States of America.*

第 5 章

アラブ首長国連邦における石油地質と地球温暖化ガス削減研究

千代延　俊

【要　約】

アラブ首長国連邦（UAE）のアブダビ（アブー・ザビー）は、日本の石油開発企業が長年にわたり油田を開発してきた地域である。アブダビは、中東諸国の中でも油ガス田開発が古くからなされており、中東地域から本邦への石油輸入量の約２割を占める重要な国となっている。アブダビでの石油権益獲得は各国間で熾烈な競争であり、日本は石油開発だけでなく産学官を挙げた交流の重要性が指摘されてきた。

秋田大学では、以前より教育・研修活動の一環として現地学生や企業社員の受け入れを行ってきた。その関係に基づいて、現地で操業している石油開発企業と共同で、アブダビにおける油ガス田開発に関する研究を実施している。

一方で、石油・天然ガスの開発・利用は地球温暖化ガスの増加に直結している。パリ協定にて全地球規模で地球温暖化ガスの削減目標が示され、アブダビも温暖化ガス削減へ向けた研究開発を推進する必要が生じている。本章では、これらアブダビの石油開発と地球温暖化ガス削減技術に関して紹介する。

第１節　日本の原油輸入とアラブ首長国連邦の関係

日本は、2019年において**エネルギー自給率**が11％と資源エネルギー小国であり、**再生可能エネルギー**や原子力も含めたエネルギー資源の約９割を輸入に依存している。原油輸入比率は1950年代には80～90％であったが、1970年代に輸入原油量の増加、すなわち国内における石油使用量の増加に伴ってその輸入比率も増加し、2011年度において**原油**の99.6％を海外からの輸入に依存している（図5-1）。特に原油の輸入は、約9割を中東に依存しているが、中でもアラブ首長国連邦（UAE）は、**石油**の総輸入量の25％程度、**天然ガス**の総輸入量の6％を担っており、日本にとって極めて重要な資源輸入国の一つとなっている（資源エネルギー庁 2020）。

UAEは、サウディ・アラビアとともに第2次世界大戦後に大規模な石油開発がなされた国であり、我が国の資源および外交戦略とも相まって古くから関係性が強い国の一つである。1970年代に日本の石油開発会社によるUAE油田権益への資本参加が始まり、2020年現在は国際石油開発帝石株式会社（INPEX）の子会社であるジャパン石油開発株式会社を筆頭にして、数社の日本企業が**探鉱開発**および生産操業が精力的になされている。筆者の所属する秋田大学も80年代より現地学生を研修生として招き、東北地方に分布する油田群の地質学的特徴や生産設備に関して教育・研修として交流するとともに、アブダビに分布する油出群に関する共同研究を推進してきた。これらの成果は長年にわたるUAEに対する支援や協力として評価され、同国での我が国の存在感の向上に

図5-1　国産原油供給量の推移

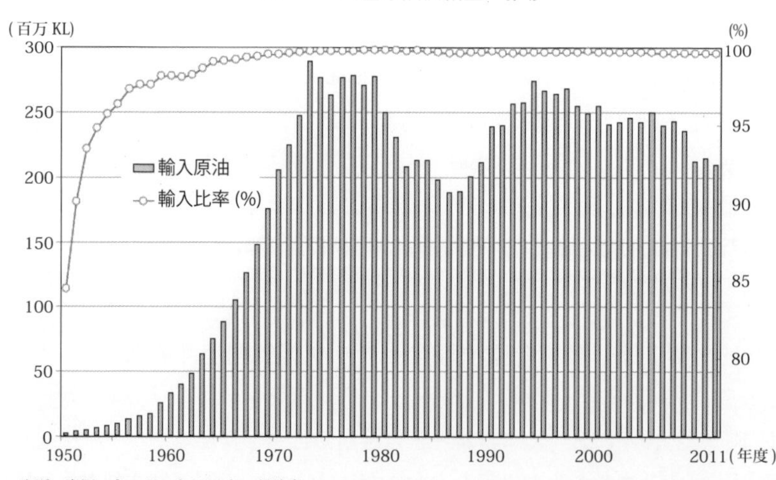

出所：資源エネルギー庁 2012を一部改変

対する貢献となってきた。

第２節　中東の石油と地理

UAE は最新の BP 統計によると、2019年末の原油埋蔵量は978億バレル、天然ガスは209兆 cf であり世界８位にある有数の産油ガス国である（BP p.l.c. 2019）。UAE の７首長国中で原油・天然ガスを産出しているのはアブダビを中心とした４首長国であるが、原油・天然ガスの埋蔵量および生産量ともに９割以上がアブダビに集中している（猪原 2013）。このアブダビを含む中東地域は、地質学的にアラビアプレートと呼ばれる地球表面を覆うプレートの上に位置し

図５－２　アラビアプレートと中東の油・ガス田分布

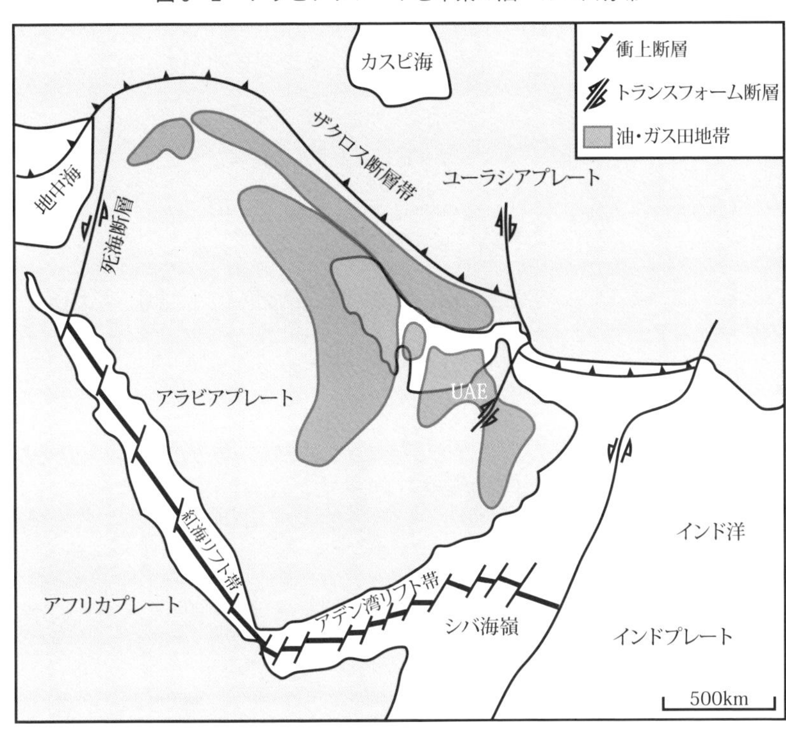

出所：Konert *et al.* 2001および Perotti *et al.* 2011を一部改変

ており、北東側はイランのザクロス衝上断層帯に境されてユーラシアプレートと接し、西側および南側は死海トランスフォーム断層および紅海リフト帯、アデン湾リフト帯、シバ海嶺によりアフリカプレートと、東はオーエントランスフォーム断層によってオーストラリアプレートと接している（図5-2）。このアラビアプレート上にはサウディ・アラビア、カタル、オマーンといったアラビア半島の全油田地域のほか、ペルシア湾を挟んだ対岸のイラン、イラク、クウェイトの油田地域が存在し世界最大の産油地帯を形成している。[1)]

第3節　アブダビの石油と地質

石油・天然ガスの含まれている地層　アブダビで掘削された坑井（こうせい）で確認されている最も下位の地層は、石炭紀後期からペルム紀にかけての石英質砂岩、シルト岩、泥岩などの河川または河口・海浜の堆積物からなる。それ以降の堆積物は、1万5千ftを超す地層が累重するが、そのほとんどは石

図5-3　アブダビに分布する油田群

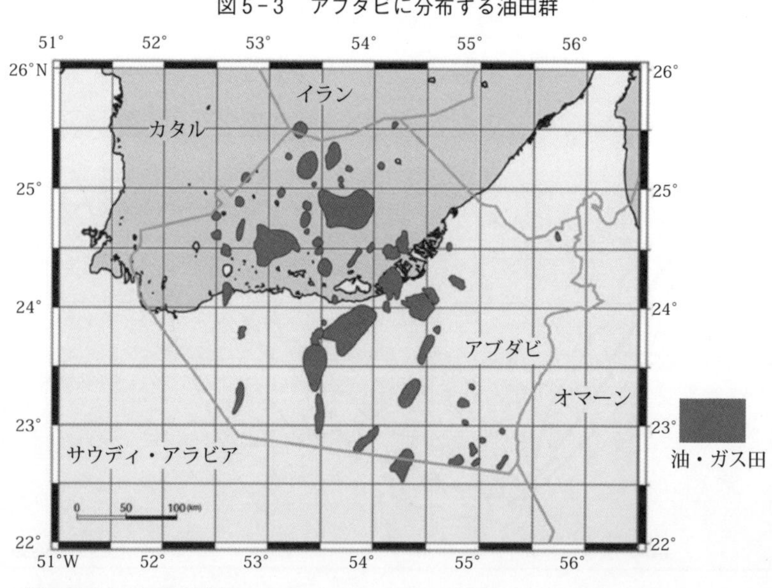

出所：Morad *et al.* 2010を改変

灰岩やドロマイトからなる炭酸塩岩からなり、これに蒸発岩（岩塩や硬石膏）とわずかな頁岩を挟在しているのみである。これは、中生代から新生代という長期間の地質時代を通じて、アブダビ地域が比較的浅い温暖な海域で地層が堆積したことを示している（岩佐 1995）。

アブダビの主要な油田はアブダビ中央部の陸上から海上にかけて広く分布しており、**石油貯留岩**、根源岩層準はジュラ紀―白亜紀に堆積した炭酸塩岩に認められている（図5-3：図中の濃い箇所）。特に日本の石油開発会社が開発に直接携わっている自主開発油田の多くは海上油田で認められた白亜紀の地層を開発しており、これらの油田群を形成している白亜紀の時代の地層の形成過程を理解することは、石油の増産や新規油田発見に向けて極めて重要である。

アラビア半島の成り立ち

アラビア半島の成り立ちを知るには地球の成り立ちを知る必要があるが、本稿では特に石油が発見されている石炭紀からペルム紀にかけての地質時代から遡ってみたい。古生代末の石炭紀からペルム紀にかけての地球は、超大陸と呼ばれる「パンゲア」が存在し、パンゲアの北部がローラシア大陸、南部がゴンドワナ大陸と呼ばれている。海洋はパンゲアに取り囲まれるように存在するテチス海（パレオテチス海）とそれ以外の広大な海域をもつパンサラッサ海に区分された（図5-4：a）。中生代のジュラ紀から白亜紀になるとパンゲアは各大陸へ分裂し、中央海嶺の活動とともに南アメリカとアフリカ大陸が移動して大西洋が形成され始め、南北アメリカ大陸も分断された。それとともにテチス海域では、インド亜大陸が南極およびオーストラリア、アフリカ大陸から分裂して北上を開始する。（図5-4：b）。この時期のテチス海をパンゲア大陸があった時代と区別してネオテチス海と呼んでいる。当時の中東地域はネオテチス海の赤道域～低緯度に位置し、アジア―ヨーロッパ大陸とアフリカ大陸の縁辺部およびそれら大陸に挟まれた浅い海域であったとされる。その浅い海域に海が流れ込み（海進）、それに伴って温暖な浅い海域に発達する炭酸塩岩が厚く堆積して、現在の巨大油田群を形成する石油根源岩や貯留岩の基礎を形成した。

アブダビの石油貯留層と根源岩

アブダビの巨大油田群が存在するジュラ紀後期から白亜紀にかけての地層名と、石油貯留層および根源岩がどの地層に存在しているかを総合柱状図に示す（図5-5）。ジュラ紀後期

図5-4　石炭紀―ペルム紀（a）およびジュラ紀―白亜紀（b）の大陸配置

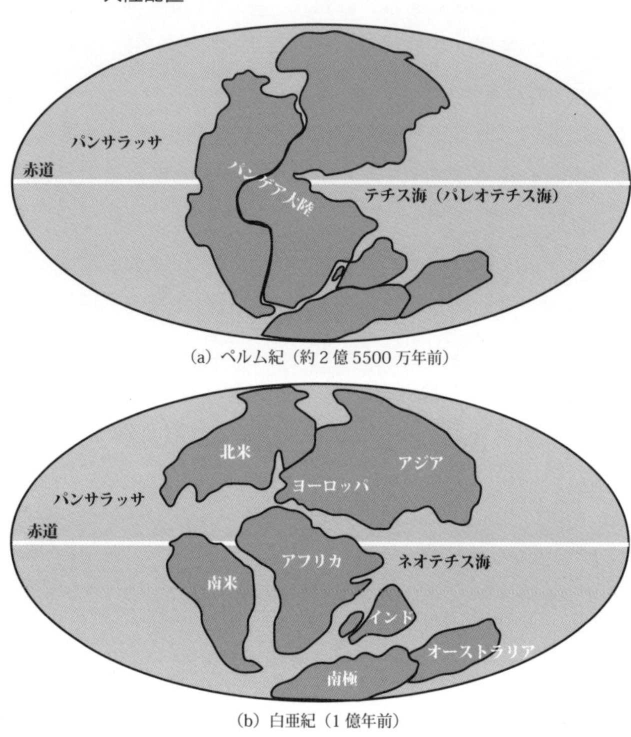

（a）ペルム紀（約2億5500万年前）

（b）白亜紀（1億年前）

出所：筆者作成

の地層はDiyab層、Arab層およびHith層が累重し、中でもArab層はジュラ紀の主となる石油貯留層であり、Diyab層はアブダビ地域で発見されている中でも最大の石油根源岩とされている（鈴木・大沢 1987）。これらジュラ紀の地層は、石灰質な泥岩や石灰岩を主体としている。その後の、白亜紀の時代になると、地層は下位よりThamama層群、Wasia層群、Aruma層群が堆積し、Thamama層群はアブダビの石油埋蔵量の80％を占め巨大油田群の主要な産油層である。Thamama層群の最上部に位置するShu'aiba層にも重要な石油根源岩の地層が見つかっている。このShu'aiba層は、浅い平坦な陸棚と呼ばれる海の地形の中に、一部深くなる堆積盆地が存在していることが明らかとなっており、そこに塩分濃度差からできる密度成層により高塩分かつ酸素濃度の低い堆積物（石油のもとになる有機物の量が極めて高い岩石）が埋積したことが明らかとされた。この堆積物は、掘削により極めて優秀な石油根源岩として、岩石から油析出していることを秋田大学を含む研究チームが明らかにした（Yamamoto *et al.*

2013；山本ほか 2014)。Wasia 層群はNahr Umr層、Shilaif層、Mishrif層からなり、有機物に富む石灰質泥岩からなるShilaif層は、日本企業が権益をもつUmm Al Dhalkh油田などの根源岩であることが明らかとされている（岩佐 1995)。筆者を含む秋田大学や石油天然ガス・金属鉱物資源機構（JOGMEC)、INPEXによる共同研究チームは、これらのWasia層群の**石油根源岩**を起源とする原油と堆積物の分析を実施し、アブダビ沖油田の石油移動集積機構を明らかにした（Kojima *et al.* 2017)。Aruma層群の最下部Laffan層は頁岩を主とし、下位のMishrif層のシール層をなす。これらの根源岩・貯留岩からなる油田群は、ほぼ南北または北東－南西方向の**背斜構造**に支配され、「アラビアントレンド」と呼ばれるアラビア半島の主たる構造方向である。また、背斜構造と深く関係している岩塩の貫入による油田群も存在しており、岩塩の動きと油田の形成が密接に関係していることも示唆されている。

図5－5　アブダビ地域油田群の総合柱状図

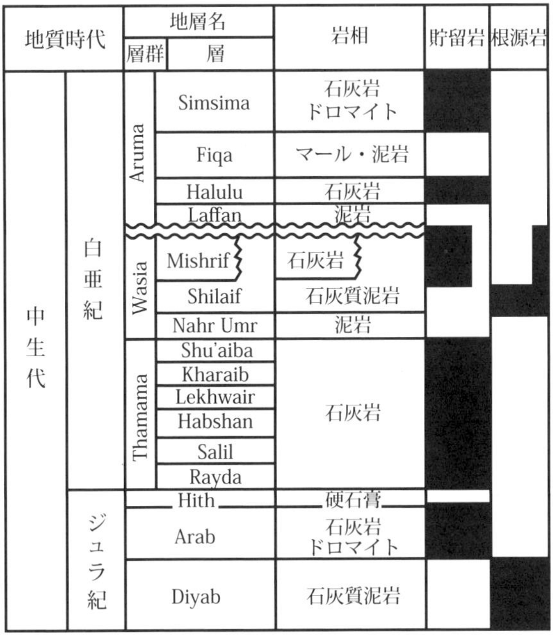

地質時代		地層名：層群	地層名：層	岩相	貯留岩	根源岩
中生代	白亜紀	Aruma	Simsima	石灰岩 ドロマイト		
			Fiqa	マール・泥岩		
			Halulu	石灰岩		
			Laffan	泥岩		
		Wasia	Mishrif	石灰岩		
			Shilaif	石灰質泥岩		
			Nahr Umr	泥岩		
		Thamama	Shu'aiba	石灰岩		
			Kharaib			
			Lekhwair			
			Habshan			
			Salil			
			Rayda			
	ジュラ紀		Hith	硬石膏		
			Arab	石灰岩 ドロマイト		
			Diyab	石灰質泥岩		

出所：岩佐 1995；van Buchem *et al.* 2002を改変

先にも述べたが、Kojima *et al.*（2017）は、筆者を含む秋田大、JOGMEC、INPEXの共同研究で、アブダビ市街地沖合に位置する油田で現在取れている石油の地下での移動経路（どこから来たのか）を明らかにした。その中で、アブダビ沖にある油田群の一部の石油は、アブダビの陸上地域の地下に存在する石油根源岩を由来として、様々な移動経路をパスして現在の石油貯留岩に貯まり、現在もその供給が続いている可能性を指摘した。このことは、これまで権益を確保していなかったアブダビの陸上地域においても、有望な油田の存在を示唆しており、今後の探鉱開発や生産へ向けて重要な指標を示した。このような技術開発および研究協力は、アブダビにおける油田利権の更新や新規獲得へ繋がるとともに、現地研究機関との協業を通じてUAE国民の教育や人材育成へ向けた交流となっている。資源外交の一部を担っているといえば大袈裟であるが、日本国内の大学でも留学生や短期滞在研究員を受け入れて、環太平洋地域の地質や燃料資源・金属資源に関する教育・研究を共同で実施している。その留学生は卒業後に現地操業会社など就職して将来の資源国の産業を背負う立場になり、日本と資源国との関係の発展に貢献している。

第４節　石油・天然ガスへの依存と地球温暖化問題

気候変動に関する政府間パネル（IPCC）が発行した第４次評価報告書によって、温室効果ガス（二酸化炭素：CO_2やメタンガス：CH_4）の増加に起因する地球の平均気温の上昇は人為的なものである可能性が高いことが指摘された（IPCC 2007）。そのため、1997年の**京都議定書**を端緒に、2016年に気候変動に関する国際的枠組みとして**パリ協定**が採択され、**気候変動枠組条約**に加盟する国家間で**地球温暖化ガス削減目標**の策定が進められることとなった。しかしながら、米国エネルギー省エネルギー情報局（U.S. Energy Information Administration: EIA）がまとめた2019年時点での2050年までの世界のエネルギー使用量予測では、将来的には使用総量が世界全体で増加し、再生可能エネルギーの使用が急速に増加すると仮定してもエネルギー源としての化石燃料も絶対的には使用量が増加するとされた（図５-６：左）。一方での全体に占める再生可能エネルギーのシェアが増加することで相対的には石油・天然ガス・石炭といった化石燃料のシェアは減少する（図５-６：右）。

化石燃料の使用量増加の事実として、再生可能エネルギーの使用が増加し始めた2011年の世界のエネルギー起源のCO_2排出量は、2010年よりも3.2％増加して312億ｔであった。１年間で＋3.2％の傾向で大気中のCO_2が増加し続けると、2050年には世界の平均気温が2013年よりも最大で約５℃上昇することが

図5－6　2019年時点での2050年までのエネルギー使用量（左）とエネルギー源割合（右）の予測

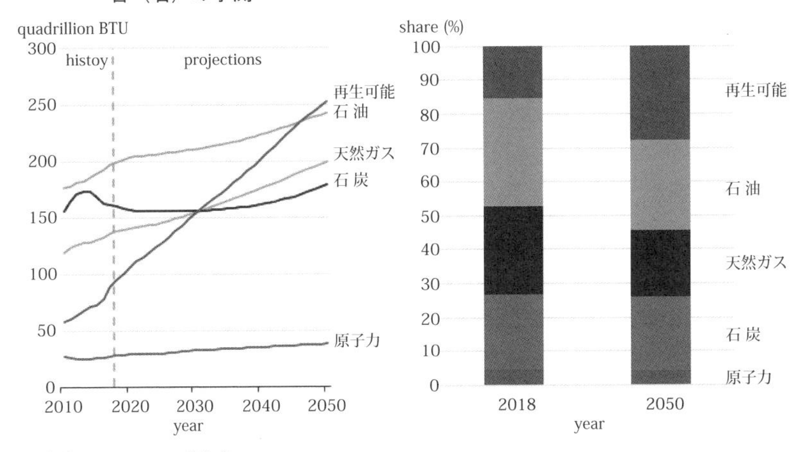

出所：U.S. EIA 2019を改変

予測されている（IEA 2013）。平均気温の上昇は、**海水準**の上昇を引き起こすだけでなく、極端な気候イベントや降雨パターンの変化を招き、食糧問題や降雨災害などの観点から人類活動に対して大きな影響を与える。これを受けて、「持続可能な開発目標（SDGs）」の採択により、石油開発業界においても気候変動へ配慮した事業が重要性を増している。また、汎世界規模での温室効果ガス削減を目標として、太陽光・風力などの再生可能エネルギーの利用促進が強力に推進されている。一方で、世界的な電力エネルギーの安定供給や再生可能エネルギー設備の製造・輸送における温暖化ガスの排出増加などを複合的に検討すると、エネルギー資源・化学製品原料としての化石燃料の利用継続は依然として必要不可欠である。

第5節　石油開発と温暖化ガス削減対策

深刻度を増す地球温暖化に対して、欧州では**炭素税**の導入に舵を切り、発電所や製油所といったCO_2の大規模排出源での対応が重要度を増している。そこで、注目されてきた技術が化石燃料の利用により発生するCO_2を分離、回収し地下に長期貯蔵する技術（二酸化炭素回収地下貯留技術、Carbon dioxide

Capture and Storage: CCS）である。CCS は排出源から分離された CO_2 を地下深部帯水層や既に枯渇した油ガス田に圧入し長期間貯蔵する技術である（図 5-7）。

この技術の利用により2050年における平均気温の上昇を 2℃に留めることが可能と試算されている（IEA 2013）。CCS は、CO_2 を貯蔵する地層の探査や圧入する坑井の掘削技術などに石油開発技術を応用できることから、温暖化ガス削減へ向けて緊急避難的かつ現実的で即効性が高いと見られている（千代延 2011）。また、CCS に関する研究はノルウェー、オーストラリア、北アフリカ、カナダなどで大規模な実証試験が行われ、ノルウェーのスレイプナーガス田では商業規模での CCS が実施されている（NPD 2012）。北米大陸の石油開発においては、1970年代から超臨界状態の CO_2 を地下に圧入して石油を増産する技術（Enhanced Oil Recovery: EOR）が確立している。超臨界状態の CO_2 は粘度が低く油との親和性が高いという性質を利用した「CO_2 攻法」と呼ばれている。この方法は、粘度の高い石油成分が残留している貯留層に対して CO_2 を圧入することにより、CO_2 混じりの原油を回収する方法である。北米の特に

図 5-7　二酸化炭素回収地下貯留技術（CCS）モデル

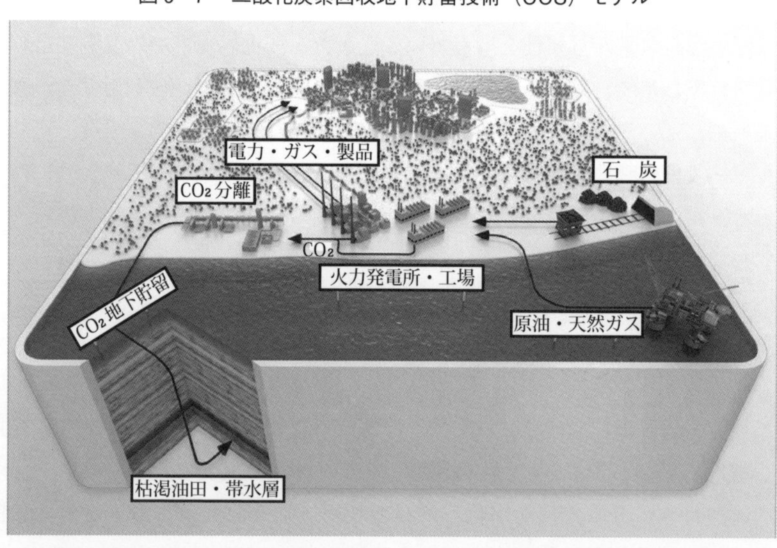

出所：Norwegian petroleum 2020を一部改変

テキサス州やオクラホマ州、コロラド州などではCO_2を主成分とする天然ガスが石油とともに産出することから、販売の際に分離して廃棄する必要のあるCO_2を再び地下に戻して再利用してきた。これらの州では30年以上の操業により石油を増産しており、超臨界状態でCO_2を地下に圧入する技術が完成段階に達していると言える。このようなCO_2-EOR技術を用いた地球温暖化対策をCarbon dioxide Capture Use and Storage（CCUS）と呼び、原油生産能力の増強と環境対策が成立しうる技術として検討が進められている。

第6節　アブダビとCCS（CCUS）

石油に依存した国家運営からの脱却を進めているUAEのアブダビでは、マスダールシティーを中心とした**ゼロエミッション**の推進を背景とした環境対策の一環として商業規模のCCSおよびCCUSを推進している。日本でもJOGMECが長年にわたりアブダビ国営石油（ADNOC）とCO_2-EORの海上油田への適用を共同で研究し、良好な結果を得ることに成功している（猪原2013）。この結果はアブダビの原油生産能力の増強、環境対策（回収したCO_2の有効利用）、天然ガスの効率的な国内利用（油田随伴ガスの地下圧入の中止）という一石二鳥の効果があるとされているが、海上油田という特殊なロケーションのため圧入CO_2の確保や輸送が課題とされた。しかしながら、これのような炭酸塩岩でのCO_2-EOR技術の確立は、最先端技術としてアブダビでの日本の存在感の確立に役立っている。

一方で、アブダビにも製鉄所や火力発電所は存在しており、そこから排出されるCO_2を用いたCCUSプロジェクトがADNOCを中心として世界各国が参加して商業規模の試験が実施されている。アブダビの陸上にある製鉄所で排出されるCO_2をアブダビ各地の油田にパイプラインで供給して利用する。つまり、先に述べた海上油田や陸上油田へ製鉄所などから排出されるCO_2を供給してEORに活用する計画である。当面は、製鉄所のある近傍の油田へCO_2を圧入し、原油および天然ガスの増産に寄与する計画であり、今後のプロジェクトの成果が期待される。

第７節　秋田大学国際資源学部とアブダビの共同研究

筆者が属する秋田大学国際資源学部の石油地質学研究室では、アブダビを中心とした中東地域の地下の地層や石油根源岩などについて、現地で操業している石油開発会社やJOGMECと共同で研究している。これらの結果は、日本の石油企業が現地での存在感を示す機会となり、新規鉱区の権利獲得などへの貢献が期待される。また、持続可能な中東地域の石油開発へ向けて、地球温暖化ガス削減研究に従事し、特にCCSに関する共同研究では、CO_2を圧入した際の挙動解析などの研究を実施し、UAEのみならず地球規模での温暖化対策へ貢献している。

【注】

１）一般的には、天然に産出する原油も、ガソリンや灯油などの石油製品も含めて石油であるが、油田から汲み上げられたものを原油（crude oil, petroleum)、この原油を精製（petroleum refining）して製品化したものが石油製品（petroleum products）である。石油製品には、燃料油（ガソリン、ジェット燃料、灯油、軽油、重油）のほか、液化石油ガス（LPG)、潤滑油などがある。また、石油は炭素と水素からなる炭化水素類の総称で、常温常圧状態で液体（一部固体）のものを油（オイル)、常温常圧で気体のものを天然ガスと呼ぶ。

【文献案内】

①平朝彦（2001）『地質学〈１〉地球のダイナミクス』岩波書店
②氏家良博（1994）『石油地質学概論』東海大学出版会
③地球環境産業技術研究機構（2018）『CCS技術の新展開』シーエムシー出版

【引用・参考文献一覧】

・猪原渉（2013）「アブダビの石油天然ガス開発をめぐる現況」『石油・天然ガスレビュー』47、55-68頁
・岩佐三郎（1995）「アブダビの石油史」『石油の開発と備蓄』28、45-70頁
・資源エネルギー庁（2012）『平成23年度エネルギーに関する年次報告』１-260頁
・資源エネルギー庁（2020）『令和元年度エネルギーに関する年次報告』１-366頁
・鈴木正義・大沢正博（1987）「アブダビ海域におけるArab層の堆積相について」『石油技術協会誌』52、124-133頁
・千代延俊（2011）「地質モデリング技術」茅陽一編『CCS技術の新展開』シーエムシー出

版、136-142頁

・山本和幸・石橋正敏・高柳栄子・井龍康文（2014）「アラビア湾南岸におけるアプチアン階炭酸塩プラットフォームの発達とその石油地質学的意義」『地質学雑誌』120、Ⅰ－Ⅱ頁

・BP p.l.c.（2019）*bp Statistical Review of World Energy 2020,* BP.

・IEA（International Energy Agency）（2013）*Technology roadmap: Carbon Capture and Storage 2013 edition,* OECD/IEA.

・IPCC（Intergovernmental Panel on Climate Change）（2007）*Fourth Assessment Report of the IPCC,* Working Goup III, IPCC, Cambridge University Press.

・Kojima, K., Yamanaka, M., Taniwaki, T., Amo, M., and Chiyonobu, S.（2017）"Evaluation of Late Cretaceous Cenomanian Petroleum System in Offshore Abu Dhabi with Geochemical Analysis," *Abu Dhabi International Petroleum Exhibition & Conference, 13–16 November, Abu Dhabi, UAE,* SPE-188389-MS.

・Konert, G., Afifi, A.M., Al-Hajri, S.A., de Groot, K., Al Naim, A.A., and Droste, H.J.（2001）"Paleozoic stratigraphy and hydrocarbon habitat of the Arabian Plate," in Downey, M.W., Threet, J.C., and Morgan, W.A., eds., *Petroleum provinces of the twenty-first century: AAPG Memoir 74,* pp. 483–515.

・Morad, S., Al-Asam, I.S., Sirat, M., and Satter, M.M.（2010）"Vein calcite in cretaceous carbonate reservoirs of Abu Dhabi: Record of origin of fluids and diagenetic conditions," *Journal of Geochemical Exploration,* 106, pp. 156–170.

・Norwegian petroleum（2020）"Carbon Capture and Storage," *Norwegian Ministry of Petroleum and Energy.*（http://www.norskpetroleum.no.）

・NPD（Norwegian Petroleum Directorate）（2012）*CO_2 Storage Atlas: Norwegian North Sea,* NPD.

・Perotti, C.R., Carruba, S., Rinaldi, M., Bertozzi, G., Feltre, L., and Rahimi, M.（2011）"The Qatar-South Fars Arch Development（Arabian Platform, Persian Gulf): Insights form Seismic Interpretation and Analogue Modelling." *in* Schattener, Uri, ed., *New Frontiers in Tectonic Research – At the Midst of Plate Convergence,* InTech, pp. 325–352.

・U.S. Energy Information Administration（EIA）（2019）*International Energy Outlook* 2019 *with projections to 2050,* U.S. Department of Energy.（https://www.eia.gov/ieo.）

・van Buchem, F.S.P., Pittet, B., Hillgärtner, H., Grotsch, J., Al Mansouri, A.I., Billing, I.M., Droste, H.J., Oterdoom, W.H., and van Steenwinkel, M.（2002）"High-resolution sequence stratigraphic architecture of Barremian/Aptian carbonate systems in Northern Oman and the United Arab Emirates（Kharaib and Shu'aiba Formations)," *GeoArabia,* 7, pp. 461–500.

・Yamamoto, K., Ishibashi, M., Takahayanagi, H., Asahara, Y., Sato, T., Nishi, H., and Iryu, Y.（2013）"Early Aptian paleoenvironmental evolution of the Bab Basin at the southern Neo-Tethys margin: Response to global carboncycle perturbations across Ocean Anoxic Event 1 a," *Geophysics Geochemistry Geosystems,* 14, pp. 1104–1130.

第6章

中東地域の鉱物資源

――大いなる資源ポテンシャル

渡辺　寧

【要　約】

中東地域の鉱物資源は、これまで工業用原料鉱物を除いて、またトルコやイランなど一部の国を除いて、あまり探査・開発が行われてこなかった。これは、エネルギー資源の開発による経済的恩恵と中東地域での金属鉱物資源の需要が高くなかったことによる。それでは中東地域の金属資源ポテンシャルは高くないのであろうか？

乾燥地域で形成される蒸発岩は、石灰岩、石膏、塩化カリウム、岩塩などを多量に含む。また乾燥気候下では，陸域から海域へ砕屑物がほとんど供給されないため，浅海域でリン酸塩の濃集が生じる（渡辺 2020）。

中東地域は、上記の特徴に加え、複雑な地質構造発達史を経験しており、様々な種類の鉱物資源が認められる。先カンブリア紀末期の海底火山活動に伴う縞状鉄鉱層や汎アフリカ造山運動に伴う金鉱床、白亜紀のアラビア大陸とユーラシア大陸との衝突により露出したオフィオライト中のクロム鉱床と塊状硫化物鉱床、白亜紀以降に形成された火山帯での銅・鉛・亜鉛・金・モリブデンなどの熱水鉱床など。さらに白亜紀の湿潤気候下で形成されたボーキサイト、風成移動により濃集した石英砂、石油や天然ガスの副産物として回収される硫黄、ヘリウム、水素などである。

このように、中東地域には、世界の他の地域と比べ遜色のない様々な鉱物資源の存在が報告されており、今後の探査・開発の進展次第で、重要な鉱物資源の供給域になるポテンシャルを秘めている。

第1節　中東地域の鉱物資源の特徴

鉱物資源の概観

一般に**中東**地域は、バハレーン、イラン、イラク、ヨルダン、クウェイト、レバノン、オマーン、カタル、サウディ・アラビア、シリア、アラブ首長国連邦を指すが（米国地質調査所 2016）、ここでは地質学的特徴を加味し、以上の国にトルコ、キプロス、エジプト、エリトリア、スーダンを加えた地域の**鉱物資源**について説明を行う。これらの国々の総面積は、地球全体の約２%、陸域面積の約７%に相当する。

鉱物資源は第１章で「金属・非金属・化石燃料・地下水・地熱・石材などの資源」を広義には含むとされるが、本章では狭義の「金属・非金属資源」を鉱物資源として説明を行う。

中東およびその周辺地域の鉱物資源開発の歴史は古い。メソポタミアやエジプトでは青銅器時代が紀元前3500年から始まったが、エジプトやサウディ・アラビアでは、それ以前から金、トルコ西部では金と銅、トルコ東部からイラン北部にかけての地域でも銅が採掘されていた。金は砂金のみでなく、サウディ・アラビアのマフド・アッザハブ（Mahd adh Dhahab）鉱床に代表されるように鉱脈からの採掘も行われていた（Luce *et al.* 1976）。紀元前1500年から1200年にかけてトルコ中部の鉄鉱石から製鉄を行っていたヒッタイト人の領土拡大により、鉄器文明がヨーロッパや東アフリカへと広がった。その後、金属鉱業の中心はローマ帝国が繁栄したヨーロッパに移り、中東地域は、長らく、地域の需要に対して必要な非金属鉱物資源を生産するのみであった。

1908年のイランでの石油発見以降、中東地域で石油の生産が始まり、1950年以降、その生産量は飛躍的に増大してきた。この石油の生産と世界への供給は、中東の石油生産国に多くの富をもたらしたため、外貨獲得のための鉱物資源の生産は、一部の石油資源に乏しい国以外では重視されてこなかった。しかしながら、近年の中東諸国の脱石油依存の動きと、石油から得られる安価なエネルギーを武器にした**金属資源**の生産が高まっている。

中東地域の主要な鉱物資源生産物は、米国地質調査所（2020）の統計に基づくと、**臭素**（2019年世界生産量に占める割合：78.5%）、**ボロン**（66.1%）、軽石

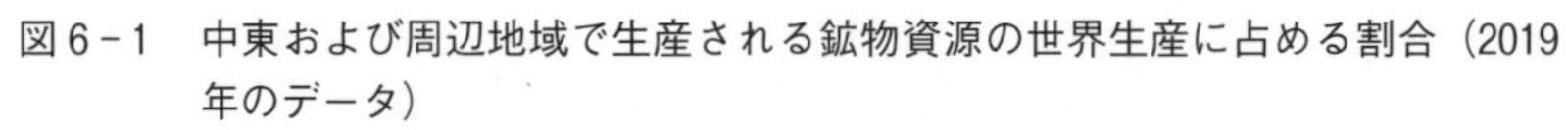

図6－1　中東および周辺地域で生産される鉱物資源の世界生産に占める割合（2019年のデータ）

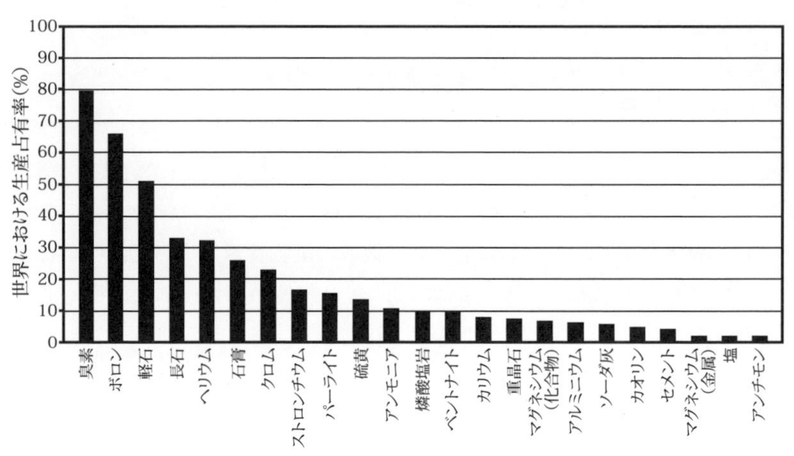

出所：米国地質調査所 2020に基づく

(51.3%)、**長石**（33.3%)、**ヘリウム**（31.9%)、**石膏**（25.9%)、**クロム**（22.7%)、**ストロンチウム**（17.2%)、**パーライト**（16.3%)、硫黄（14.4%)、アンモニア（11%)、**リン酸塩岩**（10.3%)、**ベントナイト**（10.1%)、**カリウム**（8.5%)、**重晶石**（7.8%)、**マグネシウム化合物**（7.1%)、**アルミニウム**（6.4%)、**ソーダ灰**（6.0%）であり、非金属工業用原料鉱物が卓越する（図6－1）。

鉱物資源の特徴

上記の資源の中で、臭素やマグネシウム（化合物）はイスラエルやヨルダンで死海の塩水から回収されている。ヘリウムは天然ガスからカタルで、硫黄は石油から副産物としてサウディ・アラビア、イラン、カタルで回収されている。軽石やパーライト、長石は火山噴出物や**花崗岩**起源であり、いずれもトルコでの生産がほとんどを占める。蒸発岩（海水または湖水が陸地に取り込まれ、乾燥気候下で水が蒸発し、水に溶けていた成分が鉱物として沈殿し固結したもの）から回収されるものはボロン、石膏、ストロンチウム、カリウム、マグネシウム、ソーダ灰であり、乾燥気候がこれらの資源の形成に重要な役割を果たしていることがわかる。

肥料原料のリン酸塩岩は、ヨルダン、サウディ・アラビア、エジプト、シリアにまたがる地域で生産されている。アルミニウムはアラブ首長国連邦とバハレーンで主として生産されているが、原料となる**ボーキサイト**は、サウディ・アラビアで一部が生産されているものの、多くはギニアやオーストラリアから輸入されており、精錬のみがこれらの国で行われている。マグネシウム（金属）も死海で生産されるマグネシウム化合物をもとにイスラエルで精錬されており、日本にもその一部は輸入されている。アンモニアは**ハーバーボッシュ法**により大気から生産されるが、天然ガスから回収される水素が利用されている。

中東地域の金属鉱物資源は、トルコで生産されているクロム鉄鉱以外は大き

図６－２　中東周辺地域の主要な金属・非金属鉱床の分布

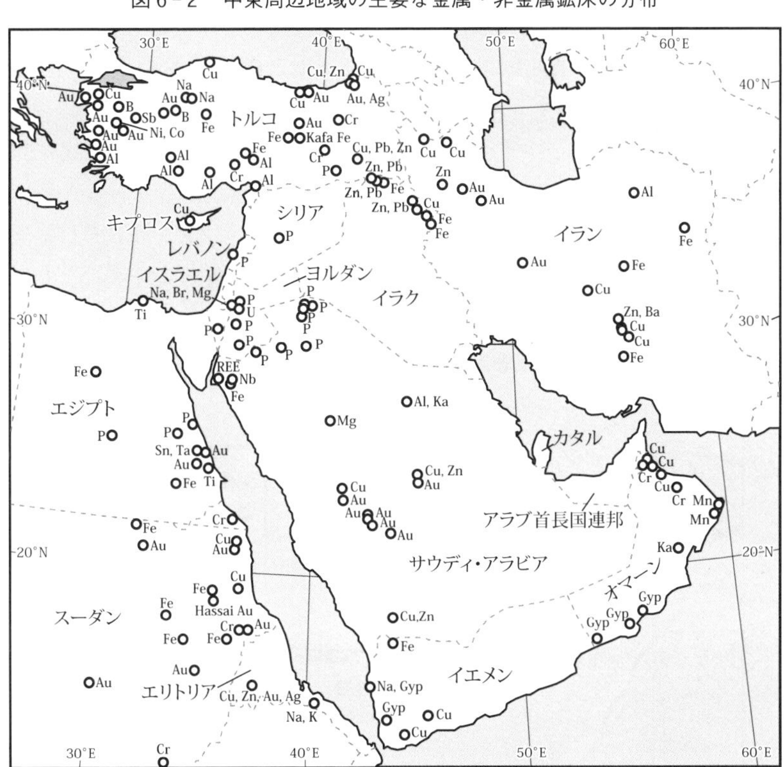

Au: 金、Ag: 銀、Al: ボーキサイト、B: ホウ素、Ba: 重晶石、Br: 臭素、Co: コバルト、Cr: クロム鉄鉱、Cu: 銅、Fe: 鉄、Gyp: 石膏、K: カリ岩塩、Ka: カオリナイト、Mg: マグネシウム、Mn: マンガン、Na: 岩塩、Nb: ニオブ、Ni: ニッケル、P: リン酸塩岩、REE: レアアース、Sb: アンチモン、Sn：錫、Ta: タンタル、Ti: チタン鉄鉱、U: ウラン、Zn: 亜鉛

出所：筆者作成

な世界シェアを占めていない。しかしながら**アンチモン**（2.3%）、**セレン**（1.8%）、鉛（1.6%）、**モリブデン**（1.5%）がトルコやイランで金や銅，亜鉛とともに生産されている。金はスーダン（93t）、トルコ（38t）、エジプト（15t）、サウディ・アラビア（5t）、イラン（3.7t）で生産が行われている。中でもスーダンの生産量は飛躍的に伸びており世界のトップ10の生産国に入る勢いである。トルコやエジプトでも生産量は伸びており、96tの金の埋蔵量が確認されたイラクと合わせて中東地域の金の生産量は今後急増することが予想される。中東周辺地域の主要な金属・非金属鉱床を図6－2に示す。

第2節　中東地域の地質構造発達史と鉱物資源の形成

先カンブリア紀に形成された鉱物資源

中東から北東アフリカにかけての地域は、比較的平坦なアラビア半島南西側の**楯状地**とザクロス—アナトリア**褶曲帯**を構成する山脈に区分される。アラビア—ヌビア楯状地は紅海およびアデン湾でのリフティング（大陸または海洋地殻が分裂すること）によりアラ

図6－3　中東周辺地域の現在のプレート・地質体配置

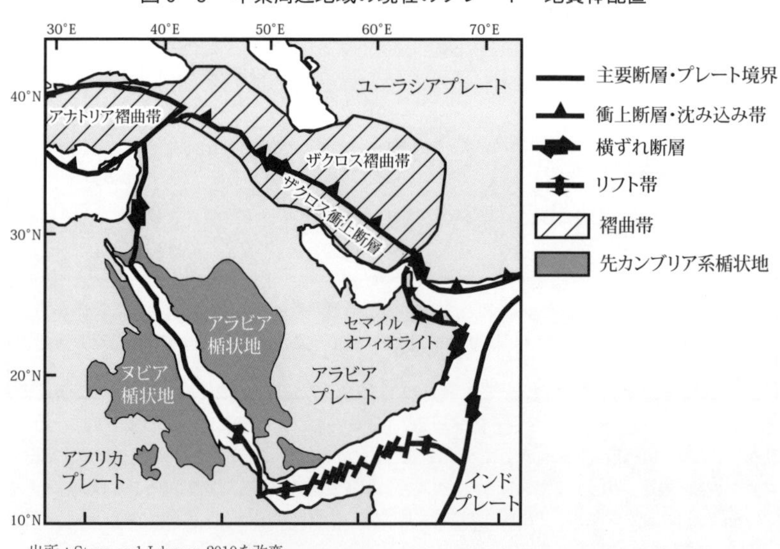

出所：Stern and Johnson 2010を改変

ビア楯状地とヌビア楯状地に分裂している。ザクロス—アナトリア褶曲帯は、第三紀に始まる南のアラビア—アフリカプレートと北のユーラシアプレートとの衝突により形成されている（図6－3）。

中東地域の最も古い地質体である楯状地は、先カンブリア系の変成岩、火山岩、堆積岩から構成されている。紅海の北端では、楯状地を構成する地層は約7億5千万年前の火山岩類の上位に約1000mの厚さの**凝灰岩**が累重している。この凝灰岩の最も上位に厚さ120～200mの**縞状鉄鉱層**が含まれている。この縞状鉄鉱層は、海底火山活動により海水に供給された鉄が、海水の急激な酸化により化学的に沈殿したと考えられており、7億5千万年前の地球の寒冷化との関係が示唆されている（Stern *et al.* 2013）。

これらの先カンブリア紀の地質体は、6億5千万～5億5千万年前までに生じた「汎アフリカ造山運動」と呼ばれる大陸の衝突運動により楯状地として結合する。この衝突運動によりエジプトおよびサウディ・アラビアからスーダン、モザンビークに至る南北約5500km、幅約1000kmの広範な地域に断層運動、火成活動、変成作用が生じた。エジプト東部砂漠からサウディ・アラビア西部では多くの地質体の合体が起こり、それぞれの境界に大規模な断層帯が形成されている(図6－4)。このような断層運動、火成活動、変成作用のために、地殻深部で金を溶かし込んだ「変成水」(変成作用のために雲母などの含水鉱物が分解し岩石から放出される水)が発生し、その熱水が地殻中の断層を伝って上昇、温度の低下とともに金を沈殿したと考えられている。このようなタイプの鉱床は「造山型金鉱床」と呼ばれている。造山型金鉱床は地質体の境界をなす断層付近に分布する（図6－4）。一例がエジプトのファワクヒール鉱床で、ここでは約6億年前に金鉱脈が花崗岩中に形成されている。これらの金鉱床に含まれる金は、マグマから供給されたもの、または変成作用を蒙った岩石に含まれていたもののいずれかと推定されている（Zoheir *et al.* 2019）。

古生代～中生代に形成された鉱物資源

汎アフリカ造山運動の終了後の5億5千万年前には**アルミナ**成分、アルカリ成分に富む花崗岩マグマがヌビア—アラビア楯状地に貫入している。マグマの性質はヌビア楯状地ではアルミナに富む「過アルミナ花崗岩質」、アラビア楯状地ではナトリウムやカリウムに富む「過アルカリ花崗岩質」であり、いずれの地域の花崗岩類も分別結

図6－4　ヌビア―アラビア楯状地を構成する地質体

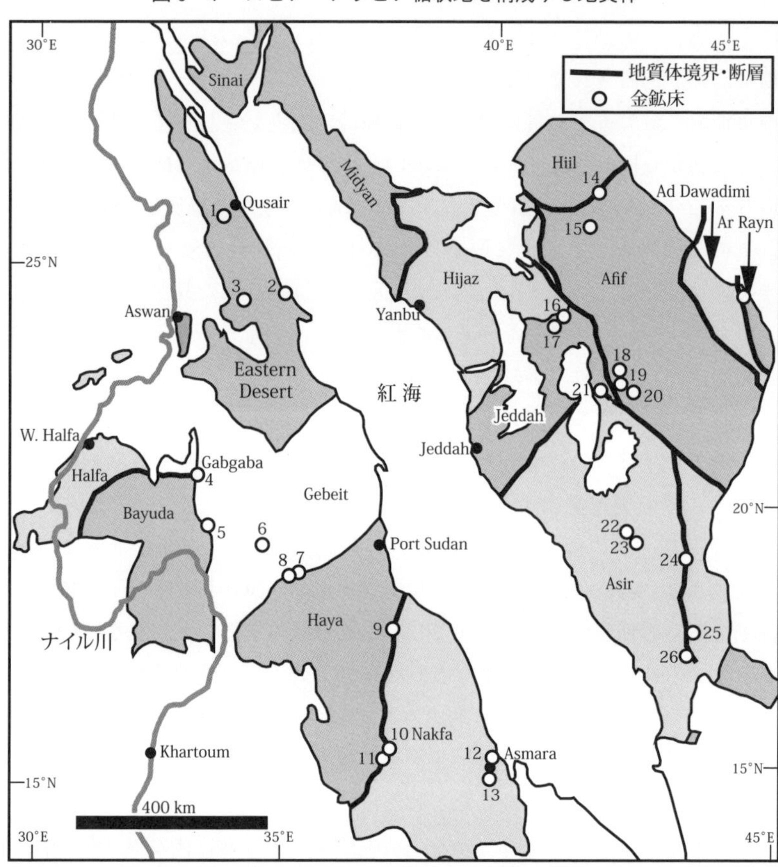

金鉱床の位置は Porter GeoConsultancy Ptd. のウェブサイト（http://www.portergeo.com.au/database/mineinfo.asp?mineid=mn1642）を参照した。

鉱床名：1 Atalla（Au）、2：Sukari（Au）、3：Hamash（Au）、4：Galat Safur（Au）、5：Gabgaba（Au）、6：Jebel Ohier（Cu-Au）、7：Ariab（Au-Cu）、8：Hassai（Au-Cu）、9：Koka（Au）、10：Bisha（Cu-Zn-Au）、11：Hambok（Cu-Zn-Au）、12 & 13：Asmara（Cu-Zn-Au-Ag）、14：Al Sukhaybarat（Au-Zn）、15：Bulghah（Au）、16：Jabal Sayid（Cu-Zn）、17：Mahd Ad'Dhahab（Au-Zn）、18：Mansourah（Au）、19：As Suq（Au）、20：Ad Duwayhi（Au）、21：Ar Rjum（Au）、22：Wadi Bidah（Cu-Au）、23：Al Hajar（Au-Zn-Cu）、24：Hamdah（Au）、25：Al Masane（Au-Cu-Zn）、26：Kutam（Cu）

出所：Kröner and Stern 2004

晶作用が極端に進んだ岩石を含んでいる。結晶作用の結果、最末期のマグマから固結した岩石には不適合元素（イオン半径の大きさや電荷が鉄やマグネシウムといった一般的な陽イオンと異なり、火成岩中の主要な鉱物にほとんど含まれない元素）である**レアメタル**が濃集する。ヌビア楯状地の花崗岩には錫、**リチウム**、**タンタル**（アブダバッブ鉱床、ヌウェイビ鉱床）が、アラビア楯状地の花崗岩には**ニオブ**、**レアアース**、ジルコニウムが濃集した鉱床（ガラヤ鉱床、ジャバルタウラ鉱床）が形成されており、それぞれが探査・開発の対象となっている（Küster 2009）。特にサウディ・アラビアのガラヤ鉱床は、単体として世界最大規模のタンタル、ニオブの埋蔵量が見積もられている（Küster 2009）。隣接するジャバルタウラ鉱床は、電気自動車のモーターなどに搭載されるレアアース磁石の重要な原料である**ジスプロシウム**を高品位で含むことが知られている（渡辺ほか 2014）。

汎アフリカ造山運動に伴う地殻変動の後、２億５千万年前までの古生代の間は、ヌビア―アラビア楯状地には大きな変動は起こらず、アラビア楯状地とユーラシア大陸との間には「テチス海」と呼ばれる大洋が拡がった。アラビア楯状地の北東縁では、大陸棚の環境下で、石油根源岩（石油の原料となる有機物を含んだ岩石）となる厚い**炭酸塩岩**や砂岩、シルト岩が堆積した。ジュラ紀に入ると、この地域は浅海化し、蒸発岩が広範囲に形成されている（Fox and Ahlbrandt 2002）。この蒸発岩はイランやサウディ・アラビア、オマーンでの石膏の供給源となっている。

ジュラ紀から白亜紀には温暖湿潤気候のもと、バルカン半島からトルコ西部、イランにかけて岩石の化学的風化が促進され、超塩基性岩（上部マントルを構成する**ケイ酸塩**分に乏しい岩石）の風化による**ニッケル・ラテライト**鉱床や、堆積岩の風化によるボーキサイト鉱床が形成されている。これらの鉱床の一部は、この地域での海進と海退により、風化により形成した鉱物が浅海環境で再堆積したものも含まれる。これらの鉱床は、上部を浅海成堆積物や異地性岩体で覆われることによりその後の時代の削剥を免れている（Eliopoulos *et al.* 2012；Hanilçi 2013；Ahmadnejad *et al.* 2017）。

白亜紀後期には、テチス海の南縁に位置したエジプト、シリアからイスラエル、ヨルダン、サウディ・アラビア北部の地域には、栄養分の豊富な海水が流入することにより、生物生産性が高まり，有機物を多く含む堆積物が沿岸域に堆積している。この地層が**続成作用**を受けた結果、リン酸塩岩となる。リン酸塩岩を胚胎する地層は白亜系最上部であり、世界最大のリン酸塩の生産地であるモロッコのものとほぼ同一層準である。リン酸塩岩の一部にはウランや**トリウム**、レアアースに富むものも報告されているが（Abou El-Anwar *et al.* 2017)、その含有量は低く資源としての利用の可能性は低いと結論されている（Xoubi 2015)。

静穏な中生代の中東地域の中で、オマーンではセマイルオフィオライトがアラビア大陸に、約8000万年前に衝上するという造山運動が生じている（Searle and Cox 1999)。オフィオライトは、海洋の上部マントルを構成する超塩基性岩と地殻を構成する塩基性岩（**斑れい岩**、**ドレライト**、**玄武岩**)、さらに上位を覆う**チャート**や炭酸塩岩の組み合わせの岩石が陸上に露出したものを指す。このオマーンのセマイルオフィオライトは約１億年前に当時存在した**海洋底拡大軸**で形成されたもので、厚さ８～12kmの超塩基性岩と、その上位の４～７kmの厚さの海洋地殻を構成する岩石からなる。このオフィオライト下部の超塩基性岩には、クロム鉄鉱床が胚胎している。主要なクロム鉱床は、オマーン北部に位置し、層状またはレンズ状の鉱体（数mから300mの延長で10m程度の厚さ）からなる（Augé 1987)。一方、上部の海洋地殻を構成する玄武岩層には塊状硫化物銅鉱床が胚胎している。この鉱床は何層にも分かれて存在し、それぞれの鉱体が玄武岩溶岩に覆われている。これらの鉱床は9900万年から8900万年の1000万年の間に形成されており、それが後にアラビア大陸の衝上することで地表に露出している（Gilgen *et al.* 2014)。

新生代に形成された鉱物資源

アラビア楯状地と北のユーラシア大陸との間のテチス海は、白亜紀後期に入りザクロス―アナトリア褶曲帯におけるテチス海洋プレートの沈み込みで徐々に消失していった。この沈み込みにより、この褶曲帯では火成弧が形成され、マグマ活動に伴い、多くの熱水性鉱床が形成した。トルコ北部の黒海沿岸では海底での酸性火山活動に伴って銅・亜鉛**塊状硫化物（黒鉱）鉱床**が形成している。この地域の塊状硫化物鉱床は２つの層準に胚胎しており、下部のものが9100万年前、上部のものが8300万年前に形成している（Eyuboglu *et al.* 2014)。同じ時期の塊状硫化物鉱床はザクロス褶曲帯に沿ってイランにも多数認められている（Mousivand *et al.* 2018）。またトルコ中部やイランでは、花崗岩マグマの貫入に伴い、ヒッタイト人により採掘が行われた**磁鉄鉱**を主とする**熱水性鉄酸化物鉱床**が形成されている。トルコ西部の花崗岩には長石鉱床が伴われている。

約2500万年前に紅海、アデン湾でリフティングが起こり、アラビア楯状地は北アフリカのヌビア楯状地から分裂し、同時にアラビア楯状地は北のユーラシア大陸と衝突を開始した。この衝突によりザクロス―アナトリア褶曲帯で褶曲や**逆断層**が形成され、最終的にアラビア楯状地とユーラシア大陸は結合しテチス海は消滅した。イランやトルコではこの衝突の前後に多くの**斑岩**銅鉱床が形成されている。代表的な鉱床は、イラン北部の Sungun 鉱床（鉱量850Mt@0.62% Cu, 0.01% Mo）、南部の Sar Cheshmeh 鉱床（鉱量1,200Mt@0.60% Cu, 0.02% Mo）、トルコの Gökçeada 鉱床（鉱量750Mt@0.6% Cu, 0.1-0.6 g/t Au）である（Aghazadeh *et al.* 2015；Kuşcu *et al.* 2019）。トルコでは、この衝突によりテチス海の海洋プレートを構成していた地殻―上部マントルが地表に露出し（オフィオライト）、超塩基性岩中のレンズ状クロム鉄鉱床が採掘されている。これらの中で最も規模が大きいのが Guleman 鉱床で約１億 t の埋蔵量が見込まれている（Ucurum *et al.* 2006）。

アラビア楯状地の衝突を免れたトルコ西部では、テチス海（現地中海）の海洋プレートの沈み込みが続いたため、火成活動が現在まで継続した。この火成活動は大量のアルカリ質火山噴出物をもたらし（Dilek and Altunkaynak 2007）、工業用原料となる軽石やパーライトを供給するとともに、地熱活動を伴う多数の**火山カルデラ**や**堆積盆**を中新世以降に形成した。これらの堆積盆は湖成堆積物に埋積されているが、一部には蒸発岩が形成され、地熱水から供給されたボロンが鉱物として析出するボロン鉱床が形成している（Helvaci 1995；Helvaci and Ortí 2004）（写真６-１）。

サハラ砂漠や中東地域で乾燥化が始まった時期は明確ではないが、１万年前以降、乾燥化が加速したと推定されている（deMenocal and Jessica 2012）。このような乾燥気候のもと、死海では海水の蒸発により、湖面が海水面よりも約400m 低下し、ナトリウム、カリウム、マグネシウム、臭素の濃集が起こっている（Nissenbaum 1993）。またサウディ・アラビアの砂漠では、風成作用によ

写真６－１　トルコ西部キルカ鉱山

a：露天採掘場．b：縞状の堆積構造が顕著なボロン鉱石
出所：2013年６月筆者撮影

る石英の濃集が起こり、石英砂として採掘が行われている。ナイル川の河口デルタでは、地中海の東に向かう海流による砂の**分級**・運搬が起こり、チタン鉄鉱や磁鉄鉱に濃集した重砂鉱床が形成されている（Frihy and Komar 1990）。

第３節　中東周辺地域の鉱物資源の特徴

前節で述べたように中東周辺地域では、様々な金属・非金属鉱物資源が分布している（図６－２）。この地域の鉱物資源は１）オフィオライトに伴うクロム鉄鉱、塊状硫化物鉱床（キプロス、オマーン、トルコなど）、２）汎アフリカ造山運動に伴う造山型金鉱床（スーダン、エジプト、サウディ・アラビアなど）、３）汎アフリカ造山運動後のアルミナもしくはアルカリに富む花崗岩に伴うレアメタル鉱床（エジプト、サウディ・アラビア）、４）古生代末から現在にかけての海水の蒸発に伴う石膏（オマーン、イエメン）、岩塩―**カリ岩塩**（エリトリア）、臭素、マグネシウム鉱床（イスラエル、ヨルダン）、地熱活動を伴う湖水の蒸発によるボロン鉱床（トルコ）、５）浅海環境下で形成されたリン酸塩鉱床（エジプト、シリア、サウディ・アラビアなど）、６）ナイルデルタでの堆積作用で形成された重砂鉱床（エジプト）や風成作用による砂シリカ鉱床（サウディ・アラビア）、７）**火成弧**のマグマ―熱水系に伴う斑岩銅鉱床、塊状硫化物鉱床（トルコ、イラン)、8)湿潤気候下での風化作用によるニッケル・ラテライト鉱床、ボーキサイト鉱床(トルコ)など多岐にわたる。これらの鉱床の存在は、中東地域の乾燥気候が、現在のみでなく古生代末期から繰り返し発生する一方で、湿潤気候の時期も存在したことを示す。

これらの鉱物資源に加えて、この地域では、石油や天然ガスに含まれるヘリウムや硫黄、水素が副産物として回収され、水素を利用したアンモニアの生産も行われている。またアフリカや豪州からボーキサイトを輸入し、**アルミニウム精錬**を行い、域内のマグネシウム化合物から金属マグネシウムを生産するなど、安く豊富な電力を背景にした資源の生産が活発化している。

第4節　中東周辺地域の鉱物資源開発の将来

中東周辺地域には、先に述べたように様々な種類の鉱物資源が埋蔵されており、脱石油依存政策のもと、鉱物資源の開発が活発化してきた。しかしながら、一部の資源を除き、これまで開発に向けて十分な探査活動が行われてきたとは言い難い。その理由として、1)石油から得られる莫大な収入により、鉱物資源の輸出による外貨の獲得を必要としない国が多い、2)工業用原料鉱物を除くと域内での鉱物資源の需要が高くない、3)イラクやシリア、イエメンなど内戦が続いた国や地域があり、またイランのように西側諸国による経済制裁のために外国企業が参入しづらいことが挙げられる。

しかしながら、最近の石油価格の低迷と金属価格の上昇、さらにハイテク製品や**グリーン技術**に必要なレアメタルの需要の増大から、中東周辺地域の鉱物資源が、世界から注目を浴びることは確かである。特にアルミニウムに加え、マグネシウム金属は、自動車や鉄道、航空分野で需要が大きく伸びると予想されている。サウディ・アラビアでは、2019年に工業鉱物資源省を新設し、鉱物資源開発を「国家戦略ビジョン2030(サウディ・ビジョン 2030)」の1つの柱と位置づけている(第7章第6・7節参照)。スーダンでは、2011年の石油資源をもつ南スーダンの独立により経済危機を迎えたが、近年の金属価格の上昇、とりわけ金価格の上昇が、金鉱山の開発を促進している(Chevrillon-Guibert 2016)。既に中国は、中東各国へ多大な投資を行っており、中東の鉱物資源の探査・開発は、今後飛躍的に進むと予想される。

【文献案内】

①小村幸次郎（1965）「続サウジアラビア紀行④　サウジアラビアの地下資源」『地質ニュース』167、41-55頁
②渡辺寧（2002）「金の国アスティラ」『地質ニュース』580、10-20頁
③ Urgun, B.・佐藤壮郎・矢島淳吉・Engin, T.・豊遙秋（1993）「トルコの地質と地下資源」『地質ニュース』467、69頁

【引用・参考文献一覧】

・米国地質調査所（2016）*2013 Minerals Yearbook,* USGS.
・米国地質調査所（2020）*Mineral Commodity Summaries,* USGS.
・渡辺寧（2020）「鉱物」日本沙漠学会編『沙漠学事典』丸善出版、268-269頁
・渡辺寧・守山武・星野美保子・恒松麻衣子（2014）「世界で最もDyに富む希土類鉱床：ジャバルタウラ」『希土類』64、42-43頁
・Abou El-Anwar, E.A., Mekky, H.S., Abd El Rahim, S.H., and Aita, S.K.（2017）"Mineralogical, geochemical characteristics and origin of Late Cretaceous phosphorite in Duwi Formation（Geble Duwi Mine）, Red Sea region, Egypt," *Egyptian Journal of Petroleum,* 26, pp. 157-169.
・Aghazadeh, M., Hou, Z., Badrzadeh, Z., and Zhou, L.（2015）"Temporal-spatial distribution and tectonic setting of porphyry copper deposits in Iran: Constraints from zircon U-Pb and molybdenite Re-Os geochronology," *Ore Geology Review,* 70, pp. 385-406.
・Ahmadnejad, F., Zamanian, H., Taghipour, B., Zarasvandi, A., Buccione, R., and Ellahi, S.S.（2017）"Mineralogical and geochemical evolution of the Bidgol bauxite deposit, Zagros Mountain Belt, Iran: Implications for ore genesis, rare earth elements fractionation and parental affinity," *Ore Geology Review,* 86, pp. 755-783.
・Augé, T.（1987）"Chromite deposits in the northern Oman ophiolite: Mineralogical constraints," *Mineralium Deposita,* 22, pp. 1-10.
・Chevrillon-Guibert, R.（2016）"The Gold Boom in Sudan," *International Development Policy,* Articles 7.1.
・deMenocal, P.B., and Jessica, E.（2012）"Green Sahara: African Humid Periods Paced by Earth's Orbital Changes," *Nature Education Knowledge,* 3, p. 12.
・Dilek, Y., and Altunkaynak, Ş.（2007）"Cenozoic crustal evolution and mantle dynamics of post-collisional magmatism in western Anatolia," *International Geology Review,* 49, pp. 431-453.
・Eliopoulos, D.C., Economou-Eliopoulos, M., Apostolikas, A., and Golightly, J.P.（2012）"Geochemical features of nickel-laterite deposits from the Balkan Peninsula and Gordes,

Turkey: The genetic and environmental significance of arseic," *Ore Geology Review,* 48, pp. 413–427.

· Eyuboglu, Y., Santosh, M., Yi, K., Tuysuz, N., Korkmaz, S., Akaryali, E., Dudas, F.O., and Bektas, O. (2014) "The Eastern Black Sea volcanogenic massive sulfide deposits: Geochemistry, zircon U-Pb geochronology and an overview of the geodynamics of ore genesis," *Ore Geology Review,* 59, pp. 29–54.

· Fox, J.E., and Ahlbrandt, T.S. (2002) "Petroleum Geology and Total Petroleum Systems of the Widyan Basin and Interior Platform of Saudi Arabia and Iraq," *U.S. Geological Survey Bulletin,* 2202-E, p. 26.

· Frihy, O.E., and Komar, P.D. (1990) "Patterns of beach-sand sorting and shoreline erosion on the Nile Delta," *Journal of Sdeimentary Petrology,* 61, pp. 544–550.

· Hanilçi, N. (2013) "Geological and geochemical evolution of the Bolkardaği bauxite deposits, Karaman, Turkey: Transformation from shale to bauxite," *Journal of Geochemical Exploration,* 133, pp. 118–137.

· Helvaci, C. (1995) "Stratigraphy, mineralogy, and genesis of the Bigadiç borate deposits, western Turkey," *Economic Geology,* 90, pp. 1237–1260.

· Helvaci, C., and Ortí, F. (2004) "Zoning in the Kirka borate deposit, western Turkey: Primary evaporitic fractionanation or diagenetic modifications?," *The Canadian Mineralogist,* 42, pp. 1179–1204.

· Gilgen, S.A., Diamond, L.W., Mercolli, I., Al-Tobi, K., Maidment, D.W., Close, R., and Al-Towaya, A. (2014) "Volcanostratigraphic controls on the occurrence of massive sulfide deposits in the Semail ophiolite, Oman," *Economic Geology,* 109, pp. 1585–1610.

·Kröner A., and Stern R.J. (2004) "Pan-African Orogeny," *Encyclopedia of Geology,* vol. 1, Elsevier.

· Küster, D. (2009) "Granitoid-hosted Ta mineralizatoin in the Arabian-Nubian Shield: Ore deposit types, tectono-metallogenetic setting and petrogenetic framework," *Ore Geology Review,* 35, pp. 68–86.

· Kuşcu, G.G., Kuşcu, I., and Tosdal R. (2019) "Porphyry-Cu deposits in Turkey," *in* Pirajno, F., Ünlü, T., Dönmez, C. and Şahin, M.B. eds. *Mineral Resources of Turkey, Modern Approaches in Solid Earth Sciences,* Springer, pp. 337–425.

· Luce, R.W., Bagdady, A., and Roberts, R. J. (1976) "Geology and ore deposits of the Mahd Adh Dhahab District, Kingdom of Saudi Arabia," *USGS Open File Report 1976-0865,* p. 31.

· Mousivand, F., Rastad, E., Peter, J.M., and Maghfouri, S. (2018) "Metallogeny of volcanogenic massive sulfide deposits of Iran," *Ore Geology Review,* 95, pp. 974–1007.

· Nissenbaum, A. (1993) "The Dead Sea - an economic resource for 10000 years," *Hydrobiologia,* 267, pp. 127–141.

· Searle, M., and Cox, J. (1999) "Tectonic setting, origin, and obduction of the Oman ophiolite," *Geological Society of America Bulletin,* 111, pp. 104–122.

・Stern, R.J., and Johnson, P. (2010) "Continental lithosphere of the Arabian plate; a geologic, petrologic, and geophysical synthesis," *Earth Science Review,* vol.101, pp. 29-67.
・Stern, R.J., Mukherjee, S.K., Miller, N.R., Ali, K., and Johnson, P.R. (2013) "~750Ma banded iron formation from the Arabian-Nubian Shield-Implications for understanding Neoproterozoic tectonics, volcanism, and climate change," *Precambrian Research,* 239, pp. 79-94.
・Ucurum, A., Koptagel, O., and Lechler, P.J. (2006) "Main-component geochemistry and platinum-group-element potential of Turkish chromite deposits, with emphasis on the Mugla Area," *International Geology Review,* 48, pp. 241-254.
・Xoubi, N. (2015) "Evaluation of uranium concentration in soil samples of central Jordan," *Minerals,* 5, pp. 133-141.
・Zoheir, B.A., Johnson, P,R., Goldfarb, R.J., and Klemm, D.D. (2019) "Orogenic gold in the Egyptian Eastern Desert: Widespread gold mineralization in the late stages of Neoproterozoic orogeny", *Gondwana Research,* 75, pp. 184-217.

第7章

湾岸産油国の資源経済と国家ビジョン

――レンティア国家の石油依存体質脱却

保坂　修司

【要　約】

20世紀初頭の湾岸地域は、近代的な文明からほど遠い、砂漠のオアシス都市、小さな漁村、中継貿易港にすぎなかった。しかし、この地で大量の石油が発見されると、様相は一変する。湾岸産油国は世界の石油埋蔵量の半分を占め、20世紀以降、世界経済の血脈ともいえる石油生産の多くを担うようになった。

欧米諸国は湾岸地域で石油を発見すると、そこに近代的な石油会社を設立し、開発を進め、それに伴い、湾岸地域も急速に近代化されていく。だが、欧米の石油会社主導の開発では価格も生産量も思いどおりにならず、不満を募らせた湾岸諸国は石油輸出国機構などを結成し、徐々に力を蓄え、湾岸で操業する欧米石油会社を国有化するなどして、石油市場の実権を掌握していった。

石油を支配することで、湾岸産油国は桁外れに豊かな社会を建設したが、石油収入だけに頼る石油依存型経済（レンティア国家）は綻びを見せ始めた。21世紀には地球温暖化の元凶として石油など化石燃料への逆風が起き、湾岸諸国は脱石油依存イニシアティブを加速させるようになった。

第1節　湾岸地域とは

湾岸諸国とは、いわゆるペルシア湾に面する国を指し、狭義にはサウディ・アラビア、クウェイト、バハレーン、カタル、アラブ首長国連邦（UAE）、オマーンの6カ国を意味し、広義ではそれにイランとイラクを含む。また、湾岸地域といった場合、歴史的には文字どおりペルシア湾沿岸地域を指す。

ペルシア湾は、古くからペルシア帝国の領域であり、ギリシア・ローマ時代よりペルシア湾、あるいはペルシアの海と呼ばれてきたが、1960年代以降、**アラブ民族主義**の隆盛とともにアラブ諸国が「アラビア湾」という呼称を用いはじめた[1)]。また、オスマン帝国がこの地域の一部を領有していたため、トルコでは伝統的に「バスラ湾[2)]」と呼ばれている。このペルシア湾の呼称は、単に名前の問題だけでなく、既に政治化しており、この地域の紛争を象徴するものになっている。

この地域は、古くから天然真珠の産地として有名で、古代ギリシア・ローマの文献にも記されており、またインドと中東、東アフリカと中東を結ぶ貿易の中継基地としても知られていた。しかし、中東の政治・文化の中心地からは外れ、砂漠がちの地形、灼熱の気温のため、農地も少なく、さしたる産業も育たなかった。そのため、港を中心とする小さな都市がペルシア湾沿いにいくつも構築されていくことになる。

しかし、17世紀以降、この地域が**スンナ派**のオスマン朝と**シーア派**のサファヴィー朝（そしてその後継国家ガージャール朝）の結節点となると、宗派対立の場ともなる。この地域の民族的・宗派的な複雑さにはこうした歴史的背景がある。さらに大航海時代にはポルトガルやオランダ、英国などヨーロッパ諸国がペルシア湾に進出、様々な勢力が興亡を繰り返した。その後、インドを支配した英国は英本土とインドのちょうど中間に位置するペルシア湾や紅海沿岸地域への影響力を強め、この地域の多くを保護国化していった。ペルシア湾のアラビア半島側沿岸に点在する都市国家では、こうした英国の庇護のもと、各都市・地域の有力者が一定領域を統治する政治的支配権を固め、1960年代以降、つぎつぎと国家として英国から独立していった[3)]。

ペルシア湾岸地域の地場産業は、前述のとおり、天然真珠採取であった。しかし、この産業は、それに従事するものたちに夏場の数カ月をほぼ海上で暮らさせるという過酷な労働でもあった。しかも、古くから、下は雑役夫や潜水夫、上は船長や船主までほとんどの階層が借金漬けになっており、20世紀初頭には完全に制度疲労を起こしていた。そのため、各国で制度改革が試みられるが、一向に進展せず、そのうちに日本で養殖真珠が発明されたり、世界恐慌で富裕層が没落したりして、高価だった天然真珠の価格が暴落、**天然真珠産業**は危機的な状態に陥った。さらに1930年代から真珠採取の中心地であったペルシア湾のアラビア半島側で巨大油田が発見され、新しい石油産業に労働力の多くが吸収されていき、1950年代にはペルシア湾岸の伝統的な地場産業である天然真珠採取産業は壊滅してしまったのである。石油産業は、天然真珠採取と比較すると、収益の面でも、また社会へのインパクトでも、桁外れの規模を有しており、天然真珠産業壊滅による湾岸経済への打撃を最小限に抑えるどころか、湾岸社会そのものを一変させてしまった。

第2節　中東における石油の発見

中東で最初に石油が発見されたのはイランであった（表7－1）。1908年、イラン西部フーゼスターン州のマスジェデ・ソレイマーンにおいて中東ではじめての商業ベースの油田が見つかり、翌1909年には英国資本によりアングロ・ペルシア石油会社（Anglo-Persian Oil Company）[4]が設立された。株式の過半数を、のちに英国政府が取得したため、同社は事実上の国策会社として機能していくこととなる。

一方、20世紀初頭は、内燃機関の発達でガソリン需要が拡大し、第1次世界大戦では燃料の流体革命（石炭から石油）が進んだ。そのため石油に対する注目度が上昇、とりわけ石油の潜在的供給地としての中東に西側列強の関心が集まるようになった。

おりからアラブ地域を統治していたオスマン帝国が弱体化しつつあり、その領域における石油利権獲得を目指し、多くの国が群がり始めていた。オスマン帝国領域での石油開発を担ったのは、英・独などの権益を代表する大企業や山師的な人物を含む様々な勢力によって1912年に設立されたトルコ石油会社（Turkish Petroleum Company）であった[5]。同社はまさに呉越同舟の状態であり、列強によるオスマン帝国解体でアラブ諸国が独立する際、入り組んだかたちで国境線が引かれたため、状況はますます錯綜していった。

1920年の**サンレモ石油合意**で、トルコ石油会社から敗戦国ドイツの企業が排除され、代わりにフランスの参入が認められたため、中東石油の英仏による事実上の独占が決定的となる。なお、この合意でフランスはモスルの領有権を放棄し、英国が実権を握ることになった（ヤーギン 1991：314)。また、この状況に、米国は機会均等を主張し、近東開発会社（Near East Development Corporation: NEDC）[6] というシンジケートをトルコ石油会社にねじ込むことに成功した。

結果的には1927年にトルコ石油会社がイラク北部のキルクークに近いバーバー・グルグルで商業ベースの油田を発見、のちに同社の後継となるイラク石油会社（Iraq Petroleum Company）が開発にあたった。

なお、1928年、トルコ石油会社に資本参加した企業たちは通称「赤線協定」と呼ばれる協定を結んだ。同協定には、解体したオスマン帝国の旧領域において独自に石油権益を求めることを禁じた自粛条項（self-denial clause）が含まれており、現在のトルコ、シリア、イラク、レバノン、イスラエル・パレスチナ、ヨルダン、サウディ・アラビア、バハレーン、カタル、アラブ首長国連邦（UAE)、オマーン、イエメンが対象となった。つまり、資本参加した企業—米国の近東開発会社、英国のアングロ・ペルシア石油会社、英蘭のロイヤル・ダッチ・シェル（Royal Dutch/Shell)、フランスのフランス石油会社（Compagnie française des pétroles: CFP）[7] —は、これらの地域（国）では勝手に石油の開発ができないということである。したがって、この赤線の範囲に含まれた地域では、トルコ石油会社（イラク石油会社）に資本参加した企業は、他の企業の了承なしに、石

表7－1　中東における商業ベースの油田発見

発見年	国名
1908	イラン
1908	エジプト
1923	モロッコ
1927	イラク
1932	バハレーン
1933	シリア
1938	クウェイト
1938	サウディ・アラビア
1940	カタル
1940	トルコ
1955	イスラエル
1956	アルジェリア
1956	リビア
1958	アラブ首長国連邦
1962	オマーン
1964	チュニジア
1984	イエメン
1984	ヨルダン

出所：筆者作成

油利権を獲得したり、探鉱したり、油井の掘削をしたりすることは許されないことになる。そのため、赤線協定の対象地域での石油開発は、イラク石油会社参加企業に独占されるという一種のカルテルが成立した。

しかし、このカルテルは逆に参加企業の手足を縛る結果ともなった。赤線内の各国と参加石油会社のあいだの思惑の違いをぬうかたちで、トルコ石油会社に参加していない企業が赤線協定領域内で積極的な活動を行い始める。スタンダード石油カリフォルニア（Standard Oil Company of California: Socal（現シェブロン））は1928年、赤線内にあるバハレーンにおいて石油利権を獲得、翌年、カナダにバハレーン石油会社（Bahrain Petroleum Company）を設立し、1932年にジャバル・ドゥハーンで商業ベースの油田を発見した。[8] また、1933年にはサウディ・アラビアにおいて石油利権を獲得、カリフォルニア・アラビア・スタンダード石油（California-Arabian Standard Oil Company: CASOC）を設立して、探鉱に当たらせ、1937年に東部のダンマームで商業ベースの油田を発見した。なお、カソックにはテキサス石油会社（Texas Oil Co.：Texaco）も参加、1944年に名前をアラビア・アメリカ石油会社（Arabian American Oil Company: Aramco）と改めた。

一方、クウェイトは名目上、オスマン帝国のバスラ州に属していたとされるが、事実上独立していた。18世紀以降はスバーフ家の統治下にあったが、19世紀末には英国と秘密条約を結び、スバーフ家の統治のまま英国の保護下に入った。クウェイトが赤線協定の枠組から外された真の理由は不明であるが、一般にはトルコ石油会社に個人の資格で加わっていたイスタンブル生まれのアルメニア人で英国に帰化したカルースト・グルベンキアンの考えであったといわれている。そのクウェイトでは1934年に英国のアングロ・ペルシア石油会社と米国のガルフ石油に石油利権が授与され、1938年に最初の商業ベースの油田ブルガーン油田が発見された。

その後、中東で発見された油田の大半も、欧米の石油会社によって開発され、経営されていった。こうした傾向は、これら以外の国でも同様で、中東における天然資源（石油）開発が欧米石油会社の主導で行われており、資源を埋蔵する国がそこに積極的に関与する余地は少なかった。大半のケースで、産油国は、欧米石油企業にロイヤリティーの支払いを条件に当該国の一定領域内で石油を掘削する権利を与えていた。産油国側には、石油の生産量や価格を自分たちの都合に合わせて決定する権利すらなかったのである。つまり、石油利権を獲得したものは事実上、当該国の油田を所有し、生産し、販売する全権利を有していたのだ。

なお、湾岸諸国の石油利権の場合、各国内のかなり広範な範囲を利権の対象としていたが、たとえば、北アフリカのリビアでは、鉱区を細かく分割するというやりかたを取った。リビアでは、この方法が奏功し、急速に開発が進んでいった。リビアで生産された石油は、ペルシア湾のそれと比較して、硫黄分が低く、極めて上質であり、しかも、ペルシア湾の石油がホルムズ海峡を通って、さらにバーブルマンデブ海峡、スエズ運河を超えて地中海に入らないとヨーロッパに届かなかったのに対し、リビア石油はフランスやイタリアまで地中海を渡ればすぐであった。そのため、リビア石油は、ヨーロッパ諸国にとっては非常に重要な存在になっていく。

もちろん、当時中東で石油を掘る技術をもっていた国はなく、さらに湾岸アラブ諸国の大半は、地場産業である天然真珠採取産業が崩壊しつつあったため、財政的にも厳しい状況にあった。そのため、契約交渉も、石油会社側の有利に運ばれるのが常であった。日本も、イランやイラク、そしてバハレーンなどから石油を輸入したり、イラクやサウディ・アラビアの石油利権に食指を伸ばしたりしていたが、強大な石油会社やグルベンキアンやニュージーランド人のフランク・ホームズ、さらには元英国植民地官僚だったジャック・フィルビー[9)]など海千山千の人物たちのまえでは日本の外交交渉など児戯に等しかったかもしれない。

第３節　石油国有化への第一歩

中東における石油開発は第２次世界大戦で中断したが、戦後は急速に回復していく。特に欧米や日本などの工業国が経済発展・復興のために大量の石油を必要とするようになると、中東諸国は石油供給源として重要な役割を果たすようになる。

前述のとおり、石油価格を決定するのは、産油国ではなく、メジャーとか、セブン・シスターズとか呼ばれた超巨大な**国際石油会社**であり、産油国は生産量に応じて石油会社からロイヤリティーを受け取るだけであった。だが、それでも徐々に石油価格が上昇していき、産油国も政治力・経済力を蓄え始めていた。おりから中東では民族主義（ナショナリズム）が高揚しつつあったこともあり、中東各国政府は石油会社に対し、自分たちに有利に制度を変更すべく、圧力をかけ始めた。

その結果、1950年ごろからサウディ・アラビアは、当時はまだ米国企業であったアラムコと契約を見直す交渉を開始した。おりから中東におけるソ連の動きに神経をとがらせていた米国政府は、サウディ・アラビアを中東における対ソ防波堤の要と考えていたので、この交渉をむしろ積極的に後押しし、結局同年末、サウディ・アラビアは、アラムコとフィフティー・フィフティーの利益折半協定を締結することに成功した[10]。なお、アラムコは、この協定締結後、米国内での税の控除を認められ、収益への悪影響を抑えることができ、サウディ・アラビア政府には莫大な石油収入が入ることになった。その結果、サウディ・アラビアは1951年にアラムコから1億1000万ドルを受けとった。1949年のロイヤリティーが3900万ドルだったので、収入が約3倍になったことになる。この流れはやがてクウェイトやイラクにも波及していった。

他方、ナショナリズムの高揚は一部では産油国政府と石油会社の関係を不安定化させる要因ともなった。ナショナリズムが高まるにつれて、たとえば、イランなどでは石油を国有化しようとする動きが活発化していったのである。もちろん、これには単にイデオロギーや経済的な背景だけでなく、各国で石油の専門家や技術者たちが育ってきていたことで、自国で石油産業を育成する自信をもちはじめていたことも指摘できるだろう。

イランでもナショナリズム高揚の影響で石油会社（アングロ・イラン石油会社）に対する圧力が強まり、石油会社側は、利益折半的な妥協案でまとめようとしていたのだが、事態は既にそれで収束する状況ではなくなっていた。1951年、イラン国会では「**石油国有化**」が決議され、イラン国営石油会社（National Iranian Oil Company: NIOC（ペルシア語：Sherkat-e Mellī-ye Naft-e Īrān））が設立された。そして、石油国営化の急先鋒だったモハンマド・モサッデグ（モサデク）が首相になると、油田や製油所などを含むアングロ・イラン石油会社の資産を新たにできたNIOCに接収させ、外国人幹部を駆逐してしまったのである。

これによって、イランと英国の対立が激化し、一時は両国間で武力衝突が発生するとの観測も出た。アングロ・イラン石油は国際司法裁判所に提訴、ロイヤリティーの支払いを停止する一方、世界中の石油会社に圧力をかけ、イラン産の石油を購入しないよう呼びかけた。そのため、この時期、イランの石油を購入したのは、ほぼ日本とイタリアだけであった。[11)]

英国のボイコット圧力により石油の輸出が滞ってしまったため、イランはすぐに深刻な財政危機に見舞われ、イラン国民の不満は逆に増大していった。この機に乗じて、親欧米のイラン国王、モハンマド・レザー・パフラヴィー支持派がクーデタをおこし、モサッデグ追い落としに成功した。モサッデグは逮捕され、その後、有罪判決を受け、服役することとなった。[12)]このとき、クーデタを具体的に指揮したのが米英政府、特に米中央情報局（CIA）であったことは、当時の米英の公式文書からも明らかになっている。[13)]

結局、英国の対イラン制裁は解除されたものの、イランによる石油国有化は、国内外の妨害により失敗に終わる。そして、1954年、クーデタで首相位に就いた王党派のファズロッラー・ザーヘディー将軍率いる新政権は、アングロ・イラン石油会社に代わって、欧米石油企業によるコンソーシアムと利益折半方式の契約を結ぶこととなった。[14)]NIOCの鉱業権（所有権）は担保されたものの、コンソーシアムが全面的に探鉱・開発が行うこととなり、事実上、これまでの利権契約とかわらないものとなってしまった。

とはいえ、イラン側も地下資源に対する所有権を獲得したこと、利益折半でこれまで以上に莫大な石油収入が国庫に流入するようになったことで、けっして全面的な敗北とはいえず、その後の中東産油国における資源ナショナリズム隆盛に大きな影響をおよぼすこととなった。

なお、フィフティー・フィフティーの枠組を崩したのが、日本のアラビア石油であった。同社は1957年、サウディ・アラビアと石油利権交渉を開始し、日本側取り分44％で合意した（その後クウェイトとも43％で合意）。そして、サウディ・アラビアとクウェイト間の中立地帯のハフジー（カフジ）で海底油田を掘り当てた。

だが、アラビア石油のケースは特例であり、つぎにイランがコンソーシアムから55％の利益率を獲得したのはようやく1970年であった。以後、この流れが他の産油国にも拡大していく。

第4節　OPECの成立

1950年代、石油の需要は増大したが、石油の生産はそれを上回る速度で拡大した。そのため、石油の余剰がつづき、生産と価格を支配する国際石油会社は石油の公示価格の引き下げに走った。当然、それは中東産油国の財政に直接ネガティブな影響をおよぼすことになる。そうした中、産油国側は、自国の利益保護のために、国際石油会社に圧力をかけるには、単に個々の国レベルで経済力を高めるだけでなく、政治的な圧力が必要だと意識するようになる。

1960年9月、イラク、サウディ・アラビア、クウェイト、イランの主要中東産油国とベネズエラがイラクの首都バグダードに集まり、**石油輸出国機構**（**OPEC**）の結成が発表された（なお、バグダードでの会議にはオブザーバーとしてカタルも参加した）。OPEC創設の目的はもちろん石油価格の維持であり、当時の世界の石油輸出の約8割をこれら5カ国で占めていたため、国際石油会社と産油国のあいだの力関係が、後者の有利に動き出すきっかけともなった。ただ、そのためには、石油価格の決定には産油国と石油会社のあいだの協議が必要であることを石油会社側にまずは理解させねばならなかった。

しかし、OPEC創設当時は、誰もOPECの力をわかっていなかった。だが、1950年代から60年代にかけて中東で大きな油田があいついで発見され、そうした新興産油国がOPECに参加し始めると、国際石油会社や消費国側も徐々にその力を意識せざるをえなくなる。

また、このころになると、産油国から有能な石油官僚、専門家が現れ始め、国際社会の表舞台で活躍し始める。サウディ・アラビアのアブダッラー・タリーキー元石油鉱物資源相やその後継者であるアフマド・ザキー・ヤマーニー、イラクのサァドゥーン・ハンマーディー元石油相らテクノクラートがそれに当たる。彼らの多くは、欧米で教育を受け、自国のみならず、国際的な経験が豊富で、石油ビジネスにも精通していた。欧米の百戦錬磨の石油会社幹部であっても、そう簡単に丸め込める相手ではなかった。

一方、石油を含む天然資源を有する国の多くがいわゆる発展途上国であったことから、発展途上国が多数を占める国連総会では、たとえば1962年と1966年に「**天然資源に対する恒久主権**（Permanent Sovereignty over Natural Resources）」に関する決議1803、2158などが採択され、産油国による石油資源への権利回復を後押しした。これらによって、発展途上国の天然資源がそれらの経済発展や産業開発の基本であるとの前提のもと、資源国がその資源を開発・販売すべきであり、資源開発を行う外国資本は、資源国の法律にもとづかねばならず、外国資本は、資源国が天然資源開発を促進できるよう、現地人の訓練を行う必要があることなどが、謳われた。OPECは1968年にこの天然資源に対する恒久主権をOPECの綱領として採択、石油利権に対する資源国側の「事業参加（日本ではしばしば「パーティシペーション」の語が用いられる）」が活動目標として定められ、実際、それにもとづきサウディ・アラビアなど湾岸産油国は国際石油会社と事業参加の交渉を開始した。

イランの石油国有化が石油会社側によって骨抜きにされてしまったことは既述のとおりであるが、「穏健」な湾岸アラブ諸国は1970年代はじめから、従来の石油利権という枠組（その一つが利益折半型契約）から石油利権と国有化の中間ともいえる事業参加へと舵を切り始めていたといえる。この動きは国際石油会社（いわゆるメジャー）を駆逐する国有化と比較すれば、メジャー側にとっても受け入れやすい政策であっただろう。

むろん、OPEC内では対応には大きな差があった。サウディ・アラビアは漸進的に事業参加比率を拡大する穏健なやりかたを取ったが、事業参加でも石油会社側の合意抜きに無理やり進められたケースもあるし、また国有化を強行する場合もあった。いずれにせよ、産油国側は、石油生産や価格の決定にあたって、発言権を強めていったことは否定できない。

ただ、OPECの力は急速に強まっていったものの、中東産油国の政治体制そのものはけっして安定的とはいえなかった。イラクでは1958年に革命で王制が打倒され、共和制となった。リビアでも1969年に王制が打倒され、共和制に変わっている。また、アルジェリアはフランスと独立戦争を戦い、1962年に独立を勝ち取った。これらの国では、共和制成立後もクーデタが起きたり、また独裁政権による専制的な政治がつづいたりするなど、政治・経済ともに混乱していた。比較的安定しているとされた湾岸諸国でも、サウディ・アラビアでは、第2代国王スウード（サウード）とフェイサル（ファイサル）皇太子（当時）のあいだで国を二分するような激しい対立があり、経済発展や資源の開発にも悪影響を与えていた。

また、アラブ産油国では、OPECと並んで、石油に関する別の枠組が作られた。1968年、クウェイト、サウディ・アラビア、リビアの3国で結成された**アラブ石油輸出国機構**（OAPEC）である。実は、1967年、第3次中東戦争が勃発すると、イスラエルと敵対するアラブ諸国は、イスラエルを支援する国々に対し石油の輸出制限や禁輸を決定したが、アラブ諸国間で統一した政策を取れなかったこともあり、期待どおりの効果を発揮できなかった。OAPECは、この1967年の失敗を受けて構想された組織であり、したがって、OPECと比較すると、より政治的な枠組みとなった。

OAPECは本部をクウェイトに置き、当初、サウディ・アラビア、リビアの3カ国で構成されていた。OPEC創設メンバーのアラブ諸国のうちイラクはOAPECに参加しなかった。これは、OAPECが大産油国に限定されていたことや本部が、イラクが領有権を主張していたクウェイトに置かれたことなどが原因だったといわれている（Tétreault 1981: 46）。だが、その後、イラクもOAPECに参加、現在はアルジェリア、バハレーン、エジプト、カタル、シリア、UAE、チュニジアが正式加盟国となっている。世界経済に影響を与えるほど石油を産出していないバハレーン、エジプト、シリア、チュニジアなどが加盟していることからも、OAPECが極めて政治的な組織であることがうかがえる。

第5節　石油危機

1973年10月6日、エジプトとシリア軍が突然、イスラエルへの攻撃を開始した。第4次中東戦争の勃発である。戦争勃発のまえから世界の石油市場では、欧米および日本の企業が石油を大量に購入していたため、石油の市場価格は高騰、公示価格を上回るまでになっていた。石油の安定供給に対する不安が出ていたのは、まさにこの年の7月に日本の通産省（現経産省）の外局として資源エネルギー庁が設置されたことでもわかる。

この第４次中東戦争が世界史的に重要な意味をもったのは、もちろん単にアラブ諸国とイスラエルが戦ったという事実のためだけではない。この戦争に際し、いわゆる第１次石油危機（石油ショック、**オイルショック**とも）が起きたためでもある。戦争が始まって10日後の10月16日、OPEC 加盟国であるアラブ諸国とイランは石油の公示価格を70％上げると発表した。**石油武器戦略**の発動である。さらに OAPEC は翌17日、石油生産を前月比５％削減し、その後も毎月５％ずつ削減を継続すると発表、さらにイスラエルを支援する国々（米国、オランダ、ローデシア（現ジンバブエ）、南アフリカ、ポルトガル）に対する石油の禁輸措置も決定した。

この措置によって世界中が産油国の力に驚愕することとなった。特に、天然資源の乏しい日本では狂乱物価やトイレットペーパー買い占めなどパニック的な騒動が発生し、国中が大混乱に陥ったのは指摘するまでもない。OAPEC の石油武器戦略は結果的に見ると、イスラエルを動かすことができず、政治的には成功とはいいがたかったが、世界経済へのインパクトは深刻であった。

戦争勃発前に１バレル＝2.9ドルだった石油価格は、戦争で5.12ドルに跳ね上がり、1973年末には OPEC が公示価格を11.65ドルに上げている。つまりわずか数カ月で石油価格は約４倍にもなったわけだ。石油価格をきめるのは、もはや国際石油会社ではなく、産油国となったのである。

石油消費国にとっては、第４次中東戦争に端を発した石油危機は文字どおり「ショック」であったが、産油国にとっては石油価格の高騰による「ブーム」であった。これによって、産油国には莫大な石油収入が入ってくると同時に、OPEC の政治力をも先進国を中心とする石油消費国に見せつける結果となった。また、産油国も消費国も、時々刻々と変動する石油価格に一喜一憂するようになったのも、第１次石油危機の結果であったといえよう。

また、1979年にはイランでイスラーム革命が、翌年には**イラン・イラク戦争**が起き、それらを契機に第２次石油危機が発生した。イランでの革命では親米であった王制が打倒され、あらたに反米のイスラーム共和国が現出した。革命でイラン国内の石油施設から欧米人が追い出され、石油生産は滞り始めた。また、イラン・イラク戦争では２つの巨大産油国同士の戦いで、やはり石油の生産・輸出ともに大きな被害を受けることとなった。ふたたび世界的な石油不足が起き、石油価格は一気に1バレル＝34ドルにまで高騰した。

これによって、OPEC 諸国にはふたたび莫大な石油収入が入るようになったが、それほど長つづきするわけではなかった。二度にわたる石油危機で、石油消費国側も様々な対策を立て始めたのである。たとえば、石油の備蓄であったり、代替エネルギーの開発、石油輸入先の多角化、省エネルギーだったりなどである。日本の場合でいうと、一次エネルギーに占める石油の割合は1973年の石油危機のころをピーク（75.5%）に、2018年には37.6%にまで減少している。その結果、二度の石油危機で石油価格が高騰するたびに、産油国には莫大な石油収入が入ったものの、そのつど消費国側が省エネの実施や代替エネルギーへの転換をはかることで、逆に石油の需要が下がり、必然的に価格も下がるという悪循環に陥っている。

さらにいえば、1980年代には石油はふつうの市場商品へとかわっていった。OPEC はせっかく国際石油会社から石油価格の決定権を奪ったのだが、その決定権はいつの間にか市場に移ってしまっていたのである。たとえば、サウディ・アラビアは第2次石油危機後、莫大な石油収入を得たが、その直後から財政は急速に悪化、慢性的な赤字体質に陥ってしまった。

1988年にイラン・イラク戦争が終了すると、石油価格は暴落した。戦後復興のため、莫大な石油収入を必要としていたイラクは、1バレル＝10ドルといった危機的な状況に隣国クウェイトに侵攻する。湾岸危機である。翌1991年には、米軍主導の多国籍軍がイラク軍をクウェイトから駆逐した。こちらは湾岸戦争と呼ばれる。たしかにこの湾岸危機・**湾岸戦争**で一時的に石油価格は上昇したが、その後、すぐに石油価格は落ち着きを取り戻した。中東で大きな事件が発生しても、供給途絶のような事態にならないかぎり、石油価格への影響は限定的・短期的になってしまったのである。

さらに米国における**シェールオイル**、シェールガスの生産が拡大すると、米国の中東石油への依存は縮小していく。石油の出ない西側先進国も省エネなどで石油消費は頭打ち、あるいは減少傾向を示し始め、つまるところ OPEC 加盟国が頼れるのは、中国など新興国の経済成長だけとなる。したがって、中国経済が何らかの原因で鈍化すれば、石油価格はてきめんに下落する。

ときに中東情勢とは無関係に高騰することもあるが、これは主として投機筋の動きのせいであり、特に近年は電子取引が主流になり、中東の混乱は、よっぽどのことがないかぎり、一つの変数にすぎなくなりつつある。

第６節　石油依存からの脱却へ

サウディ・アラビアが長期間の財政赤字から抜け出したのは2000年であった。その翌年は赤字に転じたが、2003年にふたたび黒字に戻した。しかし、2008年のリーマン・ショックで世界経済が打撃を受けると、石油価格も急落し、また赤字に逆戻りである。その後、石油価格が持ち直し、高水準を記録すると、サウディ・アラビア財政も好調を維持したが、2014年に石油価格が暴落して、ふたたび赤字に転落する。2020年には新型コロナウイルスの世界的な感染拡大によって石油価格が大暴落、サウディ・アラビアのみならず、産油国の大半が深刻な打撃を受けてしまった。

たしかに中東、とりわけ湾岸産油国は、莫大な石油収入を元手に世界有数の豊かな国を作り出すことに成功した。国民の多くは公務員や石油会社など国営企業の職員として高給を享受している。しかも、歳入の大半は石油収入で賄われるので、個人の所得税もなく、可処分所得はさらに増える。教育や医療などの政府サービスは多くの場合、無料で提供され、住宅や食糧など生活必需品にも莫大な補助金が投入される。文字どおり、現代のエルドラドであり、それに惹きつけられるように、たくさんの外国人が湾岸地域に集まり、自国民ができない、あるいはやりたがらない業務（高度な技術を伴う専門職や肉体労働・単純労働）は彼らに委ねられた。インフラ整備など公共事業も当然、石油収入が原資になり、石油に直接関わらない企業も実際には石油の恩恵を十分に受けることになる。これこそが湾岸型**レンティア国家**[15)]である。

しかし、こうした楽園のような社会は天然資源があればこそ、であり、石油や天然ガスが枯渇すれば、たちまち失楽園となる。第１次石油危機のときには、石油はあと40年、いや30年でなくなるとの説がまかりとおったが、そのときから既に40年以上経過しても、いまだに石油は枯渇しないどころか、確認埋蔵量はむしろ増えている。

サウディ・アラビアが公式に発表している石油埋蔵量には大きな疑問があり、大半の油田が弱体化しているというピークオイル論が一時期盛んになった（シモンズ 2007：386-407）。しかし、今日では石油が枯渇するという議論は下火になっている。むしろ、石油がいつまで使われるのかという議論が活発化しているといえよう。サウディ・アラビアのヤマーニー元石油相の有名な言葉「石器時代は石がなくなったために終わったのではない。石を使わなくなったから終わったのだ」によく表されているように、石油が使い尽くされる可能性はむしろ低いであろう。20世紀は石油の世紀と呼ばれたが、21世紀に入り、石油の世紀はまさにその終焉を迎えようとしているのである。

石油の時代が終焉を迎えるとの議論に火をつけたのが、地球温暖化であった。二酸化炭素（CO_2）を大量に排出する石油や天然ガスなど炭化水素、化石燃料がその元凶として槍玉に挙げられるようになったのである。

自然エネルギーや再生可能エネルギーの主力電源化に向け、技術が進展し、同時に制度的にも整備が進んでいる。一方、それに反比例して、石油や天然ガスへの風当たりは強まっていく。西側諸国を中心に、単に化石燃料を使用しなくなるだけでなく、**グリーン・ファイナンス**などのかたちで、CO_2を排出する産業への投資を控えるといった動きも目立ち始めた。また、大量に石油を消費してきた自動車もガソリン・エンジンから電気へとシフトしている。欧米だけでなく、中国でも電気自動車（EV）普及を後押しする制度化が進められている。

化石燃料の消費が減少しつつある状況では、中東産油国が長期にわたって石油収入に依存する経済システムを維持することは困難になる。しかし、かといって、石油に代わる産業も存在しない。となれば、新たな歳入源となる産業を創出する必要があるのは自明であろう。

もちろん、石油が使われなくなるという議論が出るまえから、石油価格の上下に一喜一憂しなければならないローラーコースターのような財政が健全であるはずがないとの認識は共有されていた。遅くとも1990年代から産油国はずっと歳入を多角化するなど石油依存型経済からの脱却をはかるべく様々な改革を試みてきたのである。だが、こうした改革は、石油価格が低迷しているときは、政府上層部も真剣に考え、国民にその必要性を訴えるのだが、石油価格が下がったことで、改革のための原資が減って改革の進展が困難になるというジレンマに陥る。また、石油価格が上がれば、改革を進めるインセンティブが失われてしまい、特に微温湯体質に慣れた国民レベルでは将来的な脅威を共有することは困難であった[16]。

しかも、改革には財政の合理化・健全化が必須であり、必然的に国民の痛みが伴うため、体制側としては慎重にならざるをえない。湾岸諸国には、クウェイトを除けば[17]、きちんとした議会すらなく、国民の権利を無視することも可能なはずだが、実際には、民主主義、自由などの分野で国民の権利を抑え込むためにも、国民には豊かさを約束せねばならなかった。民主主義の大原則を「代表なくして課税なし」とするなら、国民に「代表」の権利を与えないならば、「課税」の義務も免除せざるをえなくなるというわけだ。これは、逆にいえば、国民に課税するなら、代表の権利を付与しなければならないという意味でもある。君主制を取る湾岸産油国は石油収入を適度に分配することによって国民の忠誠を買うことができたという、いわゆるレンティア国家仮説は、その意味で一定の有効性はあるといえるだろう[18]。

しかし、石油の将来に暗雲が垂れ込める中、湾岸産油国でも石油依存からの脱却を目指す動きが本格化してきた。

第７節　ビジョン

石油依存型経済の将来に対する危機感は中東産油国のあいだで共有されているものの、それぞれの国の状況に応じて、その深刻度は異なる。たとえば、中東産油国の財政均衡油価（Breakeven Oil Price）を見てみると、低油価に対する耐性がある程度、わかるだろう[19]。財政均衡油価とは、歳入と歳出が均衡する石油価格のことで、石油価格がそれ以下になると、財政は赤字になり、それ以上だと黒字になる。数字が低ければ低いほど、石油価格が低くても耐えることができ、高ければ高いほど、石油価格が下がると、財政は逼迫する。調査主体によって、数字にバラツキはあるが、たとえば、IMFの調査によると、表７-２のようになる。

一般に人口が大きいところ、生産量が少ないところは、財政均衡油価が高くなりがちである。数字だけ見れば、クウェイトとカタルは低油価に対する耐性が強いが、この両国とも、歳入に占める石油収入の割合が極めて高く、それぞれ約90%、80%である。一方、サウディ・アラビアとUAEはそれぞれ60%強、50%強となり、歳入の多角化はより進んでいるといえる。

表7－2　2019年財政均衡油価（IMF、単位は米ドル）

国名	予算	経常収支	2000-16年平均(経常収支)
アルジェリア	104.6	96.0	81.4
イエメン	125.0	31.0	145.0
イラク	55.7	60.7	67.4
イラン	244.3	44.7	40.7
オマーン	92.8	74.5	45.5
カタル	44.9	56.4	50.2
クウェイト	53.6	50.5	35.3
サウディ・アラビア	82.6	50.1	50.1
バハレーン	106.3	76.5	47.2
アラブ首長国連邦	67.1	50.1	52.2
リビア	48.5	31.0	54.6

出所：筆者作成

また、もう一つの重要なポイントは人口増である。中東諸国は宗教的・社会的価値観などから人口増加率が高い。世界銀行の調査では、2019年の中東諸国の平均人口増加率は1.7%、アラブ世界だけだと1.9%になる。また、多くの国で人口構成が若年層のボリュームに傾くという特徴がある。年齢中位数も、中東の多くの国で20代後半から30代前半に分布しており、日本のそれが40代後半なのと比較すると、圧倒的に若い。

このままいくと、中東の人口は爆発的に増加することになる。たとえば、サウディ・アラビアは2019年には総人口約3400万だったのが、2050年には約4500万にまで増えると予測されている。人口が増えれば、国民の大半が公務員や国営企業の職員であるため、それだけ石油収入を食いつぶしていく。しかも、人口増加でエネルギー消費が拡大すれば、本来なら、輸出して外貨を稼いでくれるはずの石油そのものも蕩尽してしまう。2011年にはサウディ・アラビアがこのまま何の対策も取らなければ、2038年には石油輸入国に転じるとのショッキングな報告も出た（Lahn and Stevens 2011: 2）。ほぼ同時期、サウディ・アラビア国内の調査機関からも類似の報告が出たことからも、サウディ・アラビアがこの問題を深刻にとらえていることがうかがえるだろう。

むろん、湾岸産油国とて手をこまねいていたわけではない。彼らは1990年代から**脱石油依存**のための改革を打ち出してきた。具体的には、歳入の多様化、財政合理化、民営化、労働力の自国民化である。しかし、これらの改革がかならずしも成功していなかったのは、上述のとおりである。そして、21世紀になってからは、よりソフィスティケートされたかたちで、新たな脱石油依存構

表7－3　GCC諸国の改革ビジョン

国　名	名　称	目標年	発表年
サウディ・アラビア	サウディ・ビジョン	2030	2016
クウェイト	ニュークウェイト	2035	2017
バハレーン	経済ビジョン	2030	2008
カタル	カタル国家ビジョン	2030	2008
アラブ首長国連邦	UAEビジョン	2021	2010
オマーン	オマーンビジョン	2040	2019

出所：筆者作成

想が各国で明らかにされ、2010年代には**湾岸協力会議**（GCC）加盟6カ国の改革案がほぼ出そろった（表7－3）。

たとえば、サウディ・アラビアは2016年、若きムハンマド・ビン・サルマーン（MbS）副皇太子（当時、現皇太子）が野心的な改革案、「サウディ・ビジョン2030」を発表した。このビジョンでは「活力ある社会」「繁栄する経済」「野心的な国家」の３つを柱に2030年までの目標を掲げている。目標の中には、聖地巡礼の数を3000万にする、イスラーム博物館を建設する、世界大学ランキングのトップ200に５大学を入れる、家庭内の文化・娯楽関連支出を倍増させるなどの文化的な目標のほか、平均寿命を80歳にし、最低でも週に１回は運動する比率をあげるといった保健・福祉目標のほか、以下のような経済的な目標も、具体的な数値とともに掲げられている。

- 失業率を11.6％から７％に。
- 女性の就業率を22％から30％に。
- 軍備の国内調達率を２％から50％以上に。
- 鉱物資源の開発で2020年までに９万の雇用創出。
- 再生可能エネルギーを9.5gwに。
- GDPを19位から15位に。
- 公的投資基金の資産を6000億サウディ・リヤール（SR）から７兆SRに。
- 2030年までにGDPに占める海外直接投資の割合を3.8％から5.7％に。
- 民間部門のGDPに占める割合を40％から65％に。
- 2030年までに非石油収入を1630億SRから１兆SRに。

これらの目標が達成可能かどうかはわからないが、MbSは、目標達成のために、極めて大胆な政策を矢継ぎ早に打ち出してきた。女性に対する自動車運転免許発給の許可や映画館の復活などである。これまでサウディ・アラビアでは、保守勢力の圧力で、女性は自動車の運転免許を取得できなかった。世界中から人権侵害と非難されながらも、女性の運転を許可しなかったのは、体制を支える保守勢力の反対を恐れたためと考えられる。だが、今や人口の半数が30歳以下になり、今度はその若年層からの支持を固めることのほうがはるかに重要であると判断したにちがいない。映画館の再開や鞭打ち刑の廃止も同じであろう。

もちろん、こうした石油依存から脱却するための改革を進めるためには、原資が必要である。サウディ・アラビアの場合、その多くをサウディ・アラビア国営石油会社サウディ・アラムコ（Saudi Aramco）の株式売却で賄おうとした。しかし、石油価格が上がらないことには、アラムコの市場価値も上がらない。そのため、新規上場はなかなか進まず、ようやくサウディ・アラビア国内で売りに出されたのは2019年末のことであった。かろうじて、目標の時価総額２億ドルを達成したものの、MbS が主張していた海外市場での上場はいまだ実現していない。目標達成が困難になれば、旗振り役の MbS への批判も高まり、政治的に不安定になる恐れも出てくるだろう。

一方、UAE はロボット産業や宇宙開発などに着目、2020年７月には日本のロケットで火星探査機「アマル」を打ち上げた。UAE は、これによってイスラーム科学の黄金時代の復活を狙っているともされるが、現時点では UAE の科学技術だけで火星探査は困難であり、日本や米国など先進国の協力が不可欠である。だが、探査機が火星に到達するとされる2021年は、UAE 独立50周年でもあり、こうした象徴的なプロジェクトを成功させることで、国民の一体感やプライドが醸成されるのはまちがいなく、UAE の未来への「希望」[20]となることが期待される。

他方、歳入の多角化の一環として、GCC 各国は同時並行的に付加価値税も導入したが、これは、2016年に GCC で合意されたもので、現在 GCC ６カ国のうちサウディ・アラビア、UAE、バハレーンが導入している。GCC 合意ではクウェイト、カタル、オマーンも付加価値税を導入することになっているが、遅れている。サウディ・アラビアでは付加価値税導入に際し、政府側から様々な対策が出されたが、消費が冷え込むなどの副作用が出てしまった。

第8節　ポスト石油に向けて

湾岸産油国、特にGCC諸国は一様に脱石油依存の経済・社会計画を進め始めたが、2020年になって新型コロナウイルス（Covid-19）の感染が拡大し、GCC諸国でも多くの感染者を出したため、国境封鎖や都市封鎖などの厳しい措置を取らざるをえなくなった。さらに深刻だったのは、Covid-19のパンデミックで、世界経済に急ブレーキがかかったため、石油の需要が一気に下がり、それに伴い石油価格が暴落してしまったことである。

この緊急事態にサウディ・アラビアをリーダーとするOPECは有効な手立てを取れず、逆にロシアなど非OPECとの対立が鮮明になり、石油価格はさらに下落することとなった。これによって、財政が一気に悪化したため、湾岸産油国は大規模な予算のカットや国債の発行で乗り切ろうとしているが、先行きは不透明である。

UAEのドバイで予定されていたドバイ万博が1年間延期されるなど既に深刻な影響が出ている。サウディ・アラビアも、サウディ・ビジョン2030で産業多角化の目玉としていた宗教ツーリズム（巡礼（ハッジ）や小巡礼（ウムラ）など）が事実上全面的にストップ、さらに観光や娯楽などの産業も大きな打撃を受けてしまった。石油の生産量が少ないバハレーンやオマーンはさらに危機的な状況である。この2国は2011年の、いわゆる「**アラブの春**」に際し、大規模なデモが発生し、死傷者を出している。既に2019年から中東各地でデモや衝突が発生しており、Covid-19による行動制限が解除されれば、湾岸産油国でも不満をもった層から暴力的な動きが出てくる可能性も否定できない。

経済面での国民負担の増大に対し、国民は、政府に対しより大きな政治的権利を要求するだろう。果たして、体制側はどこまでその要求をのめるのか。中東地域で次から次へと独裁体制が崩壊するなか、湾岸産油国が目指す脱石油依存への経済的軟着陸においては、国民に対する政治的妥協は重視されているようには見えない。

やっかいなのはCovid-19が収束したとしても、石油など化石燃料に対する逆風に大きな変化はないことである。ガソリンやディーゼル、灯油といった燃料だけではない。プラスチックなど石油化学製品への風当たりも極めて強くなっている。このまま価値が下がっていくと、たとえ豊富に存在したとしても、石油や天然ガスが利用されない「座礁資産」になるという説も説得力をもち始める。

サウディ・アラビアはかねてより「石油の最後の一滴を売る国になる」と主張している。これは、たとえ石油が座礁資産になっても、サウディ・アラビアだけは最後の最後まで有効に活用するとの宣言といえる。近年、環境へのストレスの少ない化石燃料の利用法に注目が集まっており、産油国も強い関心をもっている。

たとえば、「カーボンフリー」を目指す「**水素社会**」は、湾岸産油国にとっても、救世主的な意味をもつ。石油や天然ガスから水素を製造すれば、石油や天然ガスが座礁資産となることはない。また、CO_2回収・貯留（Carbon dioxide Capture and Storage: CCS）やCO_2回収・利用・貯留（Carbon dioxide Capture, Utilization and Storage: CCUS）の技術に対しても、湾岸産油国は大きな関心をもっており、サウディ・アラビアなどでは日本もコミットしながら、CCSや石油増進回収法（Enhanced Oil Recovery: EOR）（第5章第5・6節参照）、さらにブルーアンモニアの輸送などにかかわる実証プロジェクトがスタートしている。

さらに日本は水素社会実現に向け、大きく踏み出しており、湾岸産油国との協力体制の構築も期待されている。たとえば、日本の自動車メーカー、トヨタは、UAEにおける持続可能な低炭素社会づくりに向けた水素利用の可能性を探るため、水素を用いた燃料電池自動車「ミライ」の実証実験を行っている。いずれも、実用化にはまだ時間がかかるが、従来の石油の輸出・輸入といった単純な二国間関係から、より重層的なパートナーシップ構築に向けた重要な一歩といえるだろう。

【注】

1） アラブ諸国でもそれまでは「ペルシア湾」の呼称が一般的であった。

2） バスラは現在のイラク南部の都市。

3） サウディ・アラビアの支配者であるサウード家も18世紀以降、領域支配を進めていくが、彼らはアラビア半島中央の出身であり、この地域の他の為政者とは、統治権を確立するうえでの歴史的経緯が異なる。

4）アングロ・ペルシアはのちアングロ・イラン（Anglo-Iranian Oil Company）と名称が変更され、さらに英国石油会社（British Petroleum Company）と改称された。現在のBP（BP plc）の起源である。

5）一部日本語の文献では、この企業群の中に「トルコ国立銀行」を入れているが、この銀行は英国の設立した銀行であり、トルコの国立銀行ではない。英語名 National Bank of Turkey（トルコ語：Türkiye Millî Bankası）は、「トルコ国民銀行」と訳すべきであろう。

6）スタンダード石油ニュージャージー（Standard Oil of New Jersey（現エクソン・モービル））、スタンダード石油ニューヨーク（Standard Oil Company of New York（現エクソン・モービル））、ガルフ石油（Gulf Oil（現シェブロン））パン・アメリカン石油運輸会社（Pan-American Petroleum and Transport Company（現BP））、アトランティック・リッチフィールド社（Atlantic Richfield Co.（現BP））の5社からなるコンソーシアム。

7）現トタル（Total S.A.）。

8）なお、バハレーン石油会社が1934年に最初に輸出した石油の仕向け地は日本であった。このころ日本は石油輸入の大半を米国に依存していたが、米国との戦争に備えて、石油の輸入先の多角化をはかっていた。バハレーンからの輸入はその一環といえたが、実際にはバハレーン石油会社は、登記はカナダであったものの、米国のスタンダード石油カリフォルニアであり、輸入先の多角化とはいいがたいものであった。

9）アラビストであるフィルビーは英国人でありながら、英国の中東政策に反発し、サウディ・アラビアのアブドゥルアジーズ初代国王の顧問として、カソックがサウディ・アラビアにおける石油利権を獲得する仲介を行ったといわれている。イスラームに改宗し、ハッジー・アブダッラーというムスリム名をもつ。なお、息子のキム・フィルビーはソ連のスパイとして知られる。

10）利益折半方式はもともと1943年にベネズエラで始まった。

11）日本の出光興産は英国の猛反対を無視してイランから石油を購入した、いわゆる「日章丸事件」はこのときに発生したもの。第2次世界大戦の敗北と連合軍の占領の中、様々な困難を感じていた日本国民は、連合国の一角である英国に一矢報い、同じように英国の桎梏に苦しむアジアの同胞であるイランを助けたとして、この事件に快哉を叫び、日本のメディアも連日、くわしく報道していた。近年でも百田尚樹のベストセラー『海賊とよばれた男』（講談社、2012年）でも取り上げられ、ふたたび関心を集めた。イランでも、日本に感謝する声が高まったとされるが、実際には、イランが苦しむ中、市場価格より30%以上安く石油を買い叩いたと否定的にみる見方も存在していた。

12）裁判で有罪判決を受け服役、釈放後は自宅で軟禁状態となり、1967年に死亡した。

13）CIAの作戦名は「TPAJAXプロジェクト」あるいは「AJAX作戦」と呼ばれ、英国側（秘密諜報部（MI6））は「ブート作戦」と呼んでいる。AJAXは洗剤の名前で、イランから共産主義者を一掃することが含意されているといわれている。つまり、米国側の意図は、石油よりはむしろソ連の動きを封じ込めることにあったことがわかる。実際、米国は、アングロ・イラン石油会社対イラン政府の対立では、アングロ・イラン側には冷淡であり、出光のイラン石油購入でも米国ははじめから黙認していた節がある。

14）アングロ・イラン石油会社が40%、米国石油会社が40%（スタンダード石油ニュージャージー、スタンダード石油カリフォルニア、スタンダード石油ニューヨーク、テキサス石油、ガルフ石油が各８％）、英蘭のロイヤル・ダッチ・シェルが14％、フランス石油が６％という比率。

15）「レンティア」とは本来、家賃収入（レント）のような不労所得で生活する人を指し、転じて天然資源などの非稼得収入で歳入の大半を賄う国家のことをレンティア国家と呼ぶようになった。特に中東産油国については、石油収入を国庫に入れ、そこから国民に様々なサービスを無償、あるいは極めて安価に提供することによって、国民の不満を封じ込め、体制を安定化させてきたという議論がある。

16）たとえば、オマーンは1995年にオマーン・ビジョン2020の名で、2020年に向けた経済改革のプログラムを発表した。

17）クウェイトの議会（国民議会）は行政府に対する、極めて強力な反対勢力になっている。しかし、その議会も、いわゆる議会制民主主義とは異なり、政党の結成は認められておらず、行政府の長は議会選挙で多数を取った勢力から選ばれるのではなく、国家元首（首長）によって指名される。

18）ただし、1979年、石油収入に依存していた君主制国家、イランが革命で倒れている。

19）なお、中東諸国の石油生産コストは極めて低く、おおむね１バレル当たり数ドルから高くても10ドル程度である。一方、欧米では、かろうじてロシアが比較的安価といえるが、米国では中東の十倍から数十倍にもなる。

20）探査機の名前「アマル」はアラビア語で「希望」を意味する。

【文献案内】

①ヤーギン，ダニエル（1991）『石油の世紀―支配者たちの興亡』（上・下巻）日高義樹・持田直武訳、日本放送出版協会

②小野沢透（2016）『幻の同盟―冷戦初期アメリカの中東政策』（上・下巻）名古屋大学出版会

③石油天然ガス金属鉱物資源機構編（2008）『台頭する国営石油会社―新たな資源ナショナリズムの構図』エネルギーフォーラム

【引用・参考文献一覧】

・石川良孝（1983）『オイル外交日記―第一次石油危機の現地報告』朝日新聞社

・梅野巨利（2002）『中東石油利権と政治リスク―イラン石油産業国有化紛争史研究』多賀出版

・川崎寅雄（1967）『東アラビアの歴史と石油』吉川弘文館

・シモンズ，マシュー・R.（2007）『投資銀行家が見たサウジ石油の真実』月沢李歌子訳、日経BP社

・ステグナー，ウォーレス（1976）『大発見―アラビアの石油に賭けた男たち』工藤宜訳、講談社

・瀬木耿太郎（1988）『石油を支配する者』岩波書店

・田村秀治（1983）『アラブ外交55年』全２巻、勁草書房

・ダルモン，エティエンヌ／ジャン・カリエ（2006）『石油の歴史―ロックフェラーから湾岸戦争後の世界まで』三浦礼恒訳、白水社
・土田豊（1969）『中東の石油―砂と炎と動乱と』日本経済新聞社
・十市勉（2007）『21世紀のエネルギー地政学』産経新聞出版
・福田安志編（1996）『GCC 諸国の石油と経済開発―石油経済の変化のなかで』アジア経済研究所
・ヘレットソン，F. C.（1959）『ロイヤル・ダッチ・シエルの歴史』近藤一郎・奥田英雄訳、石油評論社
・保坂修司（2005）『サウジアラビア―変わりゆく石油王国』岩波書店
・松尾潤編（2019）『エネルギー資源の世界史―利用の起源から技術の進歩と人口・経済の拡大』一色出版
・松尾博文（2018）『「石油」の終わり―エネルギー大転換』日本経済新聞出版社
・松尾昌樹（2010）『湾岸産油国―レンティア国家のゆくえ』講談社
・宮下二郎（1991）『王と石油資本の砂漠外交―アラビアの石油開発史』石油文化社
・村上勝敏（1967）『石油の開拓者たち―近代石油産業生成史』論創社
・ヤーギン，ダニエル（2012）『探求―エネルギーの世紀』（上・下巻）伏見威蕃訳、日本経済新聞社
・ロス，マイケル・L．（2017）『石油の呪い―国家の発展経路はいかに決定されるか』松尾昌樹・浜中新吾訳、吉田書店
・脇村義太郎（1957）『中東の石油』岩波書店
・al-Nakib, F.（2016）*Kuwait Transformed: A History of Oil and Urban Life,* Stanford University Press.
・al-Sabah, Y.S.F.（1980）*The Oil Economy of Kuwait,* Kegan Paul International Ltd.
・Arabian American Oil Company（1968）*Aramco Handbook: Oil and the Middle East,* Arabian American Oil Company.
・Beblawi, H., and Luciani, G.（1987）*The Rentier State,* Croom Helm.
・Burdett, A. ed.（1995）*The GCC States: National Development Records,* 9 vols, Cambridge University Press Archive Editions.
・Burdett, A. ed.（2000）*Records of Dubai 1761-1960,* 8 vols, Cambridge University Press Archive Editions.
・Burdett, A. ed.（2004）*OPEC Origins and Strategy 1947-1973,* 6 vols, Cambridge University Press Archive Editions.
・Clarke, Angela（1990）*Bahrain: Oil and Development 1929-1989,* Immel Publishing.
・Cooper, A.S.（2012）*The Oil Kings: How the U.S., Iran, and Saudi Arabia Changed the Balance of Power in the Middle East,* Simon & Schuster.
・Crystal, J.（1990）*Oil and Politics in the Gulf: Rulers and Merchants in Kuwait and Qatar,* Cambridge University Press.
・Crystal, J.（1992）*Kuwait: The Transformation of an Oil State,* Westview Press.
・Forbes, R.J.（1958）*Studies in Early Petroleum History,* E. J. Brill.

・Forbes, R.J. (1959) *More Studies in Early Petroleum History,* E. J. Brill.
・Galpern, S. (2009) *Money, Oil, and Empire in the Middle East,* Cambridge University Press.
・Gilbar, G.G. (1997) *The Middle East Oil Decade and Beyond,* Routledge.
・Herb, M. (2014) *The Wages of Oil: Parliaments and Economic Development in Kuwait and UAE,* Cornell University Press.
・Hirst, D. (1966) *Oil and Public Opinion in the Middle East,* Faber and Faber Ltd.
・Hope, B., and Scheck, J. (2020) *Blood and Oil: Mohammed bin Salman's Ruthless Quest for Global Power,* Hachette Books.
・Krane, J. (2019) *Energy Kingdoms: Oil and Political Survival in the Persian Gulf,* Cambridge University Press.
・Lahn, G., and Stevens, P. (2011) *Burning Oil to Keep Cool: The Hidden Energy Crisis in Saudi Arabia,* Chatham House.
・Longrigg, S.H. (1968) *Oil in the Middle East: Its Discovery and Development,* Oxford University Press.
・Morton, M.Q. (2017) *Empires and Anarchies: A History of Oil in the Middle East,* Reaktion Books.
・Rush, A., ed. (1989) *Records of Kuwait 1899-1961,* 8 vols, Cambridge University Press Archive Editions.
・Sajjadi, A. (2020) *The Untold History of the Nationalization of Oil in Iran: Based on Iranian Parliament Negotiations (1950-1951),* BookBaby.
・Schofield, R. N. and Toye, P. L. eds. (1989) *Arabian Gulf Oil Concessions 1911-1953,* 12vols, Cambridge University Press Archive Editions.
・Tétreault, M.A. (1981) *The Organization of Arab Petroleum Exporting Countries: History, Policies, and Prospects,* Greenwood Press.
・Tétreault, M.A. (1995) *The Kuwait Petroleum Corporation and the Economics of the New World Order,* Quorum Books.
・The Emirates Center for Strategic Studies and Research (2007) *Gulf Oil and Gas: Ensuring Economic Security,* The Emirates Center for Strategic Studies and Research.
・Tuson, P., ed. (1991) *Records of Qatar 1820-1960,* 8 vols, Cambridge University Press Archive Editions.
・Tuson, P., ed. (1992) *Records of Saudi Arabia 1902-1960,* 10vols, Cambridge University Press Archive Editions.
・Tuson, P., ed. (1993) *Records of Bahrain 1820-1960,* 8 vols, Cambridge University Press Archive Editions.
・Tuson, P., Burdett, A., and Quick, K., eds. (1990) *Records of the Emirates 1820-1960,* 12vols, Cambridge University Press Archive Editions.
・Williamson, J.W. (1930) *In a Persian Oil Field: A Study in Scientific and Industrial Development,* Ernest Benn Limited.

第 8 章

現代中東の環境問題への取り組み

――『地球環境アウトルック』を手がかりに

縄田　浩志

【要　約】

本章は、国連環境計画による『地球環境アウトルック』第5次報告（GEO 5）の「西アジア」に関する枠組みに沿って、現代中東における環境問題の見取り図を示すことを目的とする。

当地域の環境問題を引き起こす主要な駆動要因は、化石燃料依存と経済政策、人口増加と都市化、紛争と安全保障、である。世界の石油埋蔵量の2分の1、世界のガス資源の4分の1程度を保有している国々の多く、とりわけ湾岸協力会議（GCC）諸国は、それらの輸出に石油化学製品を合わせた収入に国家財政を大きく依存している。またGCC諸国の高所得は1人当たりのエネルギー消費を高めることによって、すなわち多くの二酸化炭素（CO_2）を排出することによって支えられている。その一方、石油産業が集中していることにより、大気を汚染し、環境を損なっている。さらに、高い人口増加率と都市化が、現行の消費パターンと結びついて、当大陸域の限られた土地および水資源に対する負荷となっている。若年層が多く増大し続けている人口は、新たな開発の見通しをもたらすが、既に損なわれた資源や生態系へさらに圧力をかける。

以上のような現状認識に基づくと、①淡水、②土壌、土地利用、土地劣化、砂漠化、③エネルギー、④海、の4分野が最も緊急に取り組むべき環境問題の優先分野である。そこで、4分野別に示された政策オプションとその評価、またその論拠となる事例の概要を具体例とともに検討していく。

第1節　現代中東における環境問題の見取り図

手がかりとするのは、**国連環境計画**（United Nations Environment Programme: UNEP）による『**地球環境アウトルック**（Global Environment Outlook: GEO）』である。1997年から2019年にかけて第６次報告まで出版され、地球環境に対する最新の現状を示しつつ地球規模での対応へと収斂する形でまとめられているが、北アメリカ、中南米とカリブ諸国、アジア太平洋地域、ヨーロッパ、**西アジア**、そしてアフリカという６つの大陸域（リージョン）ごとに現状分析と政策提言がされているのが特徴である。大陸域の範囲は、UNEP 地域事務所に課された付託権限を反映しており、大陸域、サブ大陸域、およびその区域内の国家と階層化されている。西アジア大陸域（West Asia Region）とは、アラビア半島地域と**マシュリク地域**の２つのサブ大陸域からなる国々のことである。アラビア半島地域には、バハレーン、クウェイト、オマーン、カタル、サウディ・アラビア、アラブ首長国連邦による**湾岸協力会議**（Gulf Cooperation Council: GCC）に属する国々とイエメンが含まれ、マシュリク地域には、イラク、ヨル

図８－１　西アジアの地理的な範囲（『地球環境アウトルック』による）

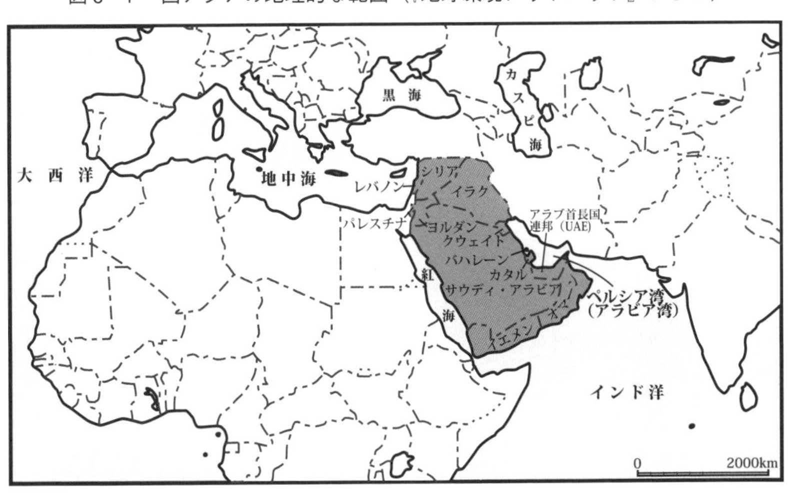

出所：国連環境計画・環境報告研（2015）をもとに作成

ダン、レバノン、パレスチナ占領地域（OPT）、シリアが含まれる（図8-1）。

最新の第6次報告（2019年）は、2015年までの達成を目指していた「ミレニアム開発目標（MDGs）」を継承する形で2015年9月国連総会において採決された「持続可能な開発目標（SDGs）」の枠組みを反映した報告となっている。また第6次報告から本論に付随した別冊として大陸域ごとの評価報告がされるようになり、別冊西アジア編だけで58の図と14の表を含んだ英文146頁に達する大部な分析と提言となった（UN Environment 2019）。ただし本稿では、17のグローバル目標と169の達成基準からなるSDGsとの対応関係などを考慮する煩雑さをさける意味もあり、環境に特化して取り組んできたUNEPの考え方や立場がより明確に反映され、到達点が簡潔に示されている、2012年に出された1つ前のバージョン、第5次報告（以下、GEO5）の西アジアに関する英文25頁の枠組みに沿って（UN Environment 2012；国連環境計画・環境報告研 2015; 2020）、内容と論点を要約しつつ議論してみたい。

第2節　環境問題を引き起こす駆動要因と取り組むべき優先分野

UNEPが定義する西アジア大陸域は、世界の全陸地のほぼ2.5％の約400万㎢にあたり、乾燥地が大部分を占めている。降雨は乏しく、時間的・空間的に著しく変動する。慢性的な水不足に加えて、干ばつが頻発もしくは継続的に発生するため、水が最も貴重な資源である。

当大陸域の環境問題を引き起こす主要な駆動要因は、化石燃料依存と経済政策、人口増加と都市化、紛争と安全保障、と定位された。

世界の石油埋蔵量の2分の1、世界のガス資源の4分の1程度を保有している西アジアの国々の多く、とりわけGCC諸国は、それらの輸出に石油化学製品を合わせた収入に国家財政を大きく依存している。またGCC諸国の高所得は1人当たりのエネルギー消費を高めることによって、すなわち多くのCO_2を排出することによって支えられている。その一方、石油産業が集中していることにより、大気を汚染し、環境を損なっている。さらに、高い人口増加率と都市化が、現行の消費パターンと結びついて、当大陸域の限られた土地および水資源に対する負荷となっている。移動性が高いだけでなく、若年層が多く増大し続けている人口は、新たな開発の見通しをもたらすが、既に損なわれた資源や生態系へさらに圧力をかける。仕事、住居、健康、水、エネルギー、教育の需要を支えるために、より多くの資源やサービスが必要となり、そのために土地の用途も変更せざるをえない。加えて、気候変動は、経済と幸福に対して悪影響を及ぼす主要な問題の一つになりつつある。主に気温の上昇と降雨の減少により、水の入手可能性が西アジア全域において2050年までに低下すると予想されており、特に沿岸域を多くもつアラビア半島地域の国々は、海面上昇に弱く、広い範囲が洪水および塩水侵入に脅かされている。

以上のような現状認識に基づいて、①淡水、②土壌、土地利用、土地劣化、砂漠化、③エネルギー、④海、の４分野が最も緊急に取り組むべき環境問題の優先分野として、またそれら４分野を横断する重点分野として、**環境ガバナンス**と**気候変動**の２分野が示された（図８-２）。実は、UNEP が定義した６つの大陸域ごとに、優先分野の選択は異なっている。例えば、環境ガバナンスと気候変動の２分野は、６つのどの大陸域も横断的に取り組む分野もしくは優先分野として選んでいるし、またどの大陸域も優先分野として淡水を選択している。それに対して、土地を選択したのは、アジア太平洋地域を除く５大陸域、エネルギーを選択したのは西アジアの他には北アメリカのみ、海を選択したのは西アジアの他にはアフリカのみである。西アジアにおいては、大気汚染、生物多様性、

図８-２　西アジアにおける環境問題の優先分野

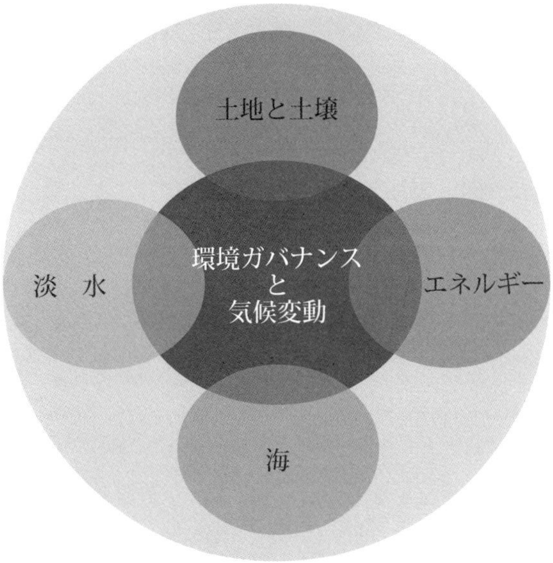

出所：国連環境計画・環境報告研 2020

化学物質と廃棄物の3分野が優先分野から除外された。

そこで以下では、4分野別に示された政策オプションとその評価、またその論拠となる事例の概要を要約しつつ検討していきたい。

第3節　淡　　水

西アジアの水源の水量は106.5k㎥と推定される。再生可能な水資源には、**地表水**、浅層地下水が、再生可能でない水資源には、**地下水**、**脱塩水**、処理された**廃水**がある。地表水86k㎥はマシュリク地域で、その大部分の63k㎥がユーフラテス川、ティグリス川、ヨルダン川、オロンテス川といった国際河川に集中しており、残りの13k㎥は、小河川、泉、ワーディ（涸れ谷に集まる地表流）からなる。全域の再生可能な地下水量は15.5k㎥に留まっている。イラク、レバノン、シリアの場合は、限られた地下水資源によって補われる河川水に頼り、それ以外の国々の場合は、再生可能な地下水に加えて、広範に及ぶ再生可能でない地下水および脱塩水が補っている。

GCC諸国は、世界の脱塩能力の約44％を担っており、3.3k㎥の脱塩水が家庭給水量の56％を満たし、家庭給水の供給源として頼りにされている。約2.3k㎥の処理された廃水および排水は、9k㎥の処理されていない廃水と併せて、都市の造園や飼料生産に用いられている。家庭用、産業用、農業用の水需要の総計は、1990年に83.4k㎥と見積もられたが、2000年には112.8k㎥に増え、2025年には167.4k㎥に達すると予想されている。

急速な人口増加と都市化、干ばつや異常気象の頻度の増加、経済活動の加速、生活水準の向上により、需要と供給の差がますます広がり、より高レベルの汚染および資源の枯渇をきたしている。当大陸域の水不足の深刻さは、1人当たりに換算した年間の再生可能な水資源量が、1990年の1050㎥から、2010年には553㎥に減少したことが示している。これが2025年には205㎥にまで落ち込むと予想でき、その場合、世界では1人当たり年間7243㎥平均と試算される量の3％も満たさなくなってしまう。気候変動による水不足は、次の50年に利用できる再生可能な水資源を15～20％減少させる可能性があり、主要な河川の流れを変え、地下水の涵養率を低下させ、鉄砲水や干ばつの頻度が高まり、天水地域での作物生産を損なう。気候変動による気温の上昇は、とりわけ灌漑農業で用いられる水需要の増大、海面上昇による塩水侵入、観光事業向けに提供される水の減少、作物生産システムの変更をもたらすと予想される。

水政策の具体案として、①農業向けの水使用の管理、②水不足を軽減するための需要と供給の管理、③統合的アプローチによる計画策定、が挙げられる(西アジアにおける水ストレスによる環境影響については第9章第1節を参照)。

農業向けの水使用の管理

農業部門は、当大陸域の水の85%以上を使用している。レバノン、ヨルダン、シリア、イエメンでは国内人口の30〜40%を雇用し、GCC諸国では外国人労働者に依存している。農業の集約化は、農業汚染や**土壌の塩類化**を拡大しただけでなく、特にアラビア半島における地下水の枯渇を加速させた。当大陸域の農業の特徴は、30〜45%という灌漑効率の低さと、水を多く必要とする作物に特化した栽培にあり、その結果、水の生産性が低下している。

サウディ・アラビアの場合、農業部門が国の水消費量の85%を占めているが、それも再生可能でない地下水資源を多量に消費している。2005〜2007年の間に、灌漑需要を満たすために、250万㎥の再生可能な水資源に1620万㎥の再生可能でない地下水資源が補われた。たとえ2010年の1870万㎥の総需要が2025年に1200万㎥に減少すると想定しても、灌漑に要する総需要と再生可能な水源からの供給との差は、依然として相当なものになる。政府は最近、ディーゼル燃料への補助金を削減し、かつ地元で収穫するコムギの購入を徐々に減らすことによって、灌漑による食糧生産を制限する多くの対策を実施した。2009年に政府は、8年間にわたってコムギの生産を取り止める目標を設定し、それと同時に、現代的な灌漑システムの導入に対する**インセンティブ**や貸付を増やし、家畜飼料の輸入に補助金を付与し、飼料の輸出を禁止して、戦略的な食糧の備蓄を確立した。さらに、農業に充てる土地を増やさず、温室での栽培を促進し、農業部門の政策がその他の関連政策と調整されるよう改善した。同時に、委員会を組織して、民間部門を後押しするための基金を設けることによって、外国への農業投資を奨励する、などの対策を実施した。これらの対策は、灌漑される土地、コムギの生産、地下水の採掘、のそれぞれの量を減らすことに寄与すると共に、処理された水を再使用することへの関心を高めた。

サウディ・アラビアの例が示すように、農業政策は、広範囲に及ぶ水政策に適合され、調整され、統合されなければならない。再使用する水の量を増やすための廃水処理施設、および節水技術の受け入れを増やすための補助金や貸付、への行政投資が必要である。灌漑効率の目標を75％に設定し、栽培に多量の水が必要にもかかわらず低価格にとどまる作物栽培を段階的に減らして作物を輸入する状況が確立されなければならない。コムギを栽培するためには、大量の水が必要になるので、国としては、コムギを輸入して、水をあまり必要としない作物に集中することによって、仮想水（詳細は第2章第4節を参照）を得て、既存の水資源をより効率的に使用できるようになる。青刈り家畜用飼料の輸出を制限すること、水利組合の数を増やすこと、アラブ諸国間で世界貿易機関や二国間協定を活用することを追加対策とすれば、さらに効果が見込める。

水不足を軽減するための需要と供給の管理

供給側での適切な管理対策としては、持続的な作物生産を維持できる範囲内で再生可能な地下水の開発を行うこと、海水の淡水化の拡大、廃水の適切な処理と再使用、雨水の管理と貯留、人工的な**地下水涵養**、洪水を調節する仕組み、再生可能でない地下水採取に対する制限、などがある。

需要側での管理対策は、部分的にコストを回収するといった経済的な仕組み、社会的に受け入れ可能な料金規定、特に灌漑部門における水の利用効率を改善するための補助金およびインセンティブ、節水に向けた建築基準法の改正、漏水の制御、水道事業の地方分権化、地下水の観測、国際基金が効果的になるよう調整して市民の認識を高めること、などである。

主な課題は、農業分野からの強い陳情団によって、規制を受けたり補助金を交付されたりする状況から、ある程度価格の付いた商品やサービスといったものへと転換させることである。今ではヨルダン、サウディ・アラビア、シリアでは変わりつつあるが、当大陸域のほとんどの国では、補助金政策が無駄の多い水消費をもたらしてきた。他の課題としては、処理された廃水を使用することへの宗教的な抵抗感を克服すること、マシュリク地域へ十分な財源を提供すること、統合的で総合的な計画を策定する能力の不足を特にアラビア半島地域において克服すること、がある。

当大陸域はどこも社会経済的な特性が似ている。そのため、水の需要管理について多くの経験を共有できるチャンスがある。GCC諸国での脱塩の経験は、環境への影響を十分に考慮しながら、マシュリク地域、特にヨルダン、パレスチナ占領地域、イエメンにおいて共有されうるし、同様に、貯水や雨水貯留の基盤施設などの対策、バハレーン、ヨルダン、サウディ・アラビア、シリアなどで導入されている節水技術、漏水検知とその修復なども、ほとんどの国で再現可能である。

これらを可能にする条件は、水部門の包括的な改革である。それには、部門内および部門を越えて協調するよう導く健全なガバナンス、十分な投資、財務の透明性と説明責任、社会的に受け入れ可能な料金規定を備えた原価回収手法に対する国民の理解、汚染者負担の原則の適用、などが必要となってくる。

統合的アプローチによる計画策定

水の管理を当大陸域で強化しようとしたいのであれば、**統合的水資源管理**（Integrated Water Resources Management: IWRM）の枠組みは、オプションではなく必須条件である。しかし現在の取り組みは、国の発展計画内での水政策の策定に限定されていて、水の供給の開発および限定的な需要の管理に焦点が当てられてきた。

水と水関連部門の内部において、およびその部門を越えて、計画が調整され統合されることによって、水の需要と供給のバランスが促進されうる。その目的は、水資源の持続可能性および利用効率および保全の達成、気候変動の影響などのリスク管理、争点となる共有されている水資源の管理である。さらにその便益は、とりわけ貧しい人々に対して安全な水が供給されかつ衛生設備の普及が高まること、水質の改善による健康への恩恵、法令の遵守および施行の強化、情報の伝播、共有されている水資源に取り組む際の協力や信用の向上などである。

ヨルダン、パレスチナ占領地域、イエメン、ならびに最近ではサウディ・アラビアやアラブ首長国連邦においても実施されたIWRMの経験を、当大陸域は、将来の水計画を更新するため、またその他の国々との経験の共有に生かすべきである。管理対策を実際に実施することを通して学ぶことができた教訓は、いかなる既存のIWRMに基づく計画を更新する際にも、それに必要な国の能力を構築する助けとなる。

環境ガバナンスの観点から言えば、統合的アプローチを成功させるには、それを可能にするいくつかの特定の条件が必要になってくる。意思決定者と**ステークホルダー**（利害関係者）は、関連する政策綱領を完全に理解し、かつ水および水関連部門の目的および権限を明らかにしなければならず、また情報が妨げられずに伝播されるようにし、必要な財源および十分に訓練された人材を充て、国の専門知識に対する信頼を高め、コミュニティ主体型の管理アプローチを採用し、調整する仕組みを強化しなければならない。このためには、包括的で強制的な法令が必要である。

第４節　土壌、土地利用、土地劣化、砂漠化

西アジアのほとんどが、まばらな植生、砂質土壌、乾燥から極乾燥の気候条件であること、が特徴である。西アジア総面積400万㎢の64％を乾燥地が占めている。土地利用区分のうち、最大のものは放牧地で、およそ３分の２を占める。一方、一年生および永年作物地が4.8％、森林は1.4％にとどまっている。人口増および都市化が高止まりして、消費率の増加と相まって、限られた土地資源への圧力を増大させている。

当大陸域の生物物理的な特性が、人口の増加や社会経済的な諸政策と結びついて、西アジアが直面する最大の問題の一つである土地劣化および砂漠化をもたらす主要な駆動要因となっている。直接的な原因は、作物や家畜生産の集約化および放牧、人の居住区やインフラの開発、戦争、**化石水**または塩水による灌漑といった持続不可能な行為に補助金を交付している政策、農薬の使い過ぎ、家畜の過剰な飼育、統合された適切な水および土地利用計画の立案と管理の欠如などである。これらの開発がすべて、生態系の生産物や生態系サービスの低下、**生物多様性の損失**を伴う広範囲の砂漠化や土地劣化に帰着し、次いでそれらが、人の幸福に影響を及ぼしている。土地劣化の影響は、レバノン、シリア、イエメンのように、国内総生産（GDP）に農業の占める割合が高い国において最も深刻で、頻発する干ばつおよび気候変動によってさらに悪化している。

具体的な政策群として、①食糧安全保障および耕地の再生、②放牧地の改良および土地劣化への対策、③地元コミュニティを参画させて土地および水利用

を改善する統合的な政策の採用、がある。

食糧安全保障および耕地の再生

湛水灌漑のような農業手法を実施することによって生じる制約は、既に水不足になっている当大陸域の水資源が枯渇することにある。地下水層の使い過ぎは、沿岸地域において地下水に塩水を侵入させることになり、その塩化が、広範囲の農地を使えない状態にして、景観を砂漠に変えてしまう。しかしながら、当大陸域の諸政府は、新たな区域の開墾および塩化された畑の再生以外に、選択肢が残されていないので、増え続ける食物への需要を満たすために塩化された畑を再度耕作するほかない。過去数年の間、干ばつの常態化が当大陸域に影響を与え続けており、干ばつと気候変動が食糧安全保障の達成を阻んでいる。

食糧安全保障（Food Security）は、その概念が1980年代に導入されて以来、当大陸域の諸政府の主要な関心事であり続けている。食品価格の急上昇を伴った2007年の世界食糧危機によって、いくつかの国は、特定の農産物を自給自足すること、また特に穀物や家畜飼料の輸出を制限すること、の必要性と要望を再度活性化させた。その結果、農業生産を増やすよう国の農業政策が修正され、地方分権化が支援されて農業システムに対する政府の規制が緩められた。価格統制、税の免除および削減、穀物および飼料の輸出制限、貸付を容易にすること、開墾と灌漑の効率を高める技術の導入、などの形でインセンティブを提供する手段が調査された。加えて、塩水を農業生産に使用すること、乾燥と干ばつに耐性のある新しい地元の作物品種を開発すること、雨水貯留システムを再生させること、といった気候変動への適応策の開発も行われている。

放牧地の改良および土地劣化への対策

国および大陸域の放牧地を発展させる政策は、劣化している放牧地を保護し再生しながら、指定区域内での耕作を禁止することによって、放牧地の管理が改善されるのを助けることにつながる。その便益は、放牧地の保護、保全、持続可能性を高めること、ならびに自然植生の生産性や多様性の改善などである。さらに放牧地を発展させることは、土壌侵食を防ぎ、水を保全し、**炭素隔離**を増やし、**砂塵嵐**や**砂嵐**の頻度と規模の両方を低減し、砂漠化と闘う世界的な支援との結びつきをもたらす。制約としては、放牧する者たちに開放される放牧地面積が減ること、耕作との競合、家畜の飼い主によって直接的な経済的見返りが少ないこと、地元コミュニティと争いになるリスクの増大、などがある。

シリアにおける放牧地政策の主要な目的は、植生の密度、生産性、生物多様性を保全し、地元コミュニティの生計を改善し、砂塵嵐や砂嵐を減らし、炭素隔離を増やすことである。そのために、シリアン・ステップに位置するアルビシュリー放牧地において、劣化した地域を保護し再生することが行われた。実施する際には、劣化している区域の選定、種まき、植栽、に地元コミュニティを巻き込んで、地元の牧畜する者たちと畜産肥育組合との協働を通じて、放牧圧を制御し軽減することが必要である。３年間の再生と保護が行われた後、飼料の生産が年間１ha当たり90kgから320kgまで増加し、裸地化の程度が91％から32％まで減少した。植物の多様性は、13科23属27種から、17科55属83種まで増加し、家畜が摂食する灌木の密度が１㎡当たり0.02本から４本まで増加した。長期的には、砂塵嵐や砂嵐が予防されると共に、植生の密度、生産性と多様性、炭素隔離が、適正水準にまで増えることが期待される。このことは、より多くの牧草を家畜に提供できることに加えて、飼料の要求量および食肉生産のコストを下げることにつながっている。

西アジアにおける放牧地の保護政策を可能にするための諸条件が、先進国や調査研究所からの支援を得て、様々な機関によって共同で整えられてきた。土地劣化を抑制することがうまくいくか否かは、その計画を立案し実施する組織、機関、法令、政治、の仕組みや手順などの、望ましい枠組みが存在しているかどうかに左右される。これには、組織の対応能力に影響を及ぼしている要因についての分析、ならびにその分析に基づいて、能力を構築して住民を参画させる方式についての提言につなげていくことも含まれる。

地元コミュニティを参画させて土地および水利用を改善する統合的な政策の採用

気候変動に関する政府間パネル（Intergovernmental Panel on Climate Change: IPCC）の報告書は、西アジアにおいて拡大している**土地劣化**および**砂漠化**の問題が、気候変動によって悪化するだろうことを示唆している。予想される気温上昇、降雨の減少、干ばつと砂塵嵐の強度と頻度がより大きくなることが、放牧地および天水耕地に影響を及ぼし、土地劣化、生物多様性の低下、砂漠化の拡大と激化、をもたらすであろう。

このことに留意して、例えばヨルダンの政策は、天水農業の戦略的な改善、ならびに土地劣化および砂漠化の予防に対処している。これらの目的を達成するには、生産性を改善するための統合的な戦略を長期にわたって主流化すること、土地および水資源を再生し保全し持続していくこと、砂漠化と闘うこと、干ばつと気候変動の影響を緩和すること、などが必要である。

これらの戦略の実施は、地方、国家、大陸域、地球の各レベルで、これらの環境問題とその他の環境問題の間の相互関係を認識すると共に、地元の伝統的な資源利用者を参画させることによって、より効果的なものになる。これらの政策の便益は、天然資源がもつ生産性を保護し、保全し、持続可能にし、最適化すること、ならびに農民の生計を改善するための世界的な支援と結びつけて、収入源を多様化できることである。その成功を決定づける要素は、土壌および水の保全、灌漑や森林や家畜や放牧地の管理およびコミュニティ主体で行われる資源管理、地元の管理者の技術力の向上、地元の制度構築、などである。成功したことを示す指標は、劣化した土地の長期的な再生、砂漠化の進行の抑制、気候変動に対する**レジリエンス**の向上であり、短期的な便益としては、農業生産性の向上、個人および家計所得の改善、地方の生産システムの干ばつに対する抵抗力がより強くなること、生物多様性の保護、などである。

成功した政策を評価し査定してわかってきたことは、土地劣化の軽減は、ステークホルダー個々人のやる気に左右されるだけでなく、コミュニティ全体による効果的な集団行動を可能にする状況が創出されるか否かにも左右され、そのことが、このような政策の実施を困難であるがやりがいのあるものにしている。適切な政策の枠組み、およびインセンティブの構造を開発することが、天然資源の持続可能な管理へと誘導していくための鍵となる。

環境ガバナンスが、社会、経済、行政のそれぞれの機関の活動に組み入れられ、環境政策と土地利用政策が、国家経済の様々な部門を調整し管理する中心に配置されるべきである。環境ガバナンスは、天然資源の持続可能な開発に向けて、科学的なデータや情報が活用され適用されるよう促進する。より大きな視野で見た場合、そのことは、経済、社会、環境の主要な課題に関する多くのステークホルダー間での理解を促進し、ガバナンスへの要求が満たされるよう、ガバナンスの能力を高めるのに役立つ。

主たる課題は、コミュニティの参画を促すボトムアップの政策を策定し遂行することであり、天然資源を保全し、土地の生産性を高め、土壌侵食や砂塵嵐を防いで緩和するためのプロジェクトを通して、大陸域間の協力をも強化することである。

第5節　エネルギー

西アジアは、地球規模のエネルギー市場において重要な役割を担う地域の一つである。当大陸域は、一日当たりほぼ1730万バレルの石油を生産し、世界の石油輸出の27.6%を占めている。西アジアの国々における、急速な経済発展、人口増加、都市化、生活水準の変化が、この地域のエネルギー需要を増やした。西アジアのエネルギー部門は、再生可能な資源が豊富にあるにもかかわらず、化石燃料に強く依存しているのが特徴である。さらに地域経済もまた、増大するエネルギー需要を満たすために、化石燃料にまだ大きく依存している。化石燃料を使用することは、常に、その地域の大気質の悪化、気候変動に寄与する温室効果ガスの大気中濃度を高めるなど、相当な環境への影響を伴う。

エネルギー消費は、ほとんどの西アジア諸国において、2004～2008年の間に確実に上昇し、およそ20%増加したとされる。しかも、当大陸域の大多数の国における急速な開発と都市化で、エネルギー需要は、発電、国内のエネルギー使用や輸送など、すべての部門で、劇的に増加している。エネルギーの安全保障と安定化の問題、石油やガス価格の急騰、気候変動、環境への配慮、ならびに技術的進歩、などの観点から、いくつかの国におけるエネルギー計画は、エネルギー生産をより分散させるように対処しつつある。

西アジアの国々は、核エネルギーを含む様々な選択肢に着目している。淡水についての政策との関わりなしに、エネルギー政策を開発することはできない。その課題の難しいところは、環境への犠牲を最小限にして、エネルギーと水の両方の需要に対処するよう、政策の開発をどのようにして最適化するかにある。

エネルギー政策の具体案として、①エネルギー供給の選択肢の多様化、②再生可能なエネルギー資源の利用促進、③建物や設備のエネルギー性能の向上、が挙げられている。

エネルギー供給の選択肢の多様化

当大陸域は、太陽光、風力、地熱、ある程度のバイオマス、などの再生可能資源が豊富であることが特徴で、過去10年以上の間、エネルギー源の多様化に向けて政策を転換し続け、エネルギー効率と再生可能技術を、国の政策項目の上位に掲げてきた。

多様なエネルギー資源が供給されることの便益は、人々のエネルギー需要を満たし、かつ経済成長を刺激することへの寄与などである。そのことは、炭化水素資源の乏しい国の経済にとっては特に関心事項である。ヨルダンやレバノンのような石油を輸入している国とって、地域に固有の再生可能エネルギーは、エネルギーの供給を確保し、石油市場の地球規模での変動の影響を回避し、輸入依存度を軽減し、国家予算への負荷を最小化できる。さらにエネルギー源の多様化を目指すことによって、西アジアの国々が互いに補充するためのエネルギー供給を共有するようになっていくかもしれない。この大陸域は、化石燃料への依存度が高く、世界でCO_2排出量が最も高い大陸域の一つであるが、持続可能なエネルギー源への切り替えは、将来世代のために温室効果ガス排出を減らし、化石燃料という再生不可能な資源を保全すると同時に、環境の質と人々の健康の両方を改善するのに役立つ。

諸政府は国のエネルギー戦略や基本計画を設定し開発する中心的な役割を担っている。エネルギーシステムを拡大させるために必要な資本の不足を克服するには、多くの場合、民間部門による投資が必要なので、再生可能エネルギーの目的を達成する官民の連携が極めて重要となる。諸政府は民間部門の参加を助けて、エネルギー供給の多様化を可能にする環境を育てる必要がある。エネルギー部門を改善し、独立した発電事業者が市場に参入できるようにし、公平な市場競争を確保する法的な仕組みを策定することが、これを達成する重要なステップとなる。

再生可能なエネルギー資源の利用促進

いくつかの西アジアの国々は、この地域の豊富な自然の太陽エネルギーを利用する**太陽熱温水器**などのソーラー技術の利用を促進する政策を採用した。これらの政策は、特に、従来では信頼性の低いエネルギーしか供給されないか、または全く供給されていない遠隔地や農村の人々のニーズを満たすもので、太陽熱温水システムの性能基準を採用すること、ならびに同システムが経済や社会や環境に与える便益を実演してみせる啓蒙キャンペーンと、並行して行われた。これらの政策には、太陽熱温水器への補助金や、温水器製造に対する免税などがあり、例えばシリアでは、新しい建物に対しては太陽熱温水システムの設置が義務づけられるようになり、アセスメントが実施されて、建築許可の申請と一緒になされる。ヨルダンおよびパレスチナ占領地域では、太陽熱温水器を製造するための原材料は、税金が免除されている。

太陽熱温水器には多用なメリットがある。それらは、汚染がなく無尽蔵で安全なエネルギーに依存しており、そのうえで簡単で、信頼でき、安く、設置が容易である。それらは、化石燃料の消費と、温室効果ガスの排出を削減する。当大陸域のすべての国において、長く照りつける日光を受ける夏の数カ月の間、太陽熱温水器は、家庭の湯に対する需要のほとんどと、消費者のエネルギー使用とを劇的に減らすことができる。

建物や設備のエネルギー性能の向上

建設部門におけるエネルギー効率を高めることは、西アジアの国々にとって主要な国家目標であり、建物の熱に関する指針や建築基準が、当大陸域のほとんどの国で開発され実施されてきた。サウディ・アラビアの空調設備の効率を改善することは、それだけで年間２億5000万ドルの節約になり、年間400～500メガワットの発電能力に相当する投資効果を得られると概算されている。

建物に対する国のエネルギー性能の規定は、冷暖房の負荷を改善する解決策に焦点を当て、ある程度、冷暖房や照明に対して効果的な設備や処理工程を用いるよう対処してきた。さらに最近の建築基準は、環境にやさしい建築設計および性能に取り組んでいる。例えば、ハイブリッド空調設備は、操作の最適化か、再生可能エネルギー資源を機能に組み入れるか、のいずれかによってエネルギーを節約する高い潜在性をもつ。建築基準の開発は高度な段階に達し、次の10年でエネルギー収支がゼロの建築物を造るという目標を満たす、**スマートシステム**や**グリーンデザイン**を、今や考慮に入れつつある。**カーボンニュートラル**を目指すアブー・ザビー（アブダビ）のマスダールシティーの開発は、「炭素に基盤を置く20世紀の経済から、持続可能な21世紀の経済への移行」という長期目標をもって、「石油の富を用いて再生可能エネルギーを主導する立場に転換する」過程と位置づけられる。

建物のエネルギー効率を改善したり、太陽熱温水のような再生可能エネルギーを強化する当大陸域での政策介入は、人口増加や都市化、およびそれらに伴う経済活動や技術の取得に関する政策づくりと、直接的に結びつくものでもある。

第6節　海

西アジアの国々は、ペルシア湾（アラビア湾）、紅海、地中海という異なる3つの海域に接しており、**湾岸海洋環境保護機構**（Regional Organization for the Protection of Marine Environment: ROPME）、**紅海・アデン湾海域環境保全機構**（The Regional Organization for the Conservation of Environment of the Red Sea and Gulf of Aden: PERSGA）および東地中海の区域と管轄が分かれている。すべての国に沿岸域があるが、オマーン、サウディ・アラビア、イエメンが面積的に大きな沿岸域をもち、一方、イラクとクウェイトの沿岸域は限られている。

西アジアの様々な沿岸や海洋の環境は、沿岸域の都市化、観光事業、土地利用、埋め立て、海上交通と石油運搬、急速な産業化、魚の乱獲、などの国の開発計画に起因する圧力によってもたらされる共通の脅威に直面している。さらに、特定の社会経済的な条件のために、いくつかの地方での海洋および沿岸の環境への影響は、他の地方より深刻である。問題としては、生物資源の枯渇、沿岸地帯の悪化、海洋汚染があり、挑戦すべき課題は、統合的沿岸域管理、海洋保護区の管理、情報と知識のかい離への対策、などである。

西アジアの国々の大多数において、経済活動と人口の集まる中心地は沿岸にあるので、海面上昇とその影響による沿岸での浸水、および帯水層と土壌の塩分濃度上昇が、現実のリスクとなっている。バハレーン、クウェイト、カタル、アラブ首長国連邦は、海面上昇に最も脆弱な国である。**海水淡水化プラント**からの温水の流出による海水の著しい温度上昇は、サンゴ礁の大量死、生物多様性の低下、漁場の減少、外来種の侵入、その他の環境ストレス、を引き起こす危険性が高い。

海に対する具体的な政策として、①海洋保護区の設立、②魚類資源量の増強、③統合的沿岸域管理、がある。

海洋保護区の設立

海洋保護区（marine reserve）は、法令によって裏打ちされ明確に定義された保全計画、持続可能性を確保するための監視プログラム、様々なステークホルダー間における効果的なパートナーシップを必要とし、さらに、ROPMEやPERSGAのような当大陸域の海洋および沿岸プログラムによる、管理業務の最良例についての調査に基づいて支援される必要がある。海洋保護区を設立する便益は、生物多様性の保全および改善、自然システムにおいて必要不可欠な生態プロセスの維持、漁場など海洋の再生可能な資源に対する持続的な管理、生態系アプローチの実施を促進するやり方を用いて、劣化した生息生育地（ハビタット）を保護し再生することなどである。

アラブ首長国連邦アブダビ近くにあるマラワ生物圏保存地域は、その好例である。マラワ海洋保護区は、当大陸域で最大の4255㎢の総面積があり、2007年に当大陸域で最初のユネスコ海洋生物圏保存地域（UNESCO Marine Biosphere Reserve）になった。マラワ島自体はその保護区を構成する20の島の１つにすぎないが、その保護区は、沿岸域、塩原（サブカ）、浅海、標高の低い島々、海草生育地、の存在する湾岸地域において典型的な景観である。マラワ島には、ジュゴンが多数生息し、４種類のウミガメ、70種の魚類、サンゴ礁、ならびに多くの陸生種および海洋種の重要な生息生育地であるヒルギダマシからなるマングローブ林の広がりを擁している。ミサゴ属、ウスウミハヤブサ、アジサシ類、などの留鳥や渡り鳥は、周辺の水域に見られるバンドウイルカやウスイロイルカと共に、その生態系の一部であり、生物多様性の観点から、この区域を重要なものにしている。沿岸および海洋環境のもつ自然の多様性および質の保全こそ、この保全地域が目指していることである。ここでは、監視を行い、保護区のプログラムを制御する12名による海洋監視部隊が設置され、必要不可欠な設備が整えられ、マラワ島のマングローブ林分の再生が始まった。またその島には、７千年さかのぼる石器時代の20以上の遺跡があり、文化的かつ考古学的にも非常に重要な場所でもある。

魚類資源量の増強

もう一つの政策群は、統合的な漁場管理を通して生物多様性の保全に対処するものである。生態学的に持続可能な開発を行うという幅広い文脈で、競合している漁業者間で漁業資源をどうすれば最もうまく分配できるのかという論点に取り組むことを目指した構想である。

過去10〜20年にわたって商用魚種が非常に減少していることがデータからは明確であり、潮間帯と浅い潮間帯の生育場を永久的に喪失したことと、魚介類の捕獲高の低下とが結びついていることを示している。これらの問題に対処するアプローチとして、海洋魚介資源量の増強がある。それは、漁場を改良し復元させるために、養殖した生体を放流する一連の管理対策を伴っている。また、建造された人工魚礁が、失われたか劣化した海洋および沿岸環境の復元を助けて、激変した商用魚介類の生息数を再び高めることができる。海洋牧場化、ならびにある特定の魚種の魚群体の個体数を増やすこと、すなわち魚類資源量の増強および復元などは幅広く行われているが、しばしば議論の的になることもあり、成功の程度は異なっている。成功した政策の一つでは、魚類資源量の増強として、領海の様々な箇所に何万もの稚魚を毎年放流する必要があった。

例えば島嶼国バハレーンでは、ハタ科のような好まれるいくつかの魚の漁獲が、10〜20年で劇的に減少した。放流プログラムが1994年に始まるまでには、マハタ科・ブダイ科・タイ科のいくつかの魚種は、市場でめったに見ることができなくなっていたが、様々な魚種の放流が毎年なされることで、技術が洗練され、死亡率やコストが下がることにつながった。漁業総局は、巨大人工島ドゥッラ・アル＝バフラインでタイ科やマハタ科の魚の幼魚を放流するために、様々なタイプの人工岩礁を増設している。

ただし魚類資源増強プログラムは、漁場管理という、より広い課題の中で考慮されるべきである。増強プログラムは、複雑な漁業システムに影響を与えるものであり、それが成功するためには、一連の広範な生物的、経済的、社会的、制度的な管理目的に寄与するものでなければならず、増強プロググラムに要した費用は便益と比較される必要がある。また、市民の協力も非常に有効である。

統合的沿岸域管理

統合的沿岸域管理（Integrated Coastal Zone Management: ICZM）は、法的、財政的、行政的な制度や機関による制約、ならびに物理的、社会的、経済的な状況による制約の中で、沿岸域において持続可能な開発目標や目的を達成しようとする一連の作業であり、沿岸および海洋資源の長期的な保全や管理のために、協調して開発された枠組みを提供する。ICZMに基本的に必要なものの一つは、適切な法律またはそれと同様の法的基盤によって裏打ちされた、沿岸の環境や資源を管理するための一組の強力な政策である。多くの西アジアの国々が、強力な政策を推進しており、レバノン、カタル、サウディ・アラビア、アラブ首長国連邦、イエメンはその法的基盤を有している。

しかしながら、その後の実施ステップへと移るには、いくつかの困難が存在する。ICZMの効果的なシステムを確立するには、いくつかの障壁と向き合うことが必要である。これらの障壁のうち最も顕著なもの、中でも、埋め立て、都市化、漁業については、適切な管理システムを制定し、かつ環境の点において健全な政策を開発することによって、克服するしかない。例えば、アラブ首長国連邦では上記のようなマラワ生物圏保存地域を中心とした海洋保護区の設立もあれば、バハレーンでは上記のような魚類資源量の増強プログラムもあるが、その一方、両国では、莫大な娯楽の機会を提供するために、沿岸と海洋の生態系、および生態系サービスに悪影響をもたらす相当な埋め立て事業を行っている。自然資源の利用と保護に関する、人々の理解を向上させ、既存の法令を強化する効果的なICZMが、これらの障壁を克服するのを助けることができる。

ICZMの枠組みを構成する様々な政策や政策手段としては、計画立案や管理を行う官庁（またはそれに相当する機関）ならびに沿岸の計画立案や管理を行う企画室に支えられてICZMを立案する作業、沿岸の監視プログラム、**環境影響評価**（Environmental Impact Assessment: EIA）、陸上活動からの海洋環境の保護に関する世界行動計画（Global Programme of Action for the Protection for the Marine Environment from Land-based Activities: GPA）の大陸域での実施、などがある。

ICZMは、合理的な活動計画の立案を通じて、経済、社会、文化の発展を環境や景観と調和させる配慮を確実に行うことによって、沿岸域の持続可能な開発を促進する。その便益は、現在および将来世代のために沿岸が保全されること、特に水に関して自然資源の持続可能な利用が確保されること、もとのままの状態で沿岸生態系と景観や地形が確実に保全されること、自然災害の特に気候変動の影響が抑制されかつ低減されること、などである。

現状の西アジアの多くの国々では、諸々の責任や活動が多くの大臣や組織の間で分割されているので、沿岸および海洋環境の統合的な管理は、起こりえない。それを可能にする要素は、多様な用途や生態系アプローチの原理を組み込んだ統合的な沿岸および海洋の開発計画を準備すること、沿岸および海洋計画の立案のための制度上の取り決めを確立すること、環境影響評価の結果を施行すること、海洋環境をより良く理解するための能力を構築すること、などである。

それには、中央政府と地方自治体間での統合、政府内の様々な部門と行政とコミュニティ間での統合、ならびに政府と市民社会と民間部門での統合が必要となってくる。加えて、同じ水域を共有している国々は、政策を実施するための地域的アプローチのやり方を採用する必要がある。当大陸域で2010年に見られたことは、PERSGA およびアカバ経済特区庁によって開発されたプロジェクトで、アカバ湾のサンゴ礁およびその他沿岸の生息生育地を基盤にした**エコツーリズム**の強化に焦点を当てた内容で、ヨルダンにおける ICZM の枠組みの中のエコツーリズム政策を統合する新たな傾向である。そういった政策は、沿岸および海洋環境を保護する取り組みを促進できるし、関連する制度が強化されることによって、コミュニティが気候変動の影響に適応するのを助けることもできる。

西アジアの国々は、沿岸および海洋環境の統合的な管理を支え続ける中で、生態系アプローチを用いるという誓約を確認すべきである。この目的のために、戦略的な**環境・社会影響評価**（Environmental and Social Impact Assessment: ESIA）などの政策を実施する手段が、プロジェクトの計画立案において考慮されるべきである。

第７節　環境情報――現代中東社会とどうやって共有していくか

以上、①淡水、②土壌、土地利用、土地劣化、砂漠化、③エネルギー、④海、そしてそれら４分野に関係する⑤環境ガバナンスや気候変動評価、が最も緊急に取り組むべき環境問題の優先分野として示された。

最後に注目したいのは、環境データや環境情報の共有についての課題に関して述べたGEO 5による西アジアの課題のまとめにおける以下の指摘である。

西アジアという大陸域では、一貫性のある環境データや環境情報を蓄積する手段が、全般的に欠如している。環境情報が体系的に収集、処理、分析、作成、普及、交換されれば、もっと強固な意思決定、および適切な政策が策定され実施されるだろう。諸々の傾向を見るに、施行してそれが遵守される経過について、改善すべき追加措置が必要であろうことを示している。さらに、より多くの市民や民間が参画すると共に、すべての西アジアの国々において定期的に環境報告がなされる必要性は著しく高い。十分な環境情報を得ることができず、参画するよう奨励もされないので、環境を規制する仕組みを策定する際の民衆の関与は低いままである。基本的な環境情報を市民が取得する機会は最近になって増えたけれども、環境を管理することへの実質的な市民参画を達成するには、まだ多くの取り組みが必要である。

次章では、GEO 5の内容を相対化しつつ、分野別に示された政策オプションとその評価、またその論拠となる事例の概要をまとめていく。その際、これまで日本が協力した環境関連の個別案件や研究プロジェクトを紹介し、これからも日本が牽引していける分野とその方向性について検討してみたい。

【文献案内】

①国連環境計画・環境報告研（2015）『GEO 5　地球環境概観　第5次報告書―私達が望む未来の環境』上巻、環境報告研

②国連環境計画・環境報告研（2020）『GEO 5　地球環境概観　第5次報告書―私達が望む未来の環境』下巻、環境報告研

【引用・参考文献一覧】

・UN Environment（2012）*Global Environmental Outlook 5 — GEO-5 : Environment for the future we want,* United Nations Environment Programme.

・UN Environment（2019）*Global Environmental Outlook 6 — GEO-6 : Healthy Planet, Healthy People,* United Nations Environment Programme.

第9章

「持続可能な資源管理」に向けて

――SDGsを踏まえて

縄田　浩志

【要　約】

最終章では、まず『地球資源アウトルック2019』において過去50年間の歴史的事実として示された世界の資源採掘量と資源貿易量、物理的貿易収支の地域差、資源に関係する水ストレスの影響、化石燃料資源の採掘・加工による気候変動と健康への影響、物質資源別のグローバルな環境影響、1人当たりの環境への影響と社会経済的利益に関するデータを的確に理解することにより、現代中東の資源開発と環境配慮をめぐる現状認識を深める。

次に、同書で提起された将来に向けた2つのシナリオ、①「歴史的傾向シナリオ」と②「持続可能性志向シナリオ」の違いを踏まえて、キー概念である「デカップリング」（切り離すこと、分断）の内容を検討する。続いて、「デカップリング」達成のための重要な手段である「持続可能な資源管理」を軸として、①淡水、②土壌、土地利用、土地劣化、砂漠化、③エネルギー、④海、の4分野ごとに、日本が主導もしくは協力した資源もしくは環境関連の個別案件や研究プロジェクトを紹介し、将来的に日本が牽引していける潜在的な優位性が高い分野とその具体的な方向性について考察する。

最後に、地球社会の政策的課題、我が国における学術的統合、人類にとっての科学的命題、という3つの側面ごとに論点をまとめることにより、本書の結びとする。

第1節　現代中東の資源開発と環境配慮をめぐる現状認識

持続可能な開発目標（SDGs）は、持続可能な消費と生産の実施、**環境影響**と**経済成長**のデカップリング、**資源効率性**の改善を通じた、現状改善のための枠組みを提供した（国際連合 2015）。国連環境計画（UNEP）「国際資源パネル」による報告書『地球資源アウトルック2019』は、資源効率性、**気候緩和**、**二酸化炭素除去**、ならびに**生物多様性保護**の政策を組み合わせることで、経済を成長させ、**人間の幸福**度を増やし、**プラネタリーバウンダリー**（地球の限界）内に留まることができる可能性を示した（UNEP 2019；国連環境計画 2019）。

同書は、世界の**天然資源**の採掘と使用の要因を人口統計および社会経済的に分析し、環境と人間の幸福への影響を評価し、環境変化に起因する環境と人間の健康への影響分布、そしてその強度を検討することにより、そうした要因と負荷が私たちの今をどのように形作ってきたかを報告している。

そこで、過去50年間の歴史的事実として示されたデータをまず的確に理解す

図9-1　世界の資源採掘量（1970～2017年の4つの物質資源別の各国の採掘量の総計）

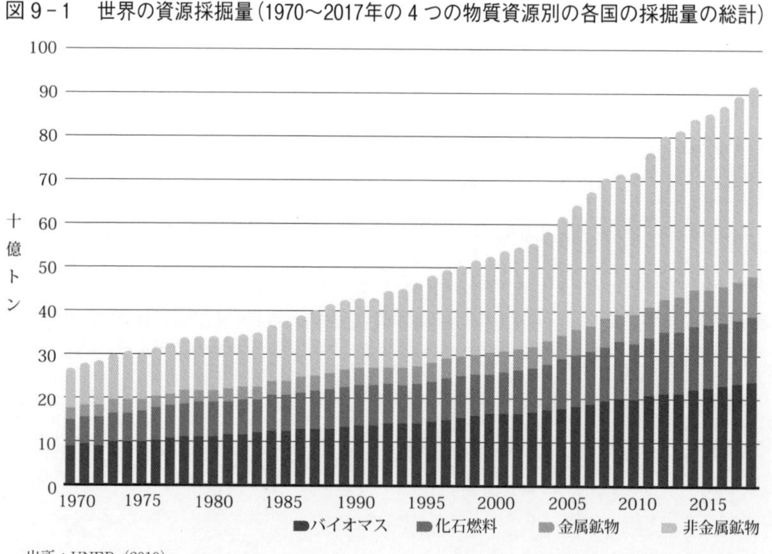

出所：UNEP（2019）

ることにより、現代中東の資源開発と環境配慮をめぐる現状認識を深めてみたい。

世界の資源採掘量と資源貿易量　過去50年間で、私たちの世界の人口は倍増し、**資源採掘量**は3倍に、そして**国内総生産**（GDP）は4倍に増加してきた（図9-1）。天然資源の採掘と加工は過去20年間でさらに加速し、**生物多様性の損失**と**水ストレス**の90％以上、さらに気候変動影響の約半分をもたらす原因となっている。さらに、この50年間で、世界的な物質需要が長期にわたって安定化したことや減少したことは一度もなかった。

現在の直線型の経済活動のあり方は、採掘、取引、商品加工、最終的に**廃棄物**または**排出物**としての物質処分という恒久的処理によって保たれている。1970～2017年にかけて、年間の世界的な物質採掘量は270億tから920億tへと増加し、その間で3倍に増え続けてきた。2000年以降、特にアジアの発展途上国および新興国におけるインフラへの大規模投資とより資源消費率の高い生活水準によって、物質採掘率は年率3.2％増加している。

全面的に増加傾向にある天然資源の使用を、一つひとつ追っていくと以下の

図9-2　世界の資源貿易量（1970～2017年の4つの物質資源別）

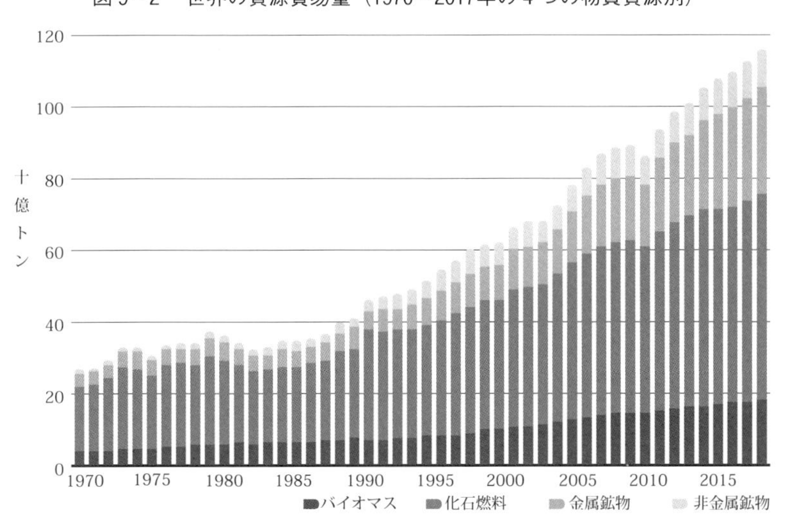

出所：UNEP（2019）をもとに作成

ようになる（図9－2）。

金属鉱物については、鉄、アルミニウム、銅であれば、1970年には世界の物質の産出・採掘の9.5％（26億t）を占めていたが、2017年には少し増えて約10％（91億t）になった。1970年以降、金属鉱石の使用は年間2.7％増加しており、これは建設、エネルギー産業、インフラ、製造業および消費財における金属の重要性を反映している。非鉄鉱石の採掘は毎年平均2.3％の成長に対して、鉄鉱石の採掘の伸びは毎年平均3.5％と大きい。建設のための鉄金属と非金属鉱物の成長率が大きいのは、発展途上国における都市建設のために利用されることを反映している。

非金属鉱物の大半は、砂礫資源と粘土資源である。1970～2017年にかけて、その使用量が92億t（34％）から438億t（48％）へと増加している。このことは、世界の採掘対象がバイオマスから鉱物へと大きく変化してきたことを意味している。全鉱物は、人間の時間スケールにおいて、非再生可能とみなされるが、非金属鉱物の大部分（特に砂混じりの砕石）は建設にかかる社会的総資本である。これらの物質は地域によっては不足することもあるが、今後何世紀にわたって世界的な供給に制限を加えることは想定されていない。肥料となる鉱物、化石燃料、金属鉱石という他のカテゴリーと並んで、制限をすることを考えなければならない非常に重要なカテゴリーである。

化石燃料としては、石炭、石油、天然ガス、**オイルシェール**（油母頁岩）、**オイルサンド**（タールサンド）の使用量は、1970年の62億tから2017年には150億tに増加したが、それが世界の採掘量に占める割合は23％から16％に減少した。化石燃料は1970～2017年にかけて、平年1.9％の伸びを記録した。天然ガスは平年2.8％、石炭は平年2.1％であったのは、石炭や天然ガスを燃料とする火力発電所の発電量が増えたことを反映している。最近では、天然ガスの方が価格が安く、また再生可能エネルギー熱の高まりから、石炭使用は停滞気味であるため、世界的な石炭消費は減速している。

バイオマス需要の総t数は、主に作物の収穫と放牧分野において、1970年から2017年で91億tから241億tに増加した。ただし、作物、作物残渣、飼料、木材、漁獲といったバイオマスは1970年には産出・採掘された全ての物質の3分の1を占めていたが、2017年には4分の1を超える程度になった。この事実は、国の成長の初期段階では経済発展はバイオマス由来の物質やエネルギーシステムに多くを依存していることを示している。過去50年間において世界の人々が着実に工業化をより高次に進めていったのに従って、先進工業国の特徴である鉱物由来の物質への需要が増大していった結果である。

水に関しては、世界での農業、産業および自治体による取水量は、20世紀後半には人口増加よりも速いペースで増加してきた。1970～2010年にかけて取水増加率は減速したが、それでも年間2500㎦から年間3900㎦にまで増加した。2000～2012年にかけて、世界の取水量19％が産業、11％が自治体に使用されたが、70％は農業（主に灌漑）に使用されていた。

土地に関しては、2000～2010年にかけて、世界の耕地面積は1520万㎢から1540万㎢に増加した。耕地面積は欧州と北米で減少したが、アフリカ、ラテンアメリカおよびアジアでは増加した。また、世界の牧草地面積は3130万㎢から3090万㎢に減少した。アフリカとラテンアメリカ地域ではわずかに森林の純損失を経験したが、それ以外の地域ではわずかな純増加が見られた（UNEP 2019；国連環境計画 2019）。

物理的貿易収支の地域差

物質の国際貿易は、生産者の天然資源の入手可能性に関する地域差を補完し、グローバルな生産・消費システムを支えている。バイオマスや砂礫といった物質は国家内に主に存在するが、金属鉱石や化石燃料といった物質は世界の特定の大陸域（リージョン）に偏在するか、国家内のある場所に存在していたとしても採掘することが現実的ではない場合がほとんどである。化石燃料は最大の貿易量を誇る物質であり、2017年であれば物理的輸出の世界の半分にあたる116億ｔにのぼる。金属鉱石は４分の１を超えている。

物理的貿易収支（Physical Trade Balance: PTB）は、一国または地域が原材料の純輸入国であるか純輸出国であるかを示しており、グローバルサプライチェーンにおける国の位置付けと役割がわかる（図９－３）。日本は純輸入国の上位10カ国にランクインしており、年間５億ｔ以上、１人当たりでは5.0ｔを輸入している。一方、純輸出国の上位10カ国にはいわゆる資源産出国が並んでおり、2017年のトップはオーストラリアで、ロシア、ブラジル、インドネシア、サウディ・アラビアと続く。オーストラリアの主な輸出品は鉄鉱石と石炭で、

図9－3　物理的貿易収支（2017年）による物質の純輸入国・純輸出国上位10カ国

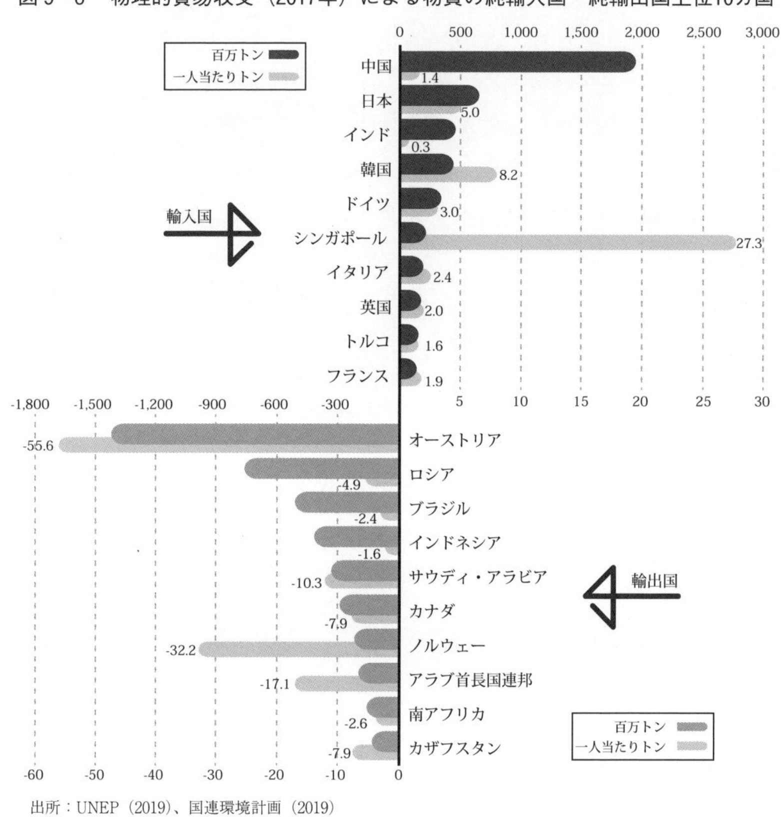

出所：UNEP（2019）、国連環境計画（2019）

大部分はアジア太平洋地域に輸出される。ブラジルの場合は鉄鉱石がほとんどであるが、ロシア、サウディ・アラビア、ノルウェー、アラブ首長国連邦の場合は大部分が石油・天然ガスの輸出である。中東からランクインした国では、アラブ首長国連邦は年間１人当たりでは17.1t、サウディ・アラビアは10.3トンを輸出していることになる。

物理的貿易収支をリージョン別で見ると（図9－4）、1970～2017年の大部分の期間でヨーロッパが主な純輸入国であったことを示しており、10億ｔ前後で比較的安定していた。**オイルショック**を契機として北海油田での石油生産量が増えたため、1980年代はじめには**西アジア**からの石油の輸入が減ったこと、ま

図９－４　物理的貿易収支（1970～2017年の世界の７つのリージョン別）

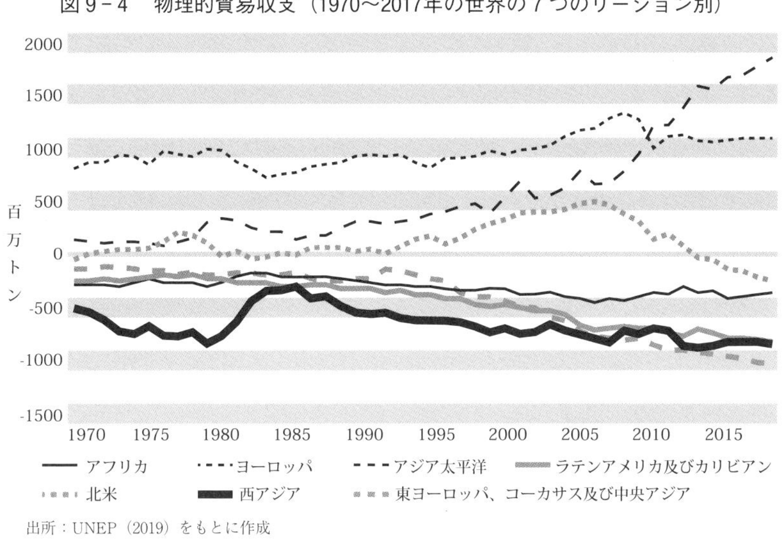

出所：UNEP（2019）をもとに作成

た全般的にはグローバル・ファイナンシャル・クライシス（いわゆるリーマンショック）による経済活動の低迷により、輸入への需要が減少したことが理由である。対照的に、アジア太平洋地域ではとりわけ21世紀に入ってから継続的な成長によって純輸入量の加速度的な増加を見た。アジア太平洋地域における物理的貿易収支は1970～2017年の期間で毎年5.9％の増加であったため、2009年までにはヨーロッパが世界の純輸入トップの座を明け渡し、その８年後にはアジア太平洋地域はヨーロッパよりも多い70％以上を維持し続けるまでとなった。西アジアは1970～2006年の期間において、世界最大の純輸出量を維持していたが、2006年にはその座を東ヨーロッパ、コーカサスおよび中央アジアに譲った。両地域に共通しているのは、化石燃料が主な輸出品であることにある。1970年代後半から1980年代はじめのオイルショックを原因として、西アジアの純輸出量の減少とヨーロッパの純輸入量の減少が同時期に発生したことが、物理的貿易収支により理解される。

西アジアにおいては1980年代はじめから純輸出量が減少し始めたといえ、成長は継続していた。ただし、同時に人口の増加率も十分に高かったため、１人当たりの純輸出量は1990～2017年において平年1.4％減少とゆっくりとした低

図９－５　１人当たりの物理的貿易収支（1970～2017年の世界の７つのリージョン別）

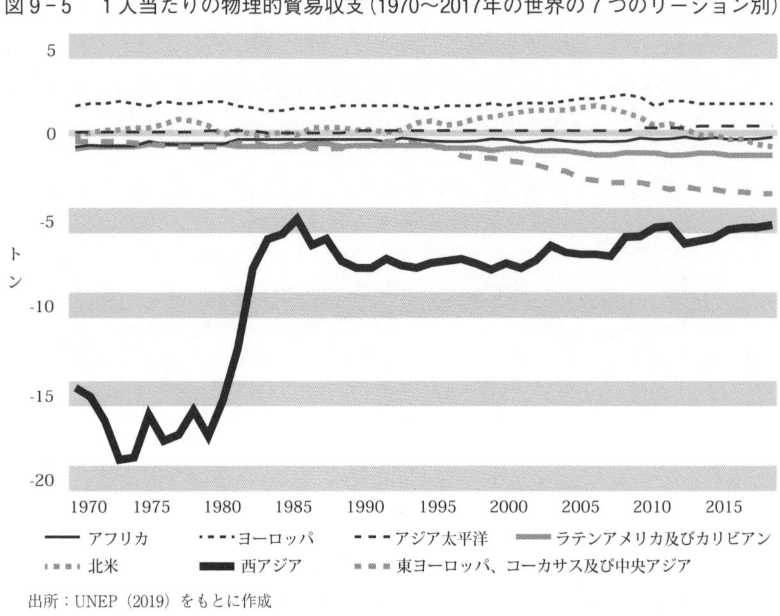

出所：UNEP（2019）をもとに作成

下傾向にある。その反映である、１人当たりの物理的貿易収支に目を向けると（図９－５）、純輸出国である西アジアの場合は他の地域と比べて過去50年間一貫して徹底的な輸出国であることが明確にわかると同時に、１人当たりの物理的貿易収支は、1980年代はじめのオイルショックまでとそれ以降では大きく傾向が異なっていることも理解されよう（UNEP 2019；国連環境計画 2019）。

資源に関係する水ストレスの影響　資源の移動は原産国における価値を創出する一方で、資源使用の便益と比べた場合に、国家間および国内における環境・社会影響の不均衡な分配を生じさせている。所得の観点から世界の国家を４つのカテゴリーに分けると、高所得国、上位中所得国、下位中所得国、低所得国になるが、物質の貿易は、消費が行われている高所得国から中・低所得国へのあらゆる種類の環境・健康影響の移転として解釈することができる。高所得国により引き起こされた１人当たり影響は、低所得国のそれよりも３～６倍大きい。

水および土地に関する影響は、燃料や物質使用に比べて地域差が小さい食糧消費に主に関連するため、気候と健康に関する影響よりも地域間の差が小さい。生態系の特徴により、水ストレスの影響は西アジアおよびアジア太平洋地域で最も大きく、土地利用の影響はラテンアメリカおよびアジア太平洋地域において最大である。資源に関連する**温室効果ガス**（Greenhouse Gas: GHG）の総排出量および**粒子状物質**の**健康影響**は、アジア太平洋地域において最も大きい。これらの全ての地域において、地域内の生産関連影響は、農産物輸出が原因で、消費関連影響よりも大きい。

例として、資源に関係する水ストレスを資源セクター（主に農業）別に見てみる（図9-6）。水資源は農業活動による影響が主とはいえ、発電にも影響を受けている。

全体では栽培とバイオマス加工が世界の水ストレスの90％近くの要因であ

図9-6　資源セクター別の資源に関係する水ストレス

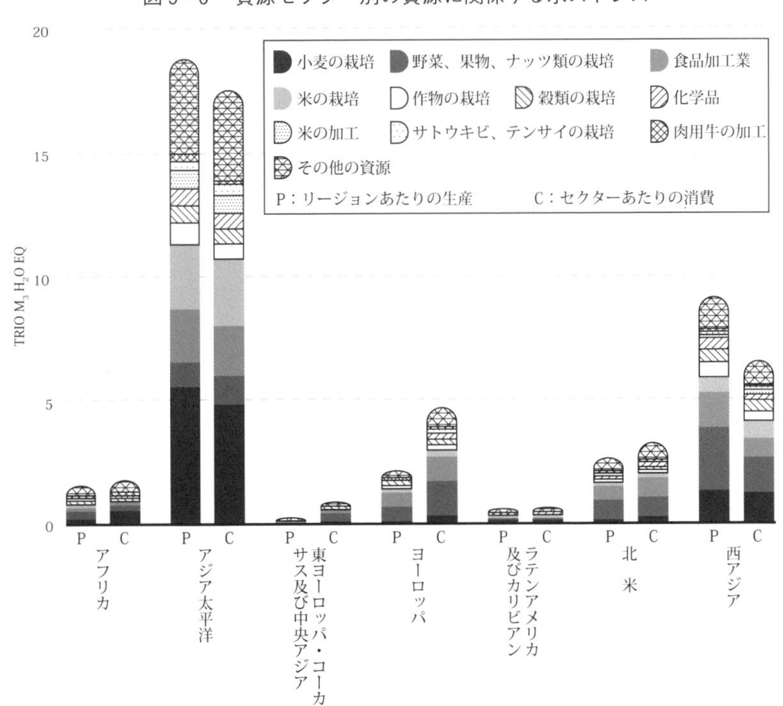

出所：UNEP（2019）をもとに作成

る。興味深いのは、西アジアとアジア太平洋という最も大きな水ストレスを受けている2つのリージョンは、消費に比べて生産の水稀少性フットプリント（water scarcity footprint）が高い。このことは、北アフリカ、ヨーロッパ、アフリカといった純輸出国である他のリージョンから主に食糧と綿花生産を通じて稀少な水を「輸入」していることを意味する（詳しくは第2章第4節を参照）。

農業の他には発電と製鉄が、水消費に関連して強い影響を及ぼしている。火力発電と製鉄では、水を使って冷却する必要があるため、水の消費を高めれば生産効率を上げることができる。したがって、冷却技術は水の効率性に依存しているのだが、冷却力が下がればシステム全体の効率は下がってしまうという、火力発電と製鉄においてトレードオフの関係を生みだしている（UNEP 2019；国連環境計画 2019）。

化石燃料資源の採掘・加工による気候変動と健康への影響

石炭、石油、天然ガスは、様々な形態のエネルギーを提供する。また、医薬品、プラスチック、塗料のための原料でもある。採掘、加工、輸送、利用と全ての段階において、環境汚染とりわけ**大気汚染**へ甚大な影響を及ぼしている（図9－7）。

化石燃料を採掘する際に発生する一番の汚染物質は**メタン**であり、気候変動への影響が大きい。石炭採掘はとりわけ影響が大きい。概してメタンの大部分は地下の石炭層に貯留されているため、地下採掘により露天掘りに比べてより多くの炭層メタンを放出することになる。地中のメタンは外に出ることによって、爆発しやすいメタン・空気混合が生成されることが防げるとはいえ、世界中で依然として人的被害を及ぼしている。メタン火災や**二酸化炭素**（CO_2）への変換に加えて、最近の技術的進歩によりメタンを捕獲して天然ガスに戻したり、採鉱装置の電気を供給するガスタービンとして利用できるようにもなってきた。

採炭、発破、ハンドリング、貯蔵といった一連の石炭採掘活動によって発塵による汚染が発生する。結果として、労働者や周辺住民は細かい粒子状物質によって健康被害を被る危険性が増す。湿式の除塵や凝集体による集塵により発塵を防いだり、ハンドリングと貯蔵を囲われたスペースで実施することにより、浸出を防ぎ、乾燥状態を保ち、騒音公害も減らすことができる。石炭火力

図9－7　化石燃料資源の採掘・加工による気候変動の影響と粒子状物質による健康への影響

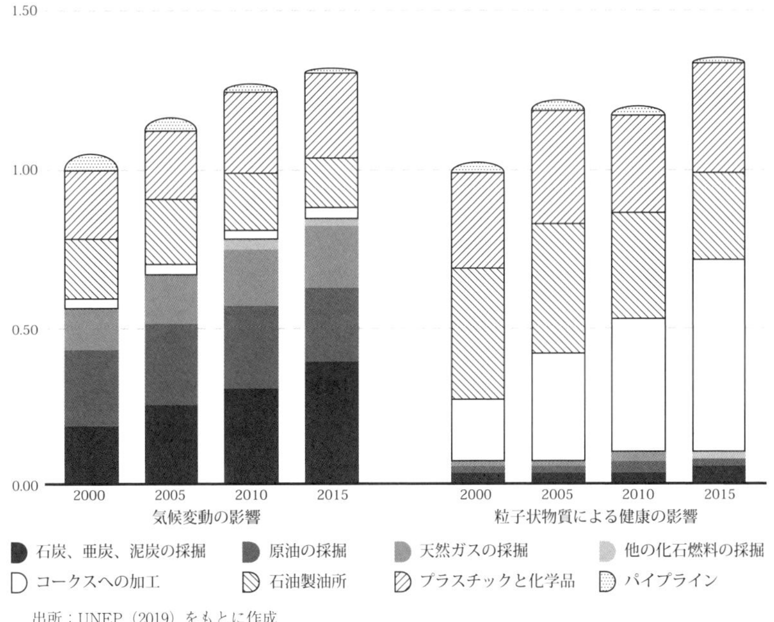

出所：UNEP（2019）をもとに作成

発電所からの粒子状物質の排出において、健康への影響は低く見られがちであるが、採掘現場においては依然として大きな課題である。

石油、天然ガス、さらにシェールオイル、シェールガスなども含めた化石燃料からの温室効果ガスの排出量は、石炭の採掘と加工による影響とほぼ同等とみなしてよい。その影響のほとんどは、**フレアリング**、**放散**、**ローカルエネルギー**の供給、そして**漏出**にある。

石油とガスを採掘する過程で廃水と廃棄物が出ることにより、環境に水銀が放出される。これらが海洋における**水銀汚染**の主因と言われてきたが、最近ではその根拠に疑問がもたれ始めている。加えて、化石燃料採掘後に分離された後でも小規模金採掘を通じて環境中に出てしまう場合もある。化石燃料の採掘による環境影響には、水銀以外の**毒性化合物**が掘削液などを通じて大気、土壌、水圏に放出されることや、地震探査や海底パイプラインの様なインフラ構築の際に発生することも含まれる。

気候変動への影響という側面で最も影響が大きい化石燃料の加工は、原油を有用な化学品や燃料にする精製プロセスで発生する。その主な原因は、このプロセスで必要となる大量の熱エネルギーである。原油から**硫黄**を除去する際に酸性化が起こり、酸性雨もしくは化石燃料燃焼時に粒子状物質が形成されることによって、人間の健康と環境に影響する。世界の製油所における最近の技術的な挑戦は、船舶の燃料油に含まれる硫黄分濃度を現状3.0%から2020年までに0.5%に抑える新たな規制である（UNEP 2019）。また石油・天然ガスなどの海上輸送によってCO_2のみならず、酸性雨や喘息の原因ともなる**窒素酸化物**（NO_x）や**硫黄酸化物**（SO_x）といった有害物質が大気中に放出される（Nawata ed. 2015）。

化石燃料とりわけ石炭は、世界の貨物輸送の主な商品である。海洋船を用いた石炭の世界的な輸送は近年重要度を増している。その結果生じる環境への影響は、地球スケールに限定されるが、ローカルスケールとも関係している。例えば日本による石炭起源の粒子状物質による健康影響の28%は、石炭の輸送により発生している。関連した汚染の影響をより大きなスケールで改善するためには、より有能な船舶とよりクリーンな燃料が必要となってくる。石油・天然ガスは海上輸送と共に、陸上輸送のパイプラインによって運ばれるが、漏出による汚染が問題となる。特に人里離れたところでの維持管理においては、漏出を避けることが根本的な課題である。化石燃料の採掘・加工により生じる温室効果ガスの３%はパイプラインが原因であるが、ポンプや圧縮機に必要となるエネルギーとその排出にある（UNEP 2019）。

物質資源別のグローバルな環境影響

これまでの、また現在の天然資源使用のパターンは、環境および人間の健康にますます悪影響を及ぼしている。天然資源の採取と材料・燃料・食糧への加工は、全世界の温室効果ガス排出量（土地利用に関連する気候影響を除く）の約半分、生物多様性の損失と水ストレスの要因の90%以上を占めている。天然資源の使用、関連する利益や環境への影響は、国や地域を越えて偏在している（図９-８）。

このような評価結果は、持続可能性において安全な範囲内に留まり、かつ、国際共通目標の達成を可能にするために、天然資源課題が気候・生物多様性政策の中心となる必要があることを示している。農業、特に家庭の食糧消費は、

図9－8　物質資源の種類、その他経済および家庭部門別のグローバルな環境影響

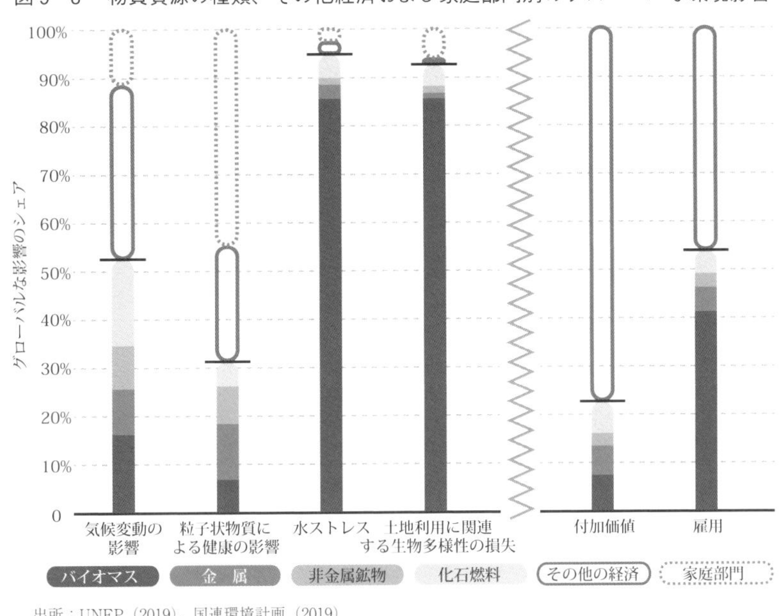

出所：UNEP（2019）、国連環境計画（2019）

世界的な生物多様性の損失と水ストレスの主な要因となっている。これは、影響全体に対し各種資源がそれぞれ一定以上の要因となる粒子状物質による気候変動や健康への影響とは対照的である。ただし国内スケールにおける健康への影響は、バイオマスと化石資源を利用する段階において燃焼関連の排出を伴うことにより生じることも考慮しなければならない。また、健康への影響を考える時に、室内への排出の影響もあることに注意する必要がある。事実世界的に、固形燃料特にバイオマスを調理に利用する時には、室内が粒子状物質で充満するため、深刻な健康被害を生み出している。

バイオマス資源は、食糧･原材料･エネルギーに使われている。食糧生産は、大部分の生物多様性の損失と土壌侵食の主な原因となり、人為的な温室効果ガス排出の大部分を占めている。バイオマスの栽培と処理は、世界の水ストレスと土地利用に関連する生物多様性の損失の原因のほぼ9割を占める。土地利用による環境への影響には、自然生息地破壊や生物多様性損失、土壌劣化、その他の**生態系サービスの喪失**などがある。2010年までに、土地利用によって世界

の生物種が約11％減少した。バイオマスの採取と処理も、資源関連の温室効果ガス排出量の30％以上を占めている（土地利用の変化を除く）。

2000～2015年の間に、金属の採掘と生産による気候変動と健康への影響は約2倍になった。金属の中では、世界の鉄鋼生産チェーンが気候変動影響の最大要因であり、世界の産業用エネルギー需要の約4分の1を占めている。アルミニウム生産も、非常に大きな生産量と高いエネルギーを必要とするため、金属による気候変動の影響に大きく貢献している。レアアースの採掘・製錬に伴う放射性廃棄物による環境汚染も課題である。

非金属鉱物資源の採掘は、資源採掘の総重量の45％以上を占め、全ての資源グループの中で最も高い成長率を示す資源の一つである。一方、非金属鉱物による気候変動およびその他の影響はまだ限定的である。非金属鉱物に関連する影響の大部分は加工段階で発生する。中でも、クリンカ（セメントの主成分）生産は、気候変動影響の最大要因であり、その他影響についても大きな要因となっている。鉱業、特に砂の採掘は、地域の生態系に重大な影響を及ぼす可能性がある。

石炭、石油、天然ガスは、医薬品・プラスチック・塗料・その他多くの製品にエネルギーと原材料を供給している。採掘、加工、流通および使用全ての段階において、環境汚染、特に大気汚染に大きく貢献している。化石燃料の最終使用段階は、環境と健康への影響において重要な割合を占める。近年、世界的な化石燃料発電能力が70％以上増加したことは、安価なエネルギーへのアクセスを増加させた一方で、環境と健康のトレードオフを伴った。高い資本コストと発電所寿命の長さが、この環境に有害な技術が解消されないことにつながっている（UNEP 2019；国連環境計画 2019）。

1人当たりの環境への影響と社会経済的利益

世界的には、消費関連の資源による気候変動の影響は、1人当たり影響が小さい地域では増加し、大きい地域では減少し、一定値に収束しつつある。1人当たり影響は、一部の地域がたえず平均以上の影響を生じさせている一方で、他の地域、特にアフリカでは、1人当たりの消費関連の環境影響が小さい。

高所得国の消費によりひき起こされてきた1人当たり環境影響は、低所得国の3～6倍である。このことは、より所得が高い国とより所得が低い国が及ぼしている環境影響の度合いに差があることを気づかせてくれる。所得差により生じる環境影響を比べた場合、気候変動と粒子状物質による健康への影響と比べて、水と土地への影響の差は小さい。なぜならば、水と土地への影響は主に食糧消費によって生じるため、燃料資源や物質資源の利用に比べて食物摂取に関しては所得差によって国家間で差が生じにくいからである。さらに高所得国のリージョンは、資源と物質を輸入して、生産活動によって生じる環境影響を中所得国と低所得国に輸出（移転）する形になっているとも言える。

リージョンごとの環境への影響また**マテリアルフットプリント**（世界で消費される全ての資源を最終消費者に帰属させる指標）に差が生じているのは、リージョンの面積の差によるところもある。アジア太平洋は最大のフットプリントをもつ（気候変動への影響、粒子性物質による健康の影響、水ストレスの半分以上）。リージョンごとのフットプリントは、気候変動への影響と粒子性物質による健康の影響は同様のパターンと言える一方、水ストレスと土地利用に関連する生物多様性の損失についてはパターンが異なっている。その理由は、気候と生態系の状況に依存しているバイオマス生産の水利用と土地利用において空間的に変異性が高いこと、また生産効率性と消費にもある。

１人当たりの環境への影響またマテリアルフットプリントが示すことは（図9-9)、ヨーロッパと北アメリカにおいては、消費を通じて平均以上の環境影響を受けるのが常である一方、他のリージョン特にアフリカを見れば１人当たりの消費に関連した環境影響の度合いは小さいことにある。しかしながら、環境影響がリージョンごとにいつも同じ傾向を示すとは限らない。例えば、西アジアは全般的に消費による環境影響は平均以下を示すにもかかわらず、水ストレスに関しては平均以上の高い環境影響を示しており、それは気候や集約的農業によって国内で大規模な灌漑を行っているからである。他方ラテンアメリカおよびカリビアンにおいては土地利用に関連する生物多様性の損失において平均以上の高い環境影響を受けているのは、価値の高い生態系への国内農業に原因がある（UNEP 2019；国連環境計画 2019)。

図９－９　各地域の消費による１人当たり影響（2011年）

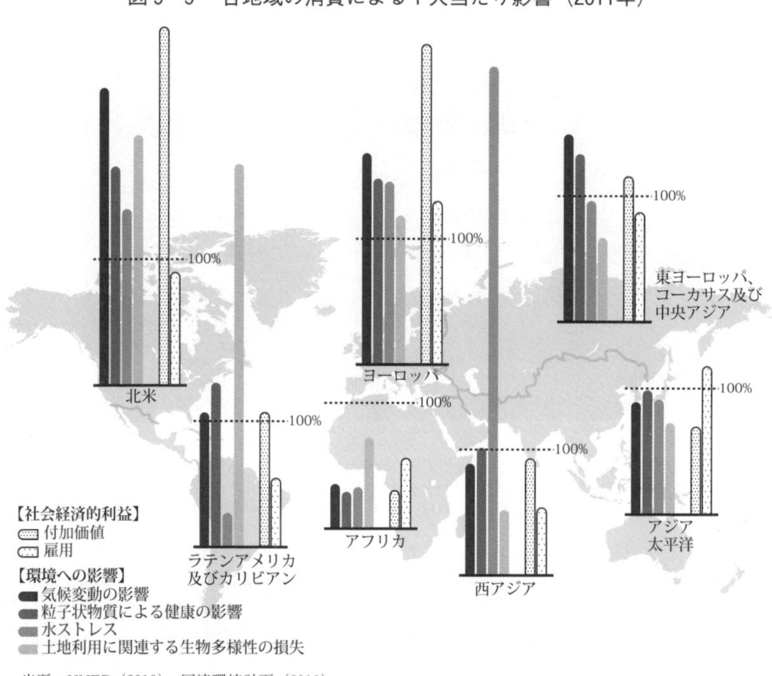

出所：UNEP（2019）、国連環境計画（2019）

第２節　「デカップリング」を考える

将来に向けたシナリオ

持続可能な未来は何もせずに実現できるものではない。緊急かつ協調的な行動がなければ、急速な成長と非効率な天然資源の使用は、非持続可能な環境への負荷を生み出し続けてしまう。そこで『地球資源アウトルック2019』においては、将来に向けたシナリオとして、①「**歴史的傾向シナリオ**」と②「**持続可能性志向シナリオ**」という２つのシナリオを対比することにより、私たちに何を再考すべきかを問題提起し、根本的な価値観の変化、すなわちパラダイムシフトを迫っている。

歴史的な傾向が継続することを想定した「歴史的傾向シナリオ」から見ていこう。

世界の物質使用量は、2015～2060年までに110％増加して1900億 t に達し、1人当たりの資源使用量は11.9t から18.5t に増加すると予測される。このような資源使用の拡大は、資源供給システムへの相当な負荷を生じさせ、より大きな環境への負荷と影響をもたらすであろう。

GDP と人口の急激な増加は、世界の国内資源採取量を2015年における880億 t から2060年には1900億 t へと2倍以上に増加させるであろう。建物とインフラに関する追加的な需要は、非金属鉱物の需要を年率2.2％増加させ、非金属鉱物は2060年における全資源採取量の59％を占めるまで成長すると見込まれる。

バイオマスは全採取量の23％を占めており、次に、化石燃料および金属鉱石がそれぞれ全世界の資源採取量の9％を占める。産業用および都市用取水量は世界的に増加し、気候変動は、農業セクターにおける水の供給と分配に不確実性を生み出す。2010～2060年の間に、世界の総耕作地は21％増加し、特にアフリカ、ヨーロッパおよび北アメリカでの増加が顕著となる。予測される収量の増加は、特にアフリカにおいて増加する食糧需要の増加を賄うには十分ではない。世界の牧草地面積は25％増加し、アフリカとラテンアメリカにおいて増加が顕著となる。

「歴史的傾向シナリオ」は、森林セクター以外の要因のみを考慮すると、全大陸においてそれぞれ森林面積がわずかに損失し、世界の総森林面積が減少することを予測している。森林減少のホットスポットは、アフリカ、ラテンアメリカ、アジア地域である。草地、低木地およびサバンナは、陸域の生物多様性の相当数が生息する重要な自然生態系であるが、その総面積は20％減少すると見込まれ、最も大きく喪失すると予測される地域はアフリカ、ラテンアメリカ、およびヨーロッパである。

「歴史的傾向シナリオ」に示された天然資源の使用・管理に関する現状の傾向は非持続可能である一方で、「持続可能性志向シナリオ」においては、国際社会は大幅な資源効率性の向上を達成し、絶対的な影響デカップリングを達成するケースにつなげることができる（UNEP 2019；国連環境計画 2019）。

「デカップリング」とは

『地球資源アウトルック2019』が提起したキー概念「デカップリング」は、以下のように説明されている（巻頭資料図2）。

「デカップリング（Decoupling）」とは、切り離すこと、分断を意味する用語・概念で、その到達点は、資源使用（resource use）と環境への負荷と影響（environmental pressures & impacts）を経済活動（economic activity）から切り離すことである。「資源のデカップリング（resource decoupling）」とは、資源使用を経済活動から切り離すことで、「影響のデカップリング（impact decoupling）」とは、環境負荷を経済活動から切り離すことである。

また「相対デカップリング（relative decoupling）」と言った場合は、資源使用や環境・人の健康への負荷の伸びが、それらを引き起こす経済活動の伸びよりも緩やかなことを意味し、また「絶対デカップリング（absolute decoupling）」の場合は、経済活動が成長し続けるにもかかわらず、資源使用や環境・人の健康への負荷が減少することを意味する。ただし、このモデルで達成される「絶対影響デカップリング（absolute impact decoupling）」（環境負荷を経済活動から絶対的に切り離すこと）と「相対資源デカップリング（relative resource decoupling）」（資源使用を経済活動から相対的に切り離すこと）は、経済成長（economic growth）を犠牲にすることは前提としていない。資源使用からの幸福のデカップリング（decoupling of well-being from resource use）は、資源使用単位当たりの提供サービスまたは人のニーズの満足度を高め、資源使用とは無関係に幸福を増やすことである。

ところで資源効率性（resource efficiency）とは、より少ないインプットとより少ない負荷でアウトプットの改善を達成することであるが、デカップリングの到達点は、資源使用と環境負荷を経済活動から切り離すことである。その実現には、ただし、資源効率性だけでは十分ではない。製品ライフサイクルの延長、高機能製品設計、標準化と再使用、リサイクル、そして再製造の組み合わせによる、線形フローから循環フローへの移行が必要である。気候緩和、生物多様性の保護、消費者や社会の行動の変化も重要な要素となる。

「持続可能性志向シナリオ」のもとでは、資源効率性と持続可能な消費と生産の対策により資源使用の伸びが著しく抑えられ、所得やその他の幸福の指標が改善される。一方で、主要な環境影響は低下する。この相対デカップリングは、「歴史的傾向シナリオ」と比して８％経済成長が加速し、世界の平均気温の上昇幅を産業革命前から1.5℃以内に抑える目標に近づくための短期的な経済的コストを上回り、所得と資源アクセスの分配がより均等になる。

高所得国での天然資源使用の減速は、新興国と発展途上国での資源使用の増加を相殺し、世界の年間採掘量は、過去の歴史的傾向よりも25％減少する。世界の資源生産性は2015～2060年にかけて27％増加するが、1人当たりのGDPは2倍になり、各地域の1人当たりの資源使用量は一定値に収束に向かう。高所得国では1人当たりの資源使用量は13.6tに減少し、低所得国では1人当たり8.2tに増加する。

同様の取り組みで、温室効果ガス排出量の劇的な削減や2015年のレベルからの森林および原生生物の大幅な回復など、経済活動または資源使用と環境影響の世界的な絶対デカップリングが達成する見通しである。資源効率性政策は、「歴史的傾向シナリオ」と比較して温室効果ガス排出量を19％削減し、他の気候対策と組み合わせると、世界の排出量は2060年には43％増加ではなく90％削減になると考えられる。世界的な生息生育地の喪失は逆転し、13億ヘクタールの森林やその他の在来の生息生育地の喪失を防ぎ、2060年までにさらに4億5000万ヘクタールの森林が回復する。

幸福指標は資源使用よりも早く上昇し、天然資源使用は所得とエネルギー・食糧などの不可欠なサービスからの大幅な相対デカップリングを示す。経済成長または資源使用増加からの負の環境影響の絶対デカップリングは、環境負荷が低下することを意味する。

このモデルで達成される絶対影響デカップリングと相対資源デカップリングは、経済成長を犠牲にはしない。このシナリオで実施される政策パッケージは、2030年以前は純経済的便益をもたらし、2015～2060年の期間中において、全ての所得グループの1人当たりGDPを増加させる。

この予測されたデカップリングは、同様の所得増加を予測しつつも、より高い資源採掘や増大する明らかに非持続可能な環境負荷、すなわち温室効果ガス排出量の増加、森林や他の自然の生息生育地の質と面積の減少、そして敏感な生態系への負荷の増大を含んでいる「歴史的傾向シナリオ」の見通しとは全く対照的なものとなる（UNEP 2019；国連環境計画 2019）。

第3節 「持続可能な資源管理」に向けて

それでは、どのようにしたら「デカップリング」を達成できるのか。

最も影響を及ぼすことができると考えられている手段の一つが「持続可能な資源管理」である（UNEP 2019；国連環境計画 2019）。それは「持続可能な開発目標（SDGs）」が掲げる「天然資源の持続可能な管理及び効率的な利用」（国際連合 2015）とも密接な関係性がある。

『地球資源アウトルック2019』で示された「**持続可能な資源管理**」とは「①持続的な供給のレベルを消費が上回らないことを確実にすることと、②地球システムが本来の自然的な機能を担うこと（すなわち温室効果ガスの観点では、地球の気温を「調整する」大気圏の能力に影響を及ぼすような崩壊を防ぐこと）を確実にすること、の両方を意味する。様々なスケールにおいて監視と管理が求められる。持続可能な資源管理の目的とは、社会の物質的基盤を長期的な観点から確実にすることであり、資源の産出・採掘、資源利用、廃棄物の蓄積と排気量が、安全に機能している閾値を超えないようにすることによって達成される」と規定されている（UNEP 2019）。

『地球環境アウトルック GEO 5』（国連環境計画・環境報告研 2015；2020）では、西アジアにおいては①淡水、②土壌、土地利用、土地劣化、砂漠化、③エネルギー、④海、の4分野が最も緊急に取り組むべき環境問題の優先分野として示された。

そこで以下では、第8章でその詳細を見てきたような4分野別に示された政策オプションとその評価内容を相対化しつつ議論を深めていくために、これまで日本が主導もしくは協力した資源もしくは環境関連の個別案件や研究プロジェクトを紹介し、将来的に日本が牽引していける潜在的な優位性が高い分野とその具体的な方向性について検討し、中東における「持続可能な資源管理」の具体策は何か、考えていきたい。

淡水分野

これまで中東において日本は、多くの水資源に関わる事業に従事してきた。海水から真水を精製し、生活用水や工業用水として利用する淡水化増水事業は1960年代に開始されたが、とりわけこの分野における日本の貢献度は高い（牛木 2009）。

例えば1989年にサウディ・アラビア西部の国際港ジッダに建設された**逆浸透膜**（Reverse Osmosis: RO）海水淡水化プラントは当時世界最大規模であったが、他のプラントで生産された多段蒸発法で生産された水とブレンドして、飲料水としてジッダ市に供給された（岩橋・永井 1990）。2009年に運転が開始された同じくサウディ・アラビア西部紅海沿岸のラービグに建設された大型の逆浸透としては世界初の３段直列逆浸透法による海水淡水化プラントは、発電プラントも併設されており、発電および造水、水処理設備、排水処理設備、電気集塵機、排煙脱硫設備、灰処理設備といった大型周辺設備と共に建設されたプラントで、サウディ・アラビア国営石油企業サウディ・アラムコとの合同出資であった（南ほか 2009）。紅海やペルシア湾は海水濃度が高いため、原水の浸透圧に対抗して水を透過させる高圧が必要であるが、高温高圧運転に適した技術開発に成功したと言える（谷口 2013）。

日本は環境影響評価、モニタリングなどに関して高度な技術を保有しているので、これらの技術を活用して、低環境負荷型淡水化プラントの提案をしていくことが重要である（芦澤 2009）。海水淡水化プラントでは、大量の海水を取り込み、濃縮した排海水を周辺の環境水中へ放流しているため、周辺の海水の塩分濃度や温度の上昇、低酸素化をもたらす。また使用する水の清浄処理や施設の維持管理などに使用する種々の有機・無機性懸濁物質、前処理剤やメンテナンス用薬剤、重金属類や可塑剤などの流出、さらにはプラントの稼働に伴って放出される窒素酸化物、硫黄酸化物、二酸化炭素排出による環境影響にも懸念の声がある。特に逆浸透方式では海水の塩分濃度3.5％に対しておよそ8.7％の濃縮海水を廃棄する必要があり、さらに温度も海水よりも７℃以上高くなるとの予測がある。また**マングローブ生態系**や**サンゴ礁生態系**に生息生育する生物に及ぼしうる直接的影響と間接的影響が懸念されている（高瀬 2019；Adeel 2003）。

排水処理を**無排水化**（Zero Liquid Discharge: ZLD）し、濃縮海水による環境への影響を大幅に改善した「ソーラードーム」の建設が、サウディ・アラビアのネオム（詳細は後述）にて最近開始された。「ソーラードーム」法は、日中に蓄えた太陽エネルギーの夜間稼働により、再生可能エネルギーを活用した100％

カーボンニュートラルがうたわれている。さらに海水淡水化処理水を用いてグリーン水素を製造し世界に供給する事業への発展も計画されており、SDGsに適合し世界が目指す「イノベーションと環境保全と人類進歩の加速装置としてのネオム」のパイロット・プロジェクトと自賛している（NEOM 2020；Saudi Press Agency 2020）。サウディ・アラビアにおいて日本企業がターゲットとすべきセクターとして、淡水化プロジェクトや再生可能エネルギープロジェクトが挙げられているが（ジェトロ 2019）、環境配慮に重心を移したZLDシステム導入やグリーン水素製造・供給分野における、これからの日本企業の活躍を期待したい。

その一方、何世紀にもわたり利用されてきた持続可能な在来の水利用技術である地下式灌漑水路**カナート**修復と灌漑システムの改善に取り組んだ国際協力機構（JICA）によるモロッコでのプロジェクトがある。導水部分からの漏水を防ぐために塩化ビニルパイプを導入して施工が容易で安価で効果的な新しい技術も取り入れたり、灌漑水路の改修や畑での栽培方法の改善を行い、歴史的な農業遺産を守ることに貢献した（西牧 2009）。

国連大学上級顧問などを歴任した地理学者小堀巌は、アルジェリアのサハラ砂漠の地域住民との半世紀以上に及ぶ交流に根ざして乾燥地の水利体系の研究を切り拓いた（写真9－1）。この貴重で伝統的な水技術カナートに関する知識を世界の一般市民と未来世代に向けてさらに広めて保存していくこと、特に研究成果の一部でも、地元に還元されて、人々に恩返しをすることを目標に、アルジェリアの人々とそして国際社会の人々と協働して、現地に通い続けた。フィールド調査研究は自身の知的好奇心を満たし、学術的目的を叶えるためだけのものではな

写真9－1　地域住民との長年にわたる交流に根ざして乾燥地の水利体系の研究を切り拓いた小堀巌（アルジェリア中央部、イン・ベルベル）

出所：2009年5月筆者撮影

く、現地に暮らす人々と何を共有して、現地へ何を還元することができるのか、そのことをいつも胸にフィールド調査を実施していかねばならないことを、身をもって範を示した（縄田 2013b；Nawata 2011）。

土壌、土地利用、土地劣化、砂漠化分野

国際機関と連携しながら、研究と開発を続けていくことは、私たちに求められている道の一つである。世界銀行、国連食糧農業機関（FAO）および国連開発計画（UNDP）を発起機関として、日本を含む先進16カ国等が参加して設立された国際農業研究協議グループ（Consultative Group on International Agricultural Research: IGIAR）がある。その傘下の15の研究センターの一つである国際乾燥地農業研究センター（International Center for Agricultural Research in the Dry Areas: ICARDA）はシリアのアレッポに本部を置く（外務省地球規模課題総括班 2015）。ICARDAは、数十年以上長期滞在し乾燥地における畜産の発展に人生を捧げた日本人を筆頭に、青年海外協力隊（JOCV）として派遣された数十名を超える研究者・開発実務者の方々を通じて関係が深化した国際機関である（川勝 2005）。育種学、土壌学、ウォーター・ハーベスティングなど、協力分野は多岐にわたっており、広く**乾燥地研究**また**砂漠化対処**の分野でも貢献してきた実績がある。

砂漠化対処に取り組む科学者と開発援助の実務者は近年、乾燥地に長く暮らしてきた人々の生活への理解がこれまで浅かったことに気づき、不適当な技術を押しつけるという不適切な政策を推進してきた場合があったことを反省するようになってきた。2005年に国連砂漠化対処条約から出版された報告書には以下のようにある。「大規模な灌漑計画といった技術移転、また、牧畜民の定住化といった国家のまたは地方の方針を厳密に実現することが、理想的な解決を提供するであろうと一度は前提とされたこともあった。しかしながら、時間が経ち経験を積むことによって、この古典的なトップダウンのアプローチがどのようなものであったかが明らかとなった。不適切な政策を開発して課して、不適当な技術を輸入したことは、単にリソースの浪費であっただけではなく、多くの場合、砂漠化が進行する地域に住む人々の生命維持装置を悪化させてしまったのである。世界銀行による1990年のレポートは「困難な状態に適応することを通じて長い時間をかけて発展してきた伝統的な生産システムに対する無理解」が、乾燥地におけるほとんどの開発の努力が成功しなかったことの主要

写真9-2　天水農業における機械化に伴う新たな「伝統的知識」の掘り起こし（スーダン東部、ガダーリフ）

出所：2011年9月筆者撮影

な理由である、と述べた」。このような認識に基づいて、砂漠化対処の枠組みにおいて「**伝統的知識**（traditional knowledge）」に注目するようになったのである（縄田 2009）。

砂漠の民には、稀少な資源を分かち合う知恵があり（縄田 2014b）、干ばつが発生した時にも、生態的、社会的、文化的、宗教的に応答できる社会システムがある（縄田 2014c）。さらに導入された近代技術も独自に活かす方法を模索することさえあった。具体的には一義的には土壌の耕起に用いられるトラクターのワイド・レベル・ディスクの設置角度を変更することにより、在来作物モロコシ（*Sorghum bicolar*）の間引き、雑草の除去、土壌水分の保持をする新たな在来技術を発展させるという興味深い事例がある（縄田 2015、写真9-2）。

写真9-3　外国人労働者との共同作業による環境保全と農業の両立（サウディ・アラビア、アシィール山地）

出所：2001年10月筆者撮影

日本の伝統的な土地利用の形態であってきた里山を「SATOYAMA イニシアティブ」として世界の自然保護管理の一つのモデルとしようとした日本政府による試みがあるが（Ichikawa ed. 2012）、その一つとしても紹介された、外国人労働者との共同作業による環境保全と農業の両立の事例がある（写真9-3）。サウディ・アラビア西南部のアシィール山地に位置するレイダ保護区における周辺住民の生活様式に関する調査から、環境保全と地域開発の課題を大局的な見地から眺めた場合、伝統的知識に関する世代間ギャップの存在を認めつつ、**外国人労働者**や外国人研究者との関係を強化して、科学的知見に基づく在地のより良い資源管理を目指すことがポイントであることが示されている（縄田 2008）。

エネルギー分野 脱石油依存を目指す中東諸国では大規模ソーラープロジェクトが、サウディ・アラビア、アラブ首長国連邦、オマーン、ヨルダン、イラン、レバノン、クウェイトなどで相次いでいる。中でも日本の商社や銀行団が共同出資する太陽光発電プロジェクトが、アラブ首長国連邦、カタル、オマーンなどでこの数年で開始された。他方、原子力発電所は既にイラン、イスラエルが保有しているが、稼働を開始したアラブ首長国連邦を皮切りに、トルコ、ヨルダン、サウディ・アラビアでも建設計画が進められている。

先に海水淡水化プラントのところで見たように、エネルギー分野と水分野の関連性は高く、海水淡水化プラントと発電プラントが併設される場合も多い。火力発電所に加え再生可能エネルギーが水分野さらにはその他の分野ともさらに関係が深まってくると考えられる。

水分野、土地劣化・砂漠化対処分野、そしてエネルギー分野を横断する学際的・超学際的研究の例としては、西アジアとアフリカで砂漠化対処と農業開発の一環として植林された**外来移入種**マメ科灌木メスキートが地域の生態系の改変、地域住民の生活基盤崩壊を引き起こしている現状を示し、政策・行政の失策を乗り越えるための学術的枠組みを科学者と行政従事者が協力して議論した総合地球環境学研究所による研究プロジェクト「アラブ社会におけるなりわい生態系の研究—ポスト石油時代に向けて」（2008～2013年）がある（縄田 2013c；Nawata 2012、図9-10）。またその研究成果に基づき、JICAによる開発援助事業「スーダン国カッサラ州基本行政サービス向上による復興支援プロジェクト」（2011～2013年）に専門家として参画し、地方の行政現場に迅速に最新の学術的研究成果の応用を行った。さらにその応用実践の結果を再び学術界へフィードバックした（Nawata *et al.* 2012）。

その内容とは、砂漠化対処の「負の遺産」をローカルエネルギー開発で乗り越えるというものである。（写真9-4）。メスキートはスーダンにおいて、合法的に伐採することができる唯一の樹木資源である。そのため樹木資源としての

図9-10　砂漠化対処の「負の遺産」外来移入種メスキートの統合的管理

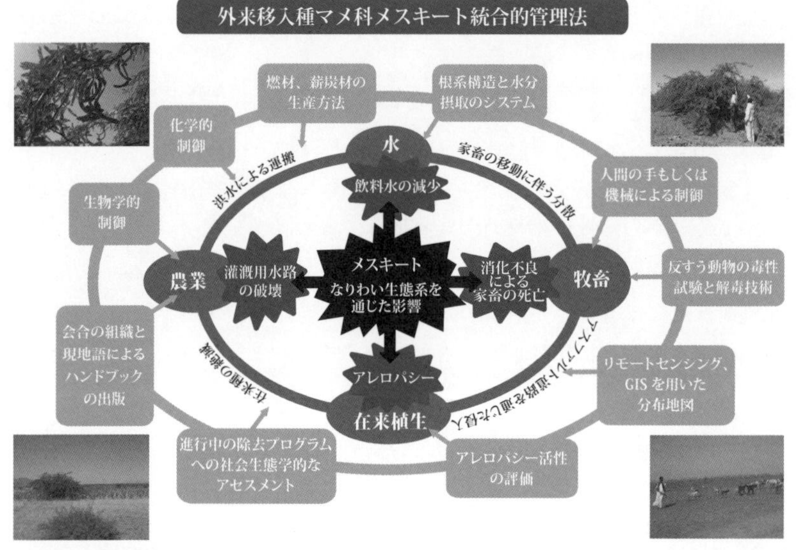

出所：縄田（2013d；2014a）

価値に注目し、木材を使って薪や炭を生産する最上の方法を研究した。金属窯、ドラム缶窯、野焼きという異なった炭化法ごとに、木炭の収率と品質を比較して評価した。村落における地産地消のエネルギー源を確保すると共に、現金収入減を生み出すためには、簡易で収率もそう悪くなく、少ない初期投資で済むドラム缶窯を普及することが最適と評価した。メスキートの適切な管理また有効な利用のためには、地域・地域、場所・場所ごとの実際の現場における活動の充実が欠かせない。現地研究者と日本人研究者、研究者と行政従事者との間での情報と経験の共有を一歩一歩、地道に積み重ねていくことが重要と考える（縄田 2013d）。

写真9-4　砂漠化対処の「負の遺産」をローカルエネルギー開発で乗り越える（スーダン東部、カサラ）

出所：2011年11月筆者撮影

海分野　エジプト、ヨルダンに隣接するサウディ・アラビア北西部の紅海沿岸に大規模な人工都市を建設するプロジェクト「ネオム（NEOM）」の開始が注目される。特区として独立し、軍事や外交などに関わる法を除き、独自の法律、税金、規則が適用される。2万6500㎢の広大な土地では、消費電力は太陽光や風力など再生可能エネルギーに100％依存し、ネット・ゼロ・カーボン・ハウスを標準とする建築、電気自動車やドローンを活用して自動化を徹底したモビリティシステムの導入、全面的なe-ガバナンスの実現など、スマートシティ実現を目指す。アジア、ヨーロッパ、アフリカの結節点にあたるスエズ運河に近いため、その地の利を生かして（第2章第2節参照）、貿易や物流、イノベーションを活性化し、脱石油経済のハブとしての役割を牽引していくことを目指している（NEOM 2020）。

均等化発電原価（LCOE）を含む風力発電のフィジビリティ評価（Alfawzan 2019）、窒素酸化物、一酸化炭素、粒子状物質、揮発性有機化合物など大気汚染物質の評価（Dasari *et al.* 2020）、また海草藻場、サンゴ礁、マングローブの生息生育地を中心とした沿岸生態系に対する観光による影響評価（Lakhouit 2020）などの研究成果が矢継ぎ早に発表されている。ただしネオム計画地は、地質学的にはアラビアプレートとアフリカプレートの境界に近く地震頻度が高い地域と評価されるため（Aboud *et al.* 2019；Kahal 2020）、将来的な地震発生が危惧される。そのため、耐震住宅や防災都市づくりの蓄積がある日本にとって、また海に囲まれ面積的にも大きな沿岸域をかかえ、当地と同緯度にあたるマングローブ・サンゴ礁域を沿岸域にもつ日本にとっては、長年の経験と知見を踏まえて、沿岸に立地する産業都市計画に統合的沿岸域管理（ICZM）を組み合わせるなど、総合的なプラン提示に比較優位性を発揮できる可能性がある。

ネオム都市計画の一例として、紅海からのサンゴ・ブロックを建材とする伝統建築にアイデアを得て、複層階の建物と格子窓は光と風を通して室内の温度や湿度を調整し、狭い街路が日陰を生みだすと同時にプライバシーの堅持に適していることの再評価を通じて、自動車利用を控えて徒歩による住民の健康促進を目指す具体的なプランを示した研究がある（Fallatah 2019）。中東の**サンゴ建築**や木製格子細工（エジプトではマシュラビーヤ、サウディ・アラビアではラウシャ

写真９－５　UNESCO自然遺産ドンゴナーブ保護区においてジュゴン保護と漁業の両立への道を探る（スーダン東部紅海沿岸、ドンゴナーブ湾）

出所：2012年６月市川光太郎撮影

ンと呼ばれる）については、日本の建築史学者また考古学者、文化人類学者による精力的な記録・分析があるため（川床 1992；西本・縄田 2015；2019）、在地の文化遺産と最先端の技術を融合させた都市計画立案に貢献できるかもしれない。

サウディ・アラビアの環境部門における人材育成には1970年代から日本との関係も深く、地理情報システム（GIS）分野、沿岸域の生物インベントリー調査、またジュゴンの生態調査と**保護管理**のマスタープラン作成といった多分野での長い関係が構築されてきた（岸 2014）。ジュゴンに関しては、ユネスコ（UNESCO）自然遺産の一つ、スーダンのドンゴナーブ自然保護区において、ジュゴンの生態調査を踏まえて、保護と漁業の両立への道筋を示した研究成果もある（縄田・市川 2014、写真９－５）。

日本人によるパイオニアワークとして、乾燥地**マングローブ植林**がある。クウェイトを皮切りに、イラン、サウディ・アラビア、カタル、アラブ首長国連邦で実践が積み重ねられた。そこにはサウディ・アラビア、クウェイトで石油・天然ガス事業を実施した日本企業アラビア石油をはじめ、多くの組織と有志のサポートがあった（向後 2013；須田 2013；宮本 2013）。例えば、アラブ首長国連邦のムバーラス島におけるマングローブ植林の試行錯誤の成果は（宮本 1994）、同島を鉱区とするアブダビ石油・コスモ石油による自然

写真９－６　マングローブに関する現地行政官との協働調査と科学的知見の共創（エジプト、紅海沿岸）

出所：2009年10月筆者撮影

環境保護活動、企業の社会的責任（Corporate Social Responsibility: CSR）事業として結実している（栗原・山本 2012）。またJICA事業としては、オマーンにおいて水産養殖の分野ともつながりつつ、知見と実践が積み重ねられ「マングローブ環境情報センター」設立にも貢献している（大沼 2018）。農業技術開発また国際協力分野におけるマングローブ植林に関する先達の知見を、さらにエジプトの環境行政につなぎつつ、日本人の若い世代の研究者の育成も同時に目指した試みもある（Nawata ed. 2013、写真９-６）。そこから生まれたマングローブと海辺の生活基盤の回復への提言をさらに活かしていくことが必要である（中村・縄田 2013）。

開発援助の独自性、高等教育の共創

両国間関係の強化のみならず、中東・アフリカ地域全体の平和と安定の確保の観点からも日本が重点援助対象国と位置づけるエジプトでは、多様なセクターに対する**政府開発援助**（ODA）が実施されてきた。対エジプト援助の計画目標の三本柱は、①「持続的成長と雇用創出の実現」、②「貧困削減と生活水準の向上」、③「地域安定化の促進」であったが、「持続的成長と雇用創出の実現」の下に、「投資・ビジネス環境の改善」、「輸出振興・産業育成」、「持続可能な発展に資する環境対策」という３つの重点セクター目標が設定された（国際開発センター 2011）。

環境法の執行機関であるエジプト環境庁（Egyptian Environmental Affairs Agency: EEAA）が、水質汚濁や大気汚染などの状況をモニタリングする機能及び体制を構築・強化することを目指した協力として、「環境モニタリング体制の定着支援」にかかる案件として「環境モニタリング研修センター」、「地球環境管理能力向上プロジェクト」、「第２次地域環境監視網機材整備計画」による協力が実施された。また「工場の環境対策導入支援」にかかる案件としては「工業廃水対策計画」と「環境汚染軽減計画」が行われた。「環境汚染軽減計画」は、環境汚染物質の排出源となっている石油、化学工業、繊維産業などの工場が集中する大カイロ首都圏およびアレキサンドリア地域において、企業に対して環境改善設備導入のための資金を仲介金融機関を通じて供給し、汚染物質の排出削減による環境改善を図るものである。この事業は世界銀行（WB）などが1997年から2005年まで実施した環境汚染軽減プロジェクトの第２フェーズ（Second Environmental Pollution Abatement Project: EPAP II）に当たるものであり、世界銀行、欧州投資銀行（EIB）、フランス開発庁（AFD）と国際協力機構（JICA）による融資とEIBおよびフィンランドによる技術協力が組み合わされたドナー協調プロジェクトであった（国際開発センター 2011）。

このようにドナーが協調して実施する開発援助は、世界の主流となりつつある。その一方やはり、ある国でないと推進できないプロジェクトも存在する。

日本が被占領地での唯一のODA業務を実施しているのは、パレスチナ自治区（パレスチナ占領地域）である。オスロ合意後の1993年以降、実施している支援、開発協力方針としては、イスラエルと将来の独立したパレスチナが共存共栄する「2国家解決」を一貫して支持しつつ、①関係当事者に対する政治的働きかけ、②将来の国づくり、人づくりに向けたパレスチナ支援、③イスラエル・パレスチナ両当事者間の信頼醸成を中東和平貢献策における3本柱として追求するとともに、開発プロジェクトや技術協力を通じた地域間協力を促進することによるイスラエルと周辺諸国間の信頼醸成に取り組んでいる。日本のパレスチナ支援を代表するイニシアティブとして、「平和と繁栄の回廊」構想が挙げられる。同構想は、日本、パレスチナ、イスラエル、ヨルダンの4者による地域協力により、ヨルダン渓谷の社会経済開発を進め、パレスチナの経済的自立を促す日本独自のイニシアティブである（三井 2020）。

「平和と繁栄の回廊」構想の旗艦事業として「ジェリコ農産加工団地（Jericho Agro-Industrial Park: JAIP）開発支援プロジェクト」がある。ヨルダン渓谷という大農産地を持つジェリコに農産加工団地を開発するプロジェクトであるが、イスラエルおよびヨルダンをJICAが仲介する形で、パレスチナ農業庁の普及員や技術専門家に対する先進的な農業技術の指導もあわせて実施している。くわえて、管理棟、太陽光発電施設、給水塔、工場の一部などといった敷地内のインフラ整備に加え、また生活道路整備、下水処理施設、廃棄物処分場拡張などの周辺インフラの整備も行っている。ジェリコ農産加工団地で生産されたパレスチナ産品を、ヨルダンとの国境であるキング・フセイン橋を経由してヨルダン経由で湾岸諸国やアジア諸国に輸出するための専用道路の建設に向けた技術協議をJICA主催により何度も現地で開催し、パレスチナ人とイスラエル人によるフェイストゥフェイスでの協議を通じて、2者の信頼関係の醸成の架け橋となっている。それは、2者とそれぞれ友好な関係をもち、歴史的にも中立であり続けている日本ならではの役割である（三井 2020）。

資源開発や環境問題といった今そこにある事業推進もしくは課題解決のためには、関係国・関係者間の信頼関係の醸成と並んで、中長期的な視点から高等教育の充実のために連携して共に新たな国家基盤を創りあげていく姿勢が重要となってこよう。

エジプトは、日本の明治維新後の発展や第2次世界大戦後の急速な経済発展の主な要因を科学技術政策、特に「工学・技術」にあると考え、日本の科学技術研究・教育の実績を高く評価している。これを受け両国の協力による「エジプト日本科学技術大学（Egypt-Japan University of Science and Technology: E-JUST）」プロジェクトが2008年から始まった。E-JUST はエジプトで初めて他国の名前を冠した国立大学であり、中東およびアラブ、アフリカ地域における科学技術教育・研究の中核的拠点となることが期待されている（在エジプト日本国大使館 2020；国際開発センター 2011）。

E-JUST の新設にあたっては、エジプト側がキャンパス・施設建設を負担し、日本側は本プロジェクトによる技術的指導と、研究・教育機材整備への支援を行っている。E-JUST が提供する工学部3学科における7プログラム（電気・通信工学、コンピューター・情報工学、メカトロニクス・ロボット工学、産業工学、材料工学、資源・環境工学、化学・石油化学工学）における技術協力が行われており、日本はJICA が実施の中心となって、産業界や12の協力大学の協力を得て教員派遣などを通じた人材育成を実施している（国際開発センター 2011）。

環境情報の共有と環境対策の協同　環境対策への協同にこそ、これからの中東地域研究の未来の形の一つが明確に見えると考える。日本における中東地域研究者は、自身の研究成果の現地語での発信を通じての現地社会との交流という点において、さらなる努力が求められるであろう。

ポスト石油時代においては、技術開発と人材育成はセットであることを示し、日本語のみならず科学言語（英語）と現地語（アラビア語）で研究成果を出版し共有したことがある（縄田 2013a；Nawata ed. 2013；2015、写真9－7）。英語・アラビア語で出版したマングローブ報告書（Nawata ed. 2013）は、国連関係組織の推奨文献にリストアップされると同時に、現地の研究者や行政官によるコメントを活かすことができた。研究資源の分かち合いという考え方がますます

写真 9-7　日本語のみならず科学言語（英語）と現地語（アラビア語）で研究成果を出版し共有する

出所：Nawata ed. 2013; 2015

重要になってくると考える（縄田 2014a）。

じつは、資源全般の分かち合いの精神は、中東地域において広く観察することができる。なぜならば、時空間における変動性と偏在性が高い降水という非生物的環境、また水の利用可能性が純一次生産力の第一の制限要因となる低いバイオマス（生物体量）しか存在しない生物的環境に特徴づけられる砂漠・乾燥地への適応・応答・対策として、人間は稀少性の高い資源を分かち合う知恵を磨きあげてきたからである（縄田 2014b）。例えば、干ばつといった予測の難しい危機的な事態に対処するために、生態的、社会的、文化的、宗教的な側面を併せもった総合的な応答のメカニズムを発達させてきた事例があるが（縄田 2014c）、平常時においては自分たち自身の利益を最大限に追及する主体としての国家や民族といった枠組みをさえ乗り越えて、資源を分かち合い、お互いを助け合う実践の積み重ねが認められる（縄田 2021）。

このような観点からみたとき、日本が東日本大震災・福島原発事故という未曽有の危機に直面した際に、中東諸国やその資源系企業が日本へのサポートを惜しまなかったことを忘れてはならない。震災直後に、支援物資を提供したイラン、イスラエル、救援隊を派遣したトルコ、ヨルダン、石油製品（LPガス）を提供したサウディ・アラビア、義援金を送ったのはオマーン、アルジェリア、アフガニスタンであった（額においてオマーンは4位、アルジェリアは6位と高額であったことはあまり知られていない）。またカタールフレンド基金により宮城県女川町に多機能水産加工施設マスカーが建設されて被災地の産業復興が加速されたし（ドキュメンタリー映画『サンマとカタール』（2016年）に詳しい）、アクアマリンふくしまには「クウェート・ふくしま友好記念日本庭園」ができた。

両者の互恵的な関係をさらに醸成させていくためには、日本側しか持ち合わせない種々の資源を、どうやって共有し活用していくかも課題となってくる。

例えば、コムギおよびその近縁植物を中心とする植物遺伝資源の探索と収集を1950〜80年代に精力的に行った木原均によるコレクションは国際的に高い評価を受け（阪本 1992）、NBRP コムギ（文部科学省ナショナルバイオリソースプロジェクト－コムギ統合データベース）事業として、その保存・評価・配布・開発が本格化している（那須田 2019）。半世紀前に収集され、日本で蓄積された研究成果とともにNBRP コムギに引き継がれているコムギ遺伝資源が、アフガニスタン復興のために里帰りし、持続的な食糧生産に向けたアフガニスタンの農業研究・品種改良を担う人材育成へとつながっている（JST/JICA 2015）。

他方、同じくおよそ半世紀前に日本人によって収集された文化資源が、あらためて評価されて、新たな共同研究へと発展したケースもあった。アラビア半島のワーディ・ファーティマ地域において（第2章第2・3節を参照）、文化人類学者・人文地理学者の片倉もとこが女性たちと生活を共にしつつ収集した研究資料は、砂漠の地域コミュニティー、特に伝統的共同体が化石燃料資源の採掘に経済を大きく依存し始めることにより生活全般が急激に変容していったサウディ・アラビアにおいて当時の人々の生活状況を記録した貴重な文化遺産といえる。調査対象国の関係者による片倉もとこの業績に対する評価は高く、片倉もとこ記念沙漠文化財団はサウディ・アラビアの国営石油会社サウディ・アラムコの日本法人アラムコ・アジア・ジャパン株式会社から協賛金を受け、写真を中心とするフィールド調査資料の整理、また同地域における学術的な再調査を実施することができた。その研究成果は2019年に国立民族学博物館と横浜ユーラシア文化館において開催された企画展示「サウジアラビア、オアシスに生きる女性たちの50年」の中心的展示内容として日本社会に公開された。さらに15000点以上のデジタル写真は、その保存・活用を目的として「片倉もとこ中東コレクション」という名のもと国立民族学博物館が運営する「地域研究画像デジタルライブラリ」（DiPLAS）にアーカイブ化された。同資料の再分析・二次的利用を推進することができ、研究成果の公開そしてアーカイブ登録にこぎつけることができたのは、ワーディ・ファーティマ地域の人々との新たな信頼関係の醸成があったからこそである（縄田 2019）。

植物遺伝資源や文化研究資源に限らず、日本に眠る様々な種類の資源を掘り起こし分かち合うことにより、環境情報の共有に基づく環境対策の協同を実現し、中東における「持続可能な資源管理」の達成に一歩ずつ近づけると考える。

第4節　おわりに――政策的課題、学術的統合、科学的命題

以上のように、環境重視の視点から現代中東の現状と課題を読みとってきた。それは言い換えれば、自然資源に焦点をあてて、生態系と生活空間、環境問題と人間、資源と環境ガバナンスなどの問題群に取り組むための一つの見取り図を示すことであり、また同時に、環境重視の立場に立って、中東地域の視点からグローバルイシューを再定位する試みでもあった。

最後に、地球社会の政策的課題、我が国における学術的統合、人類にとっての科学的命題、という3つの側面ごとに論点をまとめることにより、本書の結びとしたい。

地球社会の政策的課題とは、「資源使用」と「経済活動」と「環境への負荷と影響」の関係を切り離せるか、という点にある。「絶対影響デカップリング」（環境負荷を経済活動から絶対的に切り離すこと）と「相対資源デカップリング」（資源使用を経済活動から相対的に切り離すこと）は、経済成長を犠牲にすることは前提としていないのであるから、広く国際社会が共同できるであろう。

日本において、エネルギー産業と理学、工学、社会科学のように産業界と学術界が密に協力してきた側面がある半面、学術界全体においては、各分野での堅実な進歩とは裏腹に、自然科学と人文社会科学との間には必ずしも緊密な研究交流がなかった。実業界における「経済活動」に「資源使用」と「環境への負荷と影響」に関する学際的研究成果をどうリンクさせることができるのかという点に、我が国における学術的な統合の課題がある。

人類にとっての科学的命題は、「人間の必要を満たす資源」を通じて「我々が求める未来」にどう近づけるか、という問いである。人間の要求や必要に終わりはない。一方、資源とは人間の必要を満たす、限りあるものである。この矛盾、対立、限界と呼べるものに私たち人間はどのようにこれから向き合っていけるのか。現場から知見を導き出すフィールド科学の価値を強く自覚しつつ、研究、実践、教育を高めていかなければならないと考える。

脱石油依存に向けた産業構造の変革の取り組みは、中東諸国と日本では大き

なギャップがある。国家戦略として向こう数十年の具体的な対応策を中東産油国の方が本気で検討、実施し始めているのと比べて（第７章第７節参照）、日本は正直、明確なビジョンや革新的な技術パッケージをもつには至っていないと言わざるをえないのではないか。

中東諸国の関係国・関係者と共に、ポスト石油時代に向けた人づくり、モノづくりを協同して地道に続けていくと同時に（縄田 2013a）、今こそ、資源を軸として、政策的課題、学術的統合、科学的命題に正面から取り組むべきときであると考える。

【文献案内】

①国連環境計画（公益財団法人 地球環境戦略研究機関訳）（2019）『政策決定者向け要約 地球資源アウトルック―我々が求める未来のための天然資源』地球環境戦略研究機関（https://www.iges.or.jp/en/pub/gro2019/ja）

②石山俊・縄田浩志編（2013）『ポスト石油時代の人づくり・モノづくり』昭和堂

③ UNEP（2019）*Global Resources Outlook 2019: Natural Resources for the Future We Want. A Report of the International Resource Panel,* United Nations Environment Programme.

【引用・参考文献一覧】

・芦澤暁（2009）「海水淡水化技術の動向と課題」『日本海水学会誌』63、8-14頁

・岩橋英夫・永井正彦（1990）「世界最大の逆浸透法海水淡水化プラントの運転」『日本海水学会誌』44、146-151頁

・牛木久雄（2009）「淡水化」日本沙漠学会編『沙漠の事典』丸善、181頁

・大沼洋康（2018）「アラビア半島周辺のマングローブ林―アラブ首長国連邦とオマーンでの活動から」『海外の森林と林業』102、3-8頁

・外務省地球規模課題総括班（2015）「国際農業研究協議グループ（CGIAR）の概要」（https://www.mofa.go.jp/mofaj/files/000106431.pdf）

・川勝健一（2005）「ICARDA とウォーター・ハーベスティング」『Journal of Rainwater Catchment System』10、19-22頁

・川床睦夫（1992）「マシュラビーヤとクッラ」『建築雑誌』1335、8頁

・岸昭（2014）「人もジュゴンも―紅海と沖縄でのジュゴン生息調査から」市川光太郎・縄田浩志編『アラブのなりわい生態系第７巻　ジュゴン』臨川書店、81-101頁

・栗原博・山本浩之（2012）「アブダビ石油、40年以上に及ぶ原油の安定生産とアブダビへの貢献」『海外投融資』2012年５月号、56-59頁

・向後元彦（2013）「マングローブのパイオニアワーク」中村亮・縄田浩志編『アラブのなりわい生態系第３巻　マングローブ』臨川書店、271-290頁

・国際開発センター（2011）『エジプト国別評価（第三者評価）報告書』
・国際連合（2015）「我々の世界を変革する―持続可能な開発のための2030アジェンダ」外務省仮訳（https://www.mofa.go.jp/mofaj/files/000101402.pdf）
・国連環境計画・環境報告研（2015）『GEO 5　地球環境概観　第 5 次報告書―私達が望む未来の環境』上巻、環境報告研
・国連環境計画・環境報告研（2020）『GEO 5　地球環境概観　第 5 次報告書―私達が望む未来の環境』下巻、環境報告研
・在エジプト日本国大使館（2020）「二国間関係情報」（https://www.eg.emb-japan.go.jp/j/egypt_info/basic/kagakugijutsu.htm）
・阪本寧男（1992）「植物遺伝資源の探索、収集および保存」『日本農薬学会誌』17、213-219頁
・ジェトロ（2019）『サウジアラビアの有望プロジェクトへの参入・協力に向けた諸外国の戦略に関する調査』日本貿易振興機構（ジェトロ）海外調査部 中東アフリカ課 リヤド事務所、日・サウジ・ビジョンオフィス・リヤド（https://www.jetro.go.jp/ext_images/_Reports/01/a944c 4 f 2 ade 0 db80/20180044_01.pdf）
・須田清治（2013）「カタールでのマングローブの植林技法と森の保護」中村亮・縄田浩志編『アラブのなりわい生態系第 3 巻　マングローブ』臨川書店、177-201頁
・高瀬清美（2019）「海水淡水化プラントからの排水が生物に及ぼす影響について」『日本海水学会誌』73、281-285頁
・谷口雅英（2013）「中東向け高性能海水淡水化 RO 膜の開発状況」『日本海水学会誌』67、273-278頁
・中村亮・縄田浩志（2013）「マングローブと海辺の生活基盤の回復」中村亮・縄田浩志編『アラブのなりわい生態系第 3 巻　マングローブ』臨川書店、303-317頁
・那須田周平（2019）「NBRP・コムギ―日本のコムギ遺伝資源センター」『植物科学最前線』10、196-202頁
・縄田浩志（2008）「外国人労働者との共同作業による環境保全―サウディ・アラビアの自然保護区における放牧をめぐって」草野孝久編『村落開発と環境保全―住民の目線で考える』古今書院、119-134頁
・縄田浩志（2009）「技術移転・開発政策の見直しと伝統的知識の応用」日本沙漠学会編『沙漠の事典』丸善、225頁
・縄田浩志（2013a）「石油なしでも「未来可能性」のある生き方」石山俊・縄田浩志編『ポスト石油時代の人づくり・モノづくり―日本と産油国の未来像を求めて』昭和堂、215-228頁
・縄田浩志（2013b）「サハラ沙漠のオアシス，イン・ベルベル研究の回顧と展望―小堀巌先生を偲んで」石山俊・縄田浩志編『アラブのなりわい生態系第 2 巻 ナツメヤシ』臨川書店、189-199頁
・縄田浩志（2013c）「砂漠化対処の「負の遺産」にどう立ち向かうか」星野仏方・縄田浩志編『アラブのなりわい生態系第 4 巻　外来植物メスキート』臨川書店、5 -25頁
・縄田浩志（2013d）「メスキートの統合的管理法を求めて」前掲書、243-266頁

・縄田浩志（2014a）「砂漠化対処の「負の遺産」を乗り越える―共同研究による研究資源の分けあいに基づいて」人間文化研究機構総合地球環境学研究所編『地球環境学マニュアルⅠ―共同研究のすすめ』朝倉書店、82-85頁
・縄田浩志（2014b）「稀少な資源を分かち合う知恵―砂漠の民に学ぶ」縄田浩志・篠田謙一編『砂漠誌―人間・動物・植物が水を分かち合う知恵』東海大学出版部、365-378頁
・縄田浩志（2014c）「現地住民は干ばつにどうやって対処してきたか―雨乞い儀礼にみる生態的・社会的・文化的・宗教的応答」前掲書、379-388頁
・縄田浩志（2015）「村入りで感情的になる―現地調査の流儀をめぐって」関根久雄編『実践と感情―開発人類学の新展開』春風社、165-193頁
・縄田浩志（2019）「おわりに―サウジアラビアの「文化」という資源、現在そして未来」縄田浩志編『サウジアラビア，オアシスに生きる女性たちの50年―「みられる私」より「みる私」』河出書房新社、166-167頁
・縄田浩志（2021）「資源をめぐる異民族間と異種間の共生の枠組み―雨乞い儀礼とシャイフ死没祭から考える」西尾哲夫・東長靖編『中東・イスラーム世界への30の扉』ミネルヴァ書房、145-154頁
・縄田浩志・市川光太郎（2014）「ジュゴンとなりわい生態系―沿岸域の環境影響評価の視点から」市川光太郎・縄田浩志編『アラブのなりわい生態系第７巻　ジュゴン』臨川書店、281-295頁
・西牧隆壮（2009）「伝統的地下水利施設」「カナートの修復と水利用の改善」日本沙漠学会編『沙漠の事典』丸善、184-185頁
・西本真一・縄田浩志（2015）「サンゴ造建築の保存修復技術」西本真一・縄田浩志編『アラブのなりわい生態系第５巻　サンゴ礁』臨川書店、115-137頁
・西本真一・縄田浩志（2019）「ラウシャンの機能―光と風を調整する」縄田浩志編『サウジアラビア、オアシスに生きる女性たちの50年―「みられる私」より「みる私」』河出書房新社、58-59頁
・三井祐子（2020）「パレスチナに対する日本の取り組み」『反グローバリズム再考―国際経済秩序を揺るがす危機要因の研究―グローバルリスク研究』日本国際問題研究所、155-168頁
・南克三・檜垣隆夫・田中賢二（2009）「サウジアラビア RABIGH/IWSPP プラント―世界初の３段 RO システムと超短納期工事の完成」『三菱重工技報』46、34-38頁
・宮本千晴（1994）「育つべくして―沙漠海岸のマングローブ育林（１）」『熱帯林業』29、15-24頁
・宮本千晴（2013）「アラビアの海辺で」中村亮・縄田浩志編『アラブのなりわい生態系第３巻　マングローブ』臨川書店、203-270頁
・Aboud, E., A. Ismail and F. Alqahtani（2019）“Subsurface structure of Saudi Cross-border city of NEOM deduced from magnetic data,” *2nd Springer Conference of the Arabian Journal of Geosciences, 25-28 November 2019, Sousse, Tunisia.*
・Adeel, Z.（2003）*Sustainable Management of Marginal Drylands: Application of Indigenous Knowledge for Coastal Drylands,* United Nations University.

・Alfawzan, F. J. E. Alleman and C. R. Rehmann (2019) Wind energy assessment for NEOM city, Saudi Arabia, *Energy Sciences & Engineering,* 8, 755-767.
・Dasari, H. P., S. Desamsetti, S. Langodan, R. Krishna L. N. K, S. Singh and I. Hoteit (2020) Air-quality assessment over the world's Most Ambitious Project, NEOM in Kingdom of Saudi Arabia, *Earth and Environmental Science,* 489.
・Fallatah, K. (2019) Guide for Sustainable Design of NEOM City, Thesis, Rochester Institute of Technology. (https://scholarworks.rit.edu/cgi/viewcontent.cgi?article=11426&context=theses)
・Ichikawa, K. ed. (2012) *Socio-ecological production landscapes in Asia,* United Nations University Institute of Advanced Studies, pp. 97-101.
・JST/JICA (2015) SATREPS『持続的食糧生産のためのコムギ育種素材開発』(https://www.jst.go.jp/global/kadai/h2212_afghanistan.html)
・Kahal, Ali Y. (2020) Geological assessment of the NEOM mega-project area, northwestern Saudi Arabia: an integrated approach, *Arabian Journal of Geosciences,* 13, 345.
・Lakhouit, A. 2020 Tourism Impact on Marine Ecosystems in the North of Red Sea, *Journal of Sustainable Development,* 13, 10-17.
・Nawata, H. (2011) "Water Study for Peace: What I learned from Professor Iwao Kobori in China, Tunisia, Egypt, and Algeria (2005-2010)," *Journal of Arid Land Studies,* 21, pp. 63-66.
・Nawata, H. (2012) "To Combat a Negative Heritage of Combating Desertification: Developing Comprehensive Measures to Control the Alien Invasive Species Mesquite (Prosopis juliflora) in Sudan," *Journal of Arid Land Studies,* 22, pp. 9-12.
・Nawata, H. ed. (2013) *Dryland Mangroves: Frontier Research and Conservation,* Shoukadoh Book Sellers, p. 65. (in English and Arabic)
・Nawata, H. ed. (2015) *Human Resources and Engineering in the Post-oil Era: A Search for Viable Future Societies in Japan and Oil-rich Countries of the Middle East,* Shoukadoh Book Sellers, p. 113. (in English and Arabic)
・Nawata, H., Koga, N., ElKhalifa, A. A., and ElDoma, A. (2012) "Use of the alien invasive species mesquite (Prosopis juliflora) for wood fuel/charcoal to support local incomes and improve energy efficiency in an arid land of Sudan," *in* Mendez-Vilas, A. ed. *Fuelling the Future: Advances in Science and Technologies for Energy Generation, Transmission and Storage,* Brown Walker Press, pp. 128-132.
・NEOM (2020) (https://www.neom.com/en-us/)
・Saudi Press Agency (2020) NEOM announces construction of first desalination plant with solar dome technology. (https://www.spa.gov.sa/viewfullstory.php?lang=en&newsid=2028374)

あとがき

本書の内容は、2019（令和元）年５月に秋田市で開催された日本中東学会第35回年次大会の公開講演会「中東地域における多元的資源観の醸成を目指して」（秋田大学大学院国際資源学研究科と人間文化研究機構基幹研究プロジェクト「現代中東地域研究」との共催）における口頭発表と議論に基づいている。本書の執筆者全員が話題提供者もしくはコメンテイターとして参加した。この講演会における質問やコメントの内容を踏まえて、口頭発表の内容を加筆修正もしくは新たに内容を加えることにより、本書の骨格が出来上がった。

また本書は、我が国における中東研究の国際拠点ネットワーク構築を目的とした人間文化研究機構基幹研究プロジェクト「現代中東地域研究」（2016～2021年）秋田大学拠点（拠点代表者：藤井光、研究代表者：縄田浩志）の研究成果である。同プロジェクトは、国内外の関係大学・機関と協力連携して「地球規模の変動の中の中東の人間と文化―多元的価値共創社会の可能性」を共通テーマとし、現代中東地域の文化、社会、政治、経済、環境などの現状についての研究プロジェクトが５つの研究拠点を中心として推進されている。秋田大学拠点では、天然資源を中心として「多元的資源観」の醸成による環境問題解決志向の学際的・超学際的研究を切り拓くことにより文理融合による地域研究の一層の躍進に努めている。

秋田大学国際資源学部は、資源開発に関するビジネスや研究の分野で活躍できる人材の養成を目指して2014（平成26）年に設立された新しい学部である（大学院国際資源学研究科は2016年）。ただし資源学研究・教育は、地下資源探査・開発の技術者養成を目的として1910（明治43）年に設立された秋田鉱山専門学校に始まる。この100年以上の間に金属資源や非金属資源、石油資源分野の技術者・研究者を数多く世に送り出すなど、我が国の資源産業界の人材育成をリードする役目を担ってきた。その間に培ってきた資源学研究・教育に国際的観点からの機能を強化して、高い専門力を身につけるための特色あるカリキュラムを設定し、遂行している。

当学部は、金属資源や石油資源などの資源形成メカニズム解明や探査（資源地球科学コース、理学系）から、開発・生産手法（資源開発環境コース、工学系）、資源経済・資源政治・資源管理（資源政策コース、人文社会科学系）まで、資源学を一貫して、教育・研究する我が国で唯一の学部である。学生は2年次からは全ての専門科目を英語で履修し、3年次には海外資源国に4週間程度渡航して資源に関わる事象を現場で学ぶ実習型授業「海外資源フィールドワーク」を必修とするなど、高い語学力と国際性を身につけることができるカリキュラムが用意されている。

例えば、中東地域を「海外資源フィールドワーク」先とするプログラムは、いくつかある。アラブ首長国連邦のUAE大学においては、重力探査、地下レーダー調査、水質調査、岩石の強度試験、そして石油貯留層モデリングといった幅広い工学分野の研修を現地で受けることができる。スーダンの紅海大学を受入機関として石膏採掘現場や塩田もしくは海水淡水化プラントや廃棄物処理施設を訪問して、現場のマネージャーや行政官から聞き取りをしたり、タジキスタンにおいてはアルミニウム製造企業やJICA現地事務所を訪問して、資源産業や政府開発援助プロジェクトの現場を視察している。またサウディ・アラビアにおいては、水・土地利用から金属製装身具といった伝統文化まで産油国のライフスタイルの変化を調べるプログラムもある。それぞれのプログラムに参加した学生たちの様子と生の声が、大学ウェブサイトに掲載されているので、ぜひ参照いただきたい。

本書執筆陣に加わっていただいた片倉邦雄氏は、駐アラブ首長国連邦、駐イラク、駐エジプト大使を歴任され、戦後日本における中東資源外交を牽引されたアラビスト外交官であられる。これまでも幾度となく本学に足を運んでいただき、豊富な経験に裏づけられた様々な見識を、わかりやすい言葉と親しみやすい語り口で若い世代の学生たちに語りかけ、私たちは薫陶を賜った。

また、日本エネルギー経済研究所中東研究センターと当学部・研究科は、エネルギー資源分野における研究・調査、教育および技術開発の発展に寄与するとともに我が国のエネルギー資源確保に資することを目的として、2019年4月に協力協定書を締結した。以来、国際シンポジウムや講演会を共催したり、当学部・研究科において講義を担当いただいたり、関係は深まってきた。日本エネルギー経済研究所理事・中東研究センター長の要職にあられる保坂修司氏には、ご多忙のなか最新の動向を踏まえた湾岸産油国の国家ビジョンに関する玉稿を賜った。

本書の上梓にあたり、お二人のご貢献にあらためて感謝申し上げたい。

法律文化社の小西英央氏には、貴重な出版の機会を与えていただいたことに加え、企画立案から校了まで非常に短い時間しか残されていないなか、タイトルをはじめ章立てに関して有益な示唆をいただき、また献身的にかつ丁寧に編集いただいた。人間文化研究機構人間文化研究推進センター研究員・秋田大学客員研究員の遠藤仁氏は、労を惜しまず完成度の高い図表を作成・修正いただいた。厚くお礼申し上げたい。

教養基礎として、理学・工学・人文社会科学のいずれを専攻とする学生、初学者にとっても、資源学と地域研究の学びの助けとなることを強く意識して、本書は編集された。また同時に広く、海外を舞台として資源探査、資源開発、環境影響評価、政策立案などの実務に従事する諸氏、そして石油地質学、資源地質学、石油工学、資源地政学、環境技術、環境政策、資源管理、持続可能な開発論、国際関係論などを専門とする諸氏の興味、関心、期待に応えることができ、あらためて資源と環境の関係をとらえ直すきっかけとなれば、望外の喜びである。

2020年12月

藤井　光

索　引

あ　行

か　行

さ　行

た　行

な　行

は　行

ま　行

や　行

ら　行

わ　行

執筆者紹介

（執筆順、※は編著者）

※縄田（なわた） 浩志（ひろし）　秋田大学大学院国際資源学研究科教授
はしがき、第1章・第2章・第8章・第9章

片倉（かたくら） 邦雄（くにお）　日本アラブ協会副会長　第3章・第4章
元駐アラブ首長国連邦・駐イラク・駐エジプト大使

千代延（ちよのぶ） 俊（しゅん）　秋田大学大学院国際資源学研究科准教授　第5章

渡辺（わたなべ） 寧（やすし）　秋田大学大学院国際資源学研究科教授　第6章

保坂（ほさか） 修司（しゅうじ）　日本エネルギー経済研究所理事・中東研究センター長　第7章

藤井（ふじい） 光（ひかり）　秋田大学大学院国際資源学研究科長・教授　あとがき

現代中東の資源開発と環境配慮
—— SDGs時代の国家戦略の行方

2021年3月10日　初版第1刷発行

編著者　縄田浩志（なわた ひろし）

発行者　田靡純子

発行所　株式会社　法律文化社

〒603-8053
京都市北区上賀茂岩ヶ垣内町71
電話075(791)7131　FAX075(721)8400
https://www.hou-bun.com/

印刷：西濃印刷㈱／製本：㈱藤沢製本
装幀：仁井谷伴子

ISBN978-4-589-04136-4
Ⓒ2021 Hiroshi Nawata Printed in Japan

乱丁など不良本がありましたら、ご連絡下さい。送料小社負担にてお取り替えいたします。
本書についてのご意見・ご感想は、小社ウェブサイト、トップページの「読者カード」にてお聞かせ下さい。

JCOPY 〈出版者著作権管理機構 委託出版物〉
本書の無断複写は著作権法上での例外を除き禁じられています。複写される場合は、そのつど事前に、出版者著作権管理機構（電話03-5244-5088、FAX 03-5244-5089、e-mail: info@jcopy.or.jp）の許諾を得て下さい。

稲垣文昭・玉井良尚・宮脇 昇編

資源地政学

―グローバル・エネルギー競争と戦略的パートナーシップ―

A 5 判・190頁・2700円

地政学的観点から資源をめぐる国際政治動向を学ぶ。「接続性」概念から地政学的経路や障壁を俯瞰し、資源貿易が政治体制や民族問題の構図にどのような影響を与えているのかを考察。世界で起こっている資源をめぐる争いのダイナミズムを捉える視座を提供する。

妹尾裕彦・田中綾一・田島陽一編

地球経済入門

―人新世時代の世界をとらえる―

A 5 判・230頁・2400円

地球と人類の持続可能性が問われる人新世時代。地球上の経済活動を人類史的および根源的観点から捉えた世界経済論のテキスト。経済事象の羅列や説明だけではなく、事象の根底に通底する論理や構造、長期的趨勢の考察によって〈世界〉を捉える思考力を養う。

高柳彰夫・大橋正明編

SDGsを学ぶ

―国際開発・国際協力入門―

A 5 判・286頁・3200円

SDGsとは何か、どのような意義をもつのか。目標設定から実現課題まで解説。第Ⅰ部はSDGs各ゴールの背景と内容を、第Ⅱ部はSDGsの実現に向けた政策の現状と課題を分析。大学、自治体、市民社会、企業とSDGsのかかわり方を具体的に提起。

佐渡友 哲著

SDGs時代の平和学

A 5 判・136頁・3000円

持続可能な社会のゴールを示すSDGsについて平和学の視点から考察する。SDGsの生成と平和学の展開との交錯を学術的に整理し、SDGsの理念・価値を再考する。平和学が目標達成へ向けてどのような役割を果たせるかを明示する。

松下 冽著

ラテンアメリカ研究入門

―〈抵抗するグローバル・サウス〉のアジェンダ―

A 5 判・240頁・2600円

ラテンアメリカの軌跡を考察し、将来を構想する視座と基本論点を明示する。「新自由主義的グローバル化」の下で、生活の困窮を強いられながらも、民衆はどのように抗い、立ち向かったのか。市場の論理を超える「抵抗するグローバル・サウス」の構築へ向けた試みと課題を探究する。

日本平和学会編

戦争と平和を考えるNHKドキュメンタリー

A 5 判・204頁・2000円

平和研究・教育のための映像資料として重要なNHKドキュメンタリーを厳選し、学術的知見を踏まえ概説。50本以上の貴重な映像（番組）が伝える史実の中の肉声・表情から戦争と平和の実像を体感・想像し、「平和とは何か」をあらためて思考する。

法律文化社

表示価格は本体（税別）価格です